国家出版基金项目
NATIONAL PUBLICATION FOUNDATION

陕西出版资金资助项目

『十三五』国家重点图书出版规划项目

秦史与秦文化研究丛书　王子今　主编

秦农业史新编

樊志民　李伊波　编著

西北大学出版社
·西安·

图书在版编目(CIP)数据

秦农业史新编 / 樊志民,李伊波编著. --西安:
西北大学出版社,2021. 2
　(秦史与秦文化研究丛书 / 王子今主编)
　ISBN 978 - 7 - 5604 - 4669 - 1

　Ⅰ. ①秦… Ⅱ. ①樊… ②李… Ⅲ. ①农业史—研究
—中国—秦代 Ⅳ. ①S - 092. 33

中国版本图书馆 CIP 数据核字(2020)第 270289 号

秦农业史新编
QINNONGYESHIXINBIAN　　　　樊志民　李伊波　编著

责任编辑　马若楠　　王学群
装帧设计　谢　晶
出版发行　西北大学出版社
地　　址　西安市太白北路 229 号　　　　邮　　编　710069
网　　址　http://nwupress. nwu. edu. cn　　E - mail　xdpress@ nwu. edu. cn
电　　话　029-88303593　　88302590
经　　销　全国新华书店
印　　装　西安华新彩印有限责任公司
开　　本　710 毫米×1020 毫米　1/16
印　　张　13. 5
字　　数　227 千字
版　　次　2021 年 2 月第 1 版　2021 年 2 月第 1 次印刷
书　　号　ISBN 978 - 7 - 5604 - 4669 - 1
定　　价　96. 00 元

如有印装质量问题,请与本社联系调换,电话 029 - 88302966。

"秦史与秦文化研究丛书"

QINSHI YU QINWENHUA YANJIU CONGSHU

—— 编辑出版委员会 ——

总　序

公元前 221 年，秦王嬴政完成了统一大业，建立了中国历史上第一个高度集权的"大一统"帝国。秦王朝执政短暂，公元前 207 年被民众武装暴动推翻。秦短促而亡，其失败，在后世长久的历史记忆中更多地被赋予政治教训的意义。然而人们回顾秦史，往往都会追溯到秦人从立国走向强盛的历程，也会对秦文化的品质和特色有所思考。

秦人有早期以畜牧业作为主体经济形式的历史。《史记》卷五《秦本纪》说秦人先祖柏翳"调驯鸟兽，鸟兽多驯服"①，《汉书》卷一九上《百官公卿表上》则作"蒸作朕虞，育草木鸟兽"②，《汉书》卷二八下《地理志下》说"柏益……为舜朕虞，养育草木鸟兽"③，经营对象包括"草木"。所谓"育草木""养育草木"，暗示农业和林业在秦早期经济形式中也曾经具有相当重要的地位。秦人经济开发的成就，是秦史进程中不宜忽视的文化因素。其影响，不仅作用于物质层面，也作用于精神层面。秦人在周人称为"西垂"的地方崛起，最初在今甘肃东部、陕西西部活动，利用畜牧业经营能力方面的优势，成为周天子和东方各个文化传统比较悠久的古国不能忽视的政治力量。秦作为政治实体，在两周之际得到正式承认。

关中西部的开发，有周人的历史功绩。周王朝的统治重心东迁洛阳后，秦人在这一地区获得显著的经济成就。秦人起先在汧渭之间地方建设了畜牧业基地，又联络草原部族，团结西戎力量，"西垂以其故和睦"，得到周王室的肯定，秦于是立国。正如《史记》卷五《秦本纪》所说："邑之秦，使复续嬴氏祀，号曰秦嬴。"④秦国力逐渐强盛，后来向东发展，在雍（今陕西凤翔）定都，成为西方诸侯

---

① ［汉］司马迁：《史记》，中华书局，1959 年，第 173 页。
② 颜师古注引应劭曰："蒸，伯益也。"《汉书》，中华书局，1962 年，第 721、724 页。
③ ［汉］班固：《汉书》，中华书局，1962 年，第 1641 页。
④ 《史记》卷五《秦本纪》，第 177 页。

国家,与东方列国发生外交和战争关系。雍城是生态条件十分适合农耕发展的富庶地区,与周人早期经营农耕、创造农业奇迹的所谓"周原膴膴"①的中心地域东西相邻。因此许多学者将其归入广义"周原"的范围之内。秦国的经济进步,有利用"周余民"较成熟农耕经验的因素。秦穆公时代"益国十二,开地千里,遂霸西戎","广地益国,东服强晋,西霸戎夷",②是以关中西部地区作为根据地实现的政治成功。

　　秦的政治中心,随着秦史的发展,呈现由西而东逐步转移的轨迹。比较明确的秦史记录,即从《史记》卷五《秦本纪》所谓"初有史以纪事"的秦文公时代起始。③ 秦人活动的中心,经历了这样的转徙过程:西垂—汧渭之会—平阳—雍—咸阳。《中国文物地图集·陕西分册》中的《陕西省春秋战国遗存图》显示,春秋战国时期西安、咸阳附近地方的渭河北岸开始出现重要遗址。④ 而史书明确记载,商鞅推行变法,将秦都由雍迁到了咸阳。《史记》卷五《秦本纪》:"(秦孝公)十二年,作为咸阳,筑冀阙,秦徙都之。"⑤《史记》卷六《秦始皇本纪》:"孝公享国二十四年……其十三年,始都咸阳。"⑥《史记》卷六八《商君列传》:"于是以鞅为大良造……居三年,作为筑冀阙宫庭于咸阳,秦自雍徙都之。"⑦这些文献记录都明确显示,秦孝公十二年(前350)开始营造咸阳城和咸阳宫,于秦孝公十三年(前349)从雍城迁都到咸阳。定都咸阳,既是秦史上具有重大意义的事件,实现了秦国兴起的历史过程中的显著转折,也是秦政治史上的辉煌亮点。

　　如果我们从生态地理学和经济地理学的角度分析这一事件,也可以获得新的

---

　　①　《诗·大雅·绵》,[清]阮元校刻:《十三经注疏》,中华书局据原世界书局缩印本1980年10月影印版,第510页。

　　②　《史记》卷五《秦本纪》,第194、195页。《史记》卷八七《李斯列传》作"并国二十,遂霸西戎"。第2542页。《后汉书》卷八七《西羌传》:"秦穆公得戎人由余,遂罢西戎,开地千里。"中华书局,1965年,第2873页。

　　③　《史记》,第179页。

　　④　张在明主编:《中国文物地图集·陕西分册》,西安地图出版社,1998年,上册第61页。

　　⑤　《史记》,第203页。

　　⑥　《史记》,第288页。

　　⑦　《史记》,第2232页。

有意义的发现。秦都由西垂东迁至咸阳的过程,是与秦"东略之世"①国力不断壮大的历史同步的。迁都咸阳的决策,有将都城从农耕区之边缘转移到农耕区之中心的用意。秦自雍城迁都咸阳,实现了重要的历史转折。一些学者将"迁都咸阳"看作商鞅变法的内容之一。翦伯赞主编《中国史纲要》在"秦商鞅变法"题下写道:"公元前356年,商鞅下变法令","公元前350年,秦从雍(今陕西凤翔)迁都咸阳,商鞅又下第二次变法令"。②杨宽《战国史》(增订本)在"秦国卫鞅的变法"一节"卫鞅第二次变法"题下,将"迁都咸阳,修建宫殿"作为变法主要内容之一,又写道:"咸阳位于秦国的中心地点,靠近渭河,附近物产丰富,交通便利。"③林剑鸣《秦史稿》在"商鞅变法的实施"一节,也有"迁都咸阳"的内容。其中写道:"咸阳(在咸阳市窑店东)北依高原,南临渭河,适在秦岭怀抱,既便利往来,又便于取南山之产物,若浮渭而下,可直入黄河;在终南山与渭河之间就是通往函谷关的大道。"④这应当是十分准确地反映历史真实的判断。《史记》卷六八《商君列传》记载,商鞅颁布的新法,有扩大农耕的规划,奖励农耕的法令,保护农耕的措施。⑤于是使得秦国在秦孝公——商鞅时代实现了新的农业跃进。而指导这一历史变化的策划中心和指挥中心,就在咸阳。咸阳附近也自此成为关中经济的重心地域。《史记》卷二八《封禅书》说"霸、产、长水、沣、涝、泾、渭皆非大川,以近咸阳,尽得比山川祠"⑥,说明"近咸阳"地方水资源得到合理利用。关中于是"号称陆海,为九州膏腴"⑦,被看作"天府之国"⑧,因其丰饶,千百年居于经济优胜地位。

　　回顾春秋战国时期列强竞胜的历史,历史影响比较显著的国家,多位于文明程度处于后起地位的中原外围地区,它们的迅速崛起,对于具有悠久的文明传统

---

①　王国维:《秦都邑考》,《王国维遗书》,上海古籍书店,1983年,《观堂集林》卷一二第9页。

②　翦伯赞主编:《中国史纲要》,人民出版社,1979年,第75页。

③　杨宽:《战国史》(增订本),上海人民出版社,1998年,第206页。

④　林剑鸣:《秦史稿》,上海人民出版社,1981年,第189页。

⑤　商鞅"变法之令":"民有二男以上不分异者,倍其赋。""僇力本业,耕织致粟帛多者复其身。事末利及怠而贫者,举以为收孥。"《史记》,第2230页。

⑥　《史记》,第1374页。

⑦　《汉书》卷二八下《地理志下》,第1642页。

⑧　《史记》卷五五《留侯世家》,第2044页。

的"中国",即黄河中游地区,形成了强烈的冲击。这一历史文化现象,就是《荀子·王霸》中所说的:"虽在僻陋之国,威动天下,五伯是也。""故齐桓、晋文、楚庄、吴阖闾、越句践,是皆僻陋之国也,威动天下,强殆中国。"①就是说,"五霸"虽然都崛起在文明进程原本相对落后的"僻陋"地方,却能够以新兴的文化强势影响天下,震动中原。"五霸"所指,说法不一,如果按照《白虎通·号·三皇五帝三三王五伯》中的说法:"或曰:五霸,谓齐桓公、晋文公、秦穆公、楚庄王、吴王阖闾也。"也就是除去《荀子》所说"越句践",加上了"秦穆公",对于秦的"威""强",予以肯定。又说:"《尚书》曰'邦之荣怀,亦尚一人之庆',知秦穆之霸也。"②秦国力发展态势之急进,对东方诸国有激励和带动的意义。

在战国晚期,七雄之中,以齐、楚、赵、秦为最强。到了公元前3世纪的后期,则秦国的军威,已经势不可当。在秦孝公与商鞅变法之后,秦惠文王兼并巴蜀,宣太后与秦昭襄王战胜义渠,实现对上郡、北地的控制,使秦的疆域大大扩张,时人除"唯秦雄天下"③之说外,又称"秦地半天下"④。秦国上层执政集团可以跨多纬度空间控制,实现了对游牧区、农牧并作区、粟作区、麦作区以及稻作区兼行管理的条件。这是后来对统一王朝不同生态区和经济区实施全面行政管理的前期演习。当时的东方六国,没有一个国家具备从事这种政治实践的条件。

除了与秦孝公合作推行变法的商鞅之外,秦史进程中有重要影响的人物还有韩非和吕不韦。《韩非子》作为法家思想的集大成者,规范了秦政的导向。吕不韦主持编写的《吕氏春秋》为即将成立的秦王朝描画了政治蓝图。多种渊源不同的政治理念得到吸收,其中包括儒学的民本思想。

秦的统一,是中国史的大事件,也是东方史乃至世界史的大事件。对于中华民族的形成,对于后来以汉文化为主体的中华文化的发展,对于统一政治格局的定型,秦的创制有非常重要的意义。秦王朝推行郡县制,实现中央对地方的直接控制。皇帝制度和官僚制度的出现,也是推进政治史进程的重要发明。秦始皇时代实现了高度的集权。皇室、将相、后宫、富族,都无从侵犯或动摇皇帝的权

---

①　[清]王先谦撰,沈啸寰、王星贤点校:《荀子集解》,中华书局,1988年,第205页。

②　[清]陈立撰,吴则虞点校:《白虎通疏证》,中华书局,1994年,第62、64页。

③　《史记》卷八三《鲁仲连邹阳列传》,第2459页。

④　《史记》卷七〇《张仪列传》,第2289页。

威。执掌管理天下最高权力的,唯有皇帝。"夫其卓绝在上,不与士民等夷者,独天子一人耳。"①与秦始皇"二世三世至于万世,传之无穷"②的乐观设想不同,秦的统治未能长久,但是,秦王朝的若干重要制度,特别是皇帝独尊的制度,却成为此后两千多年的政治史的范式。如毛泽东诗句所谓"百代犹行秦政法"③。秦政风格延续长久,对后世中国有长久的规范作用,也对东方世界的政治格局形成了影响。

秦王朝在全新的历史条件下带有试验性质的经济管理形式,是值得重视的。秦时由中央政府主持的长城工程、驰道工程、灵渠工程、阿房宫工程、丽山工程等规模宏大的土木工程的规划和组织,表现出经济管理水平的空前提高,也显示了相当高的行政效率。秦王朝多具有创新意义的经济制度,在施行时各有得失。秦王朝经济管理的军事化体制,以极端苛急的政策倾向为特征,而不合理的以关中奴役关东的区域经济方针等方面的弊病,也为后世提供了深刻的历史教训。秦王朝多以军人为吏,必然使各级行政机构都容易形成极权专制的特点,使行政管理和经济管理都具有军事化的形制,又使统一后不久即应结束的军事管制阶段在实际上无限延长,终于酿成暴政。

秦王朝的专制统治表现出高度集权的特色,其思想文化方面的政策也具有与此相应的风格。秦王朝虽然统治时间不长,但是所推行的文化政策却在若干方面对后世有规定性的意义。"书同文"原本是孔子提出的文化理想。孔子嫡孙子思作《中庸》,引述了孔子的话:"今天下车同轨,书同文,行同伦。"④"书同文",成为文化统一的一种象征。但是在孔子的时代,按照儒家的说法,有其位者无其德,有其德者无其位,"书同文"实际上只是一种空想。战国时期,分裂形势更为显著,书不同文也是体现当时文化背景的重要标志之一。正如东汉学者许慎在《说文解字·叙》中所说,"诸侯力政,不统于王",于是礼乐典籍受到破坏,天下分为七国,"言语异声,文字异形"。⑤ 秦灭六国,实现统一之后,丞相李

① 章太炎:《秦政记》,《太炎文录初编》卷一,《章太炎全集》第 4 卷,上海人民出版社,1985 年,第 71 页。

② 《史记》卷六《秦始皇本纪》,第 236 页。

③ 《建国以来毛泽东文稿》第 13 册,中央文献出版社,1998 年,第 361 页。

④ [清]阮元校刻:《十三经注疏》,第 1634 页。

⑤ [汉]许慎撰,[清]段玉裁注:《说文解字注》,上海古籍出版社据经韵楼藏版 1981 年 10 月影印版,第 757 页。

斯就上奏建议以"秦文"为基点,欲令天下文字"同之",凡是与"秦文"不一致的,通通予以废除,以完成文字的统一。历史上的这一重要文化过程,司马迁在《史记》卷六《秦始皇本纪》的记载中写作"书同文字"与"同书文字",①在《史记》卷一五《六国年表》与《史记》卷八七《李斯列传》中分别写作"同天下书""同文书"。② 秦王朝的"书同文"虽然没有取得全面的成功,但是当时能够提出这样的文化进步的规划,并且开始了这样的文化进步的实践,应当说,已经是一个值得肯定的伟大的创举。秦王朝推行文化统一的政策,并不限于文字的统一。在秦始皇出巡各地的刻石文字中,可以看到要求各地民俗实现同化的内容。比如琅邪刻石说到"匡饬异俗",之罘刻石说到"黔首改化,远迩同度",表示各地的民俗都要改造,以求整齐统一;而强求民俗统一的形式,是法律的规范,就是所谓"普施明法,经纬天下,永为仪则"。③ 应当看到,秦王朝要实行的全面的"天下""同度",是以秦地形成的政治规范、法律制度、文化样式和民俗风格为基本模板的。

秦王朝在思想文化方面谋求统一,是通过强硬性的专制手段推行有关政策实现的。所谓焚书坑儒,就是企图全面摈斥东方文化,以秦文化为主体实行强制性的文化统一。对于所谓"难施用"④"不中用"⑤的"无用"之学⑥的否定,甚至不惜采用极端残酷的手段。

秦王朝以关中地方作为政治中心,也作为文化基地。关中地方得到了很好

---

① 《史记》,第 239、245 页。

② 《史记》,第 757、2547 页。

③ 《史记》,第 245、250、249 页。

④ 《史记》卷二八《封禅书》:"始皇闻此议各乖异,难施用,由此绌儒生。"第 1366 页。

⑤ 《史记》卷六《秦始皇本纪》:"(秦始皇)大怒曰:'吾前收天下书不中用者尽去之。'"第 258 页。

⑥ 《资治通鉴》卷七《秦纪二》"始皇帝三十四年":"魏人陈馀谓孔鲋曰:'秦将灭先王之籍,而子为书籍之主,其危哉!'子鱼曰:'吾为无用之学,知吾者惟友。秦非吾友,吾何危哉!吾将藏之以待其求;求至,无患矣。'"胡三省注:"孔鲋,孔子八世孙,字子鱼。"[宋]司马光编著,[元]胡三省音注,"标点资治通鉴小组"校点:《资治通鉴》,中华书局,1956 年,第 244 页。承孙闻博副教授提示,据傅亚庶《孔丛子校释》,《孔丛子》有的版本记录孔鲋说到"有用之学"。叶氏藏本、蔡宗尧本、汉承弼校跋本、章钰校跋本并有"吾不为有用之学,知吾者唯友。秦非吾友,吾何危哉?"语。中华书局,2011 年,第 410、414 页。参看王子今:《秦文化的实用之风》,《光明日报》2013 年 7 月 15 日 15 版"国学"。

的发展条件。秦亡,刘邦入咸阳,称"仓粟多"①,项羽确定行政中心时有人建议
"关中阻山河四塞,地肥饶,可都以霸",都说明了秦时关中经济条件的优越。项
羽虽然没有采纳都关中的建议,但是在分封十八诸侯时,首先考虑了对现今陕西
地方的控制。"立沛公为汉王,王巴、蜀、汉中,都南郑",又"三分关中","立章邯
为雍王,王咸阳以西,都废丘","立司马欣为塞王,王咸阳以东至河,都栎阳;立
董翳为翟王,王上郡,都高奴"。② 因"三分关中"的战略设想,于是史有"三秦"
之说。近年"废丘"的考古发现,有益于说明这段历史。所谓"秦之故地"③,是受
到特殊重视的行政空间。

汉代匈奴人和西域人仍然称中原人为"秦人"④,汉简资料也可见"秦骑"⑤
称谓,说明秦文化对中土以外广大区域的影响形成了深刻的历史记忆。远方
"秦人"称谓,是秦的历史光荣的文化纪念。

李学勤《东周与秦代文明》一书中将东周时代的中国划分为 7 个文化圈,就
是中原文化圈、北方文化圈、齐鲁文化圈、楚文化圈、吴越文化圈、巴蜀滇文化圈、
秦文化圈。关于其中的"秦文化圈",论者写道:"关中的秦国雄长于广大的西北
地区,称之为秦文化圈可能是适宜的。秦人在西周建都的故地兴起,形成了有独
特风格的文化。虽与中原有所交往,而本身的特点仍甚明显。"关于战国晚期至
于秦汉时期的文化趋势,论者指出:"楚文化的扩展,是东周时代的一件大事",
"随之而来的,是秦文化的传布。秦的兼并列国,建立统一的新王朝,使秦文化
成为后来辉煌的汉代文化的基础"。⑥ 从空间和时间的视角进行考察,可以注意

---

① 《史记》卷八《高祖本纪》,第 362 页。

② 《史记》卷七《项羽本纪》,第 315、316 页。

③ 《史记》卷九九《刘敬叔孙通列传》:"陛下入关而都之,山东虽乱,秦之故地可全而有
也。""今陛下入关而都,案之故地,此亦搤天下之亢而拊其背也。"第 2716 页。

④ 《史记》卷一二三《大宛列传》,第 3177 页;《汉书》卷九四上《匈奴传上》,第 3782 页;
《汉书》卷九六下《西域传下》,第 3913 页。东汉西域人使用"秦人"称谓,见《龟兹左将军刘平
国作关城诵》,参看王子今:《〈龟兹左将军刘平国作关城诵〉考论——兼说"张骞凿空"》,《欧
亚学刊》新 7 辑,商务印书馆,2018 年。

⑤ 如肩水金关简"☐所将胡骑秦骑名籍☐"(73EJT1:158),甘肃简牍保护研究中心、甘
肃省文物考古研究所、甘肃省博物馆、中国文化遗产研究院古文献研究室、中国社会科学院简
帛研究中心编:《肩水金关汉简》(壹),中西书局,2011 年,下册第 11 页。

⑥ 李学勤:《东周与秦代文明》,上海人民出版社,2007 年,第 10—11 页。

到秦文化超地域的特征和跨时代的意义。秦文化自然有区域文化的含义,早期
的秦文化又有部族文化的性质。秦文化也是体现法家思想深刻影响的一种政治
文化形态,可以理解为秦王朝统治时期的主体文化和主导文化。秦文化也可以
作为一种积极奋进的、迅速崛起的、节奏急烈的文化风格的象征符号。总结秦文
化的有积极意义的成分,应当注意这样几个特点:创新理念、进取精神、开放胸
怀、实用意识、技术追求。秦文化的这些具有积极因素的特点,可以以"英雄主
义"和"科学精神"简要概括。对于秦统一的原因,有必要进行全面的客观的总
结。秦人接受来自西北方向文化影响的情形,研究者也应当予以关注。

秦文化既有复杂的内涵,又有神奇的魅力。秦文化表现出由弱而强、由落后
而先进的历史转变过程中积极进取、推崇创新、重视实效的文化基因。

对于秦文化的历史表现,仅仅用超地域予以总结也许还是不够的。"从世
界史的角度"估价秦文化的影响,是秦史研究者的责任。秦的统一"是中国文化
史上的重要转折点",继此之后,汉代创造了辉煌的文明,其影响,"范围绝不限
于亚洲东部,我们只有从世界史的高度才能估价它的意义和价值"。[1] 汉代文明
成就,正是因秦文化而奠基的。

在对于秦文化的讨论中,不可避免地会导入这样一个问题:为什么在战国七
雄的历史竞争中最终秦国取胜,为什么是秦国而不是其他国家完成了"统一"这
一历史进程?

秦统一的形势,翦伯赞说,"如暴风雷雨,闪击中原",证明"任何主观的企
图,都不足以倒转历史的车轮"。[2] 秦的"统一",有的学者更愿意用"兼并"的说
法。这一历史进程,后人称之为"六王毕,四海一"[3],"六王失国四海归"[4]。其
实,秦始皇实现的统一,并不仅仅限于黄河流域和长江流域原战国七雄统治的地
域,亦包括对岭南的征服。战争的结局,是《史记》卷六《秦始皇本纪》和卷一一

---

① 李学勤:《东周与秦代文明》,第294页。

② 翦伯赞:《秦汉史》,北京大学出版社,1983年,第8页。

③ [唐]杜牧:《阿房宫赋》,《文苑英华》卷四七,[宋]李昉等编:《文苑英华》,中华书
局,1966年,第212页。

④ [宋]莫济《次梁安老王十朋咏秦碑韵》:"六王失国四海归,秦皇东刻南巡碑。"[明]
董斯张辑:《吴兴艺文补》卷五〇,明崇祯六年刻本,第1103页。

三《南越列传》所记载的桂林、南海、象郡的设立。① 按照贾谊《过秦论》的表述，即"南取百越之地，以为桂林、象郡，百越之君俛首系颈，委命下吏"②。考古学者基于岭南秦式墓葬发现，如广州淘金坑秦墓、华侨新村秦墓，广西灌阳、兴安、平乐秦墓等的判断，以为"说明了秦人足迹所至和文化所及，反映了秦文化在更大区域内和中原以及其他文化的融合"，"两广秦墓当是和秦始皇统一岭南，'以谪徙民五十万戍五岭，与越杂处'的历史背景有关"③。岭南文化与中原文化的融合，正是自"秦时已并天下，略定杨越"④起始。而蒙恬经营北边，又"却匈奴七百余里"⑤。南海和北河方向的进取，使得秦帝国的国土规模远远超越了秦本土与"六王"故地的总和。⑥

　　对于秦所以能够实现统一的原因，历来多有学者讨论。有人认为，秦改革彻底，社会制度先进，是主要原因。曾经负责《睡虎地秦墓竹简》定稿、主持张家山汉简整理并进行秦律和汉律对比研究的李学勤指出："睡虎地竹简秦律的发现和研究，展示了相当典型的奴隶制关系的景象"，"有的著作认为秦的社会制度比六国先进，笔者不能同意这一看法，从秦人相当普遍地保留野蛮的奴隶制关系来看，事实毋宁说是相反"⑦。

　　秦政以法家思想为指导。法家虽然经历汉初的"拨乱反正"⑧受到清算，又经汉武帝时代"罢黜百家，表章《六经》"⑨"推明孔氏，抑黜百家"⑩，受到正统意

---

①　王子今:《论秦始皇南海置郡》,《陕西师范大学学报》(哲学社会科学版)2017 年第 1 期。

②　《史记》卷六《秦始皇本纪》,第 280 页。

③　叶小燕:《秦墓初探》,《考古》1982 年第 1 期。

④　《史记》卷一一三《南越列传》,第 2967 页。

⑤　《史记》卷六《秦始皇本纪》,第 280 页;《史记》卷四八《陈涉世家》,第 1963 页。

⑥　参看王子今:《秦统一局面的再认识》,《辽宁大学学报》(哲学社会科学版)2013 年第 1 期。

⑦　李学勤:《东周与秦代文明》,第 290—291 页。

⑧　《汉书》卷六《武帝纪》,第 212 页;《汉书》卷二二《礼乐志》,第 1030、1035 页。《史记》卷八《高祖本纪》:"拨乱世反之正。"第 392 页。《史记》卷六〇《三王世家》:"高皇帝拨乱世反诸正。"第 2109 页。

⑨　《汉书》卷六《武帝纪》,第 212 页。

⑩　《汉书》卷五六《董仲舒传》,第 2525 页。

识形态压抑,但是由所谓"汉家自有制度,本以霸王道杂之,奈何纯任德教,用周政乎"①可知,仍然有长久的历史影响和文化惯性。这说明中国政治史的回顾,有必要思考秦政的作用。

在总结秦统一原因时,应当重视《过秦论》"续六世之余烈,振长策而御宇内"的说法。② 然而秦的统一,不仅仅是帝王的事业,也与秦国农民和士兵的历史表现有关。是各地万千士兵与民众的奋发努力促成了统一。秦国统治的地域,当时是最先进的农业区。直到秦王朝灭亡之后,人们依然肯定"秦富十倍天下"的地位。③ 因农耕业成熟而形成的富足,也构成秦统一的物质实力。

有学者指出,应当重视秦与西北方向的文化联系,重视秦人从中亚地方接受的文化影响。这是正确的意见。但是以为郡县制的实行可能来自西方影响的看法还有待于认真的论证。战国时期,不仅秦国,不少国家都实行了郡县制。有学者指出:"郡县制在春秋时已有萌芽,特别是'县',其原始形态可以追溯到西周。到战国时期,郡县制在各国都在推行。"④秦人接受来自西北的文化影响,应当是没有疑义的。周穆王西行,据说到达西王母之国,为他驾车的就是秦人先祖造父。秦早期养马业的成功,也应当借鉴了草原游牧族的技术。青铜器中被确定为秦器者,据说有的器形"和常见的中国青铜器有别,有学者以之与中亚的一些器物相比"。学界其实较早已经注意到这种器物,以为"是否模仿中亚的风格,很值得探讨"。⑤ 我们曾经注意过秦风俗中与西方相近的内容,秦穆公三十二年(前628),发军袭郑,这是秦人首创所谓"径数国千里而袭人"的长距离远征历史记录的例证。晋国发兵在殽阻截秦军,"击之,大破秦军,无一人得脱者,虏秦三将以归"。⑥ 四年之后,秦人复仇,《左传·文公三年》记载:"秦伯伐晋,济河焚舟,取王官及郊。晋人不出,遂自茅津渡,封殽尸而还。"⑦《史记》卷五《秦本

---

① 《汉书》卷九《元帝纪》,第277页。

② 《史记》卷六《秦始皇本纪》,第280页。

③ 《史记》卷八《高祖本纪》,第364页。

④ 李学勤:《东周与秦代文明》,第289—290页。

⑤ 李学勤:《东周与秦代文明》,第146页。

⑥ 《史记》卷五《秦本纪》,第190—192页。

⑦ 《春秋左传集解》,上海人民出版社,1977年,第434页。

纪》："缪公乃自茅津渡河，封殽中尸，为发丧，哭之三日。"①《史记》卷三九《晋世
家》："秦缪公大兴兵伐我，度河，取王官，封殽尸而去。"②封，有人解释为"封识
之"③，就是筑起高大的土堆以为标识。我们读记述公元 14 年至公元 15 年间史
事的《塔西佗〈编年史〉》第 1 卷，可以看到日耳曼尼库斯·凯撒率领的罗马军队
进军到埃姆斯河和里普河之间十分类似的情形："据说伐鲁斯和他的军团士兵
的尸体还留在那里没有掩埋"，"罗马军队在六年之后，来到这个灾难场所掩埋
了这三个军团的士兵的遗骨"，"在修建坟山的时候，凯撒放置第一份草土，用以
表示对死者的衷心尊敬并与大家一同致以哀悼之忱"。④ 罗马军队统帅日耳曼
尼库斯·凯撒的做法，和秦穆公所谓"封殽尸"何其相像！罗马军人们所"修建"
的"坟山"，是不是和秦穆公为"封识之"而修建的"封"属于性质相类的建筑形式
呢？相关的文化现象还有待于深入考论。但是关注秦文化与其他文化系统之间
的联系可能确实是有意义的。

　　秦代徐市东渡，择定适宜的生存空间定居⑤，或许是东洋航线初步开通的历
史迹象。斯里兰卡出土半两钱⑥，似乎可以看作南洋航线早期开通的文物证明。
理解并说明秦文化的世界影响，也是丝绸之路史研究应当关注的主题。

　　"秦史与秦文化研究丛书"系"十三五"国家重点图书出版规划项目，共 14
种，由陕西省人民政府参事室主持编撰，西北大学出版社具体组织实施。包括以
下学术专著：《秦政治文化研究》（雷依群）、《初并天下——秦君主集权研究》
（孙闻博）、《帝国的形成与崩溃——秦疆域变迁史稿》（梁万斌）、《秦思想与政
治研究》（臧知非）、《秦法律文化新探》（闫晓君）、《秦祭祀研究》（史党社）、《秦
礼仪研究》（马志亮）、《秦战争史》（赵国华、叶秋菊）、《秦农业史新编》（樊志民、

---

① 《史记》，第 193 页。

② 《史记》，第 1670 页。

③ 《史记》卷五《秦本纪》裴骃《集解》引贾逵曰，第 193 页。

④ 〔罗马〕塔西佗著，王以铸等译：《塔西佗〈编年史〉》，商务印书馆，1981 年，上册，第 1
卷，第 51—52 页。

⑤ 《史记》卷一一八《淮南衡山列传》："徐福得平原广泽，止王不来。"第 3086 页。

⑥ 查迪玛（A. Chandima）：《斯里兰卡藏中国古代文物研究——兼谈古代中斯贸易关
系》，山东大学博士学位论文，导师：于海广教授，2011 年 4 月；〔斯里兰卡〕查迪玛·博嘎哈瓦
塔、柯莎莉·卡库兰达拉：《斯里兰卡藏中国古代钱币概况》，《百色学院学报》2016 年第 6 期。

李伊波）、《秦都邑宫苑研究》（徐卫民、刘幼臻）、《秦文字研究》（周晓陆、罗志英、李巍、何薇）、《秦官吏法研究》（周海锋）、《秦交通史》（王子今）、《秦史与秦文化研究论著索引》（田静）。

　　本丛书的编写队伍，集合了秦史研究的学术力量，其中有较资深的学者，也有很年轻的学人。丛书选题设计，注意全方位的研究和多视角的考察。参与此丛书的学者提倡跨学科的研究，重视历史学、考古学、民族学与文化人类学等不同学术方向研究方法的交叉采用，努力坚持实证原则，发挥传世文献与出土文献及新出考古资料相结合的优长，实践"二重证据法""多重证据法"，力求就秦史研究和秦文化研究实现学术推进。秦史是中国文明史进程的重要阶段，秦文化是历史时期文化融汇的主流之一，也成为中华民族文化的重要构成内容。对于秦史与秦文化，考察、研究、理解和说明，是历史学者的责任。不同视角的观察，不同路径的探究，不同专题的研讨，不同层次的解说，都是必要的。这里不妨借用秦汉史研究前辈学者翦伯赞《秦汉史》中"究明"一语简要表白我们研究工作的学术追求："究明"即"显出光明"。①

王子今

2021 年 1 月 18 日

---

① 翦伯赞：《秦汉史》，第 2 页。

秦农业历史研究忆旧
(代序)

　　旧时史学界多有自学以成大家者,受此影响我大学毕业后很长一段时间并无攻读学位的打算。二十世纪九十年代初,学校有数位青年才俊符合破格晋职的条件,我有幸忝列其中。但评选之时学校为长远发展计,经过研究优先通过了应届留校博士。未晋职者待后研究通过成为托辞,很长时间并无下文。受此事影响,有人负气调离了学校;外语基础较好者缘此走出了国门;唯我柔弱无能,只有自我调整以适应相关规则,报考、攻读了博士学位。

　　三十至四十岁间,是人生生活、工作、学习压力最大的时候。省视英年早逝的知识分子,除却遗传因素或不可抗拒的突发事件,过劳死或为主要原因之一。我的博士学位论文《秦农业历史研究》的选题,也是挑了一块最难啃的骨头。秦历史资料之匮乏与分布之不均,是影响秦史深入研究的重要问题之一。早秦史料附见于五帝、三代文献,一鳞半爪,难窥全豹;初秦始与诸侯通使聘享之礼,除世系排列外,其余可用资料甚少;中秦,《战国策·秦策》《商君书》《吕氏春秋》及《史记》中有关秦之记载明显增多,然分布不均,如何取舍颇费思量;盛秦勃兴骤亡,令人有白驹过隙之叹,除《史记·秦始皇本纪》外,并无其他相关记载。著名秦史研究专家林剑鸣先生不无遗憾地说:"秦的历史记载相当缺乏,以至古代大史学家都没有人能在一套二十五史中补入秦史……如何在这十分可怜的史料中追寻出秦的历史足迹,确实是一件极其困难的任务。"长期以来,史学界并未把秦史作为独立的学术单元去看待,这是导致秦汉史研究中详汉而略秦的根本原因之一。曾有师友劝我驾轻就熟,利用多年积累另择易为之题。但是我认为居秦地而不研究秦史,于情于理难以交待,苦心孤诣地沿着一条道路毅然前行。当时的工资收入,除了维持家计之外,并无些许剩余。我在南京的生活是这样安排的：某一顿专挑肥肉若填鸭般强咽，以至于数天内见之反胃；其余时间，饭菜则以廉价素菜为主。以保证月末收支平衡，不至于超支举债。在论文撰著阶段，常早八点入图书馆（学习室）而晚九点离开，一天仅早、晚两餐而已。当时只有脱发、失眠等即时反应，但是缘此而导致的内分泌紊乱、甲亢等毛病则在五十岁以后集中显现并或伴我终生。

改革开放初期，中国的学位制度亦在探索中前行。当时的博、硕士研究生为了体现与"世界接轨"，盛行以新理论阐释、新模型建构、新方法运用入题行文，以至于成为时兴的撰著模式。唯我仍不合时宜地用着传统的功夫，力求博观慎取、辑佚钩沉，"补史之阙，纠史之谬，证史之疑"。导师曾以舐犊之私善意提醒我做某些调整，唯恐我不适应大的氛围与形势。在踌躇、彷徨之际，是南京大学的范毓周师与南农的同窗学友给了我莫大的鼓励与支持。范师长我十岁，时已为国内外知名的学者，在古文字与出土文献、文明探源与比较研究、先秦社会历史文化、美术考古与文物鉴定诸领域皆多建树。范师在审读我的学位论文以后，曾以"近年少见的优秀博士论文"赞誉拙文，并以《区域断代农史研究的力作——跋秦农业历史研究》一文着力推介。而诸师弟（妹）皆由史学入读农史，认为拙作循史论家法而有成，吴滔等为文《秦农业历史研究评介》以鼓呼造势，不遗余力。

1996年5月，我的博士学位论文答辩顺利通过。答辩委员会主席风趣地说，秦始皇东征六国，我们曾以为是野蛮与落后对文明与先进的征服，今天樊君的答辩从学术上让我们这些"六国人"改变了对秦历史的看法，是"秦人"的第二次"东征"。郭剑化兄则即席赋诗曰："秦人虎步出关中，文事东南眼底空；艺苑未及收笔阵，满街已唱状元公。"

1997年《秦农业历史研究》一书由三秦出版社出版。学术界认为此书作为国内外第一部关于秦农业历史的学术专著，属填补空白的研究成果，其主要价值体现在以下几个方面：第一次全面搜集、审视、整理秦农业历史资料，初步确立了秦农业历史资料的分布范围与利用体系；第一次划分并建立了秦农业历史发展序列，全面反映了秦农业发展的历史过程；推动了秦史研究的深入，被学术界称为秦史研究由文献整理与概貌通览阶段迈入专门领域深入研究时期的重要标志；书中所提供的研究结果表明秦农业并非传统史学所习认之比较落后，而是不断发展进步并渐居六国之先，从经济角度深化了秦并天下的历史认识；书中对秦某些具体史实的考订与认识,具有拾遗补阙、推动研究深入之用。此书出版后迭获国内秦汉史专家好评,日本学者也多予关注,具有较高的学术价值,产生了较好的社会效益。

近年我为农史专业的研究生开设了《区域与断代农业史》的课程,以强化他们农史研究的时空意识。考虑到秦农业历史兼具地域与断代的典型特征,于是便把《秦农业历史研究》拿来当作"解剖的麻雀",引导学生由个别到一般、由特殊到普遍、由个性到共性地形成对区域与断代农业史的总体认识。我指导的博、硕士研究生缘此以西北或周秦汉唐农业史为学位论文选题者明显增多,既突出了农史"西北军"的史地优势,也促进了学术研究的深入。几轮课程讲过,我个人当年关于秦农业史的观点与认识,也有了一些修订、充实与提升。讲课用书上密密麻麻地批注了许多文字,除了个别讹误的校订以外,更多的是拟调整的框架、增删的内容以及思路与观点的充实与完善。我也一直想利用闲暇时间,修订旧著,为当前的秦史研究服务。

2017 年,由王子今兄领衔、西北大学出版社申报的"秦史与秦文化研究丛书",获 2019 年国家出版基金项目资助。该丛书包括"秦都邑宫苑""秦农业史""秦交通史""秦战争史""秦法律文化""秦文字"等内容,以期对秦史研究中较为薄弱或以往被忽略的方面有所推进与拓展。该项目聚集了国内一大批秦史方面的专家,可谓极一时之选。大概是因为与王兄熟稔且有《秦农业历史研究》成书的缘故,蒙王兄相邀,我亦得以叨陪末座。于是组织选课研究生李伊波、尤思好、任文洁、王景怡、周庆兰、王鹏福、张恬、王佳妮等,重拟编著提纲形成了初稿,并由李伊波具体承担文字的衔通理顺工作。《秦农业历史研究》与《秦农业史新编》是先后相承的关系,虽历二十余年,最基本的内容、思想与观点没有发生根本性的变化。但是学位论文与一般著述毕竟有所不同,前者侧重于判断性研究,具有较大的阐论空间,以展示作者的才识;后者侧重于史实性陈述,比较全面地反映秦农业历史的具体内容与发展进程。如果说有什么最根本性变化的话,那就是由主观研判向客观落实的推进。

陈忠实先生曾说过,一个人一生的作品虽然可以很多,但身后可以作填枕砖的可能不多。《白鹿原》当然是一块厚重的填枕砖,我辈当难以望其项背。不过由 1989 年初次发表《秦人农业初识》,到 2019 年《秦农业史新编》书成,前后也历经近三十年时间。我的学术生涯中,也曾随时势而对其他领域多有涉猎,但就某一学术问题花费大量精力与时日者,当非秦农业史莫属。"家有敝帚,享之千金",它的水平如何我不便自评,但它毕竟是我"问稼"进程中最在意的著作之一。敬祈知我者借此以见"唯日孜孜,无敢逸豫"的心路历程,而不以年景丰歉论"农夫"之勤惰。

樊志民

草拟于 2019 年 9 月

定稿于 2020 年 4 月

目 录

绪　论

　　秦农业经过了两千余年的发展历程,其时代基本上与公元前的中国文明时代相始终。本书所谓的秦农业是个中性概念,其中包含了秦族、秦国、秦王朝等不同农业发展阶段。两千年作为一个较长的农史阶段,实有必要详分缕析。这期间,秦农业有发展,有停滞;有阶段跨越,有稳定持续;有过大跨度的地域迁徙,有过根本性的类型转换。秦由僻居西北一隅的蕞尔小国逐步发展成空前统一的封建集权国家。历两千年岁月,秦农业已由初萌时的蛮荒状态步入了中国传统农业科技的成熟时期。我们依据秦农业历史发展的自身特点并参照秦史专家王云度先生有关秦史分期与发展阶段的观点①,试划分秦农业发展阶段如下:

　　(1)早秦农业时期(远古至公元前770年),或称秦人、秦族农业。秦人是很早就致力于中原农业开发的华夏族部落之一,功侔夏商周三代始祖;秦在殷周之际迫迁西垂,完成了由稻作向旱作农业的类型转换;西周末年秦人经营于汧渭之间,开始接触周人的农业文化。秦人农业地域的移徙,代表本时期秦农业发展的三个不同阶段。这一时期的秦农业基本反映了由原始农业向传统农业过渡的初始特征。

　　(2)初秦农业时期(前770年—前385年),这是秦继承、吸收周、戎农牧业文化并形成自身特色的时期。公元前770年至公元前621年,是秦人逐渐占有关中西部、西霸戎狄的阶段。秦占有岐丰宜农之地,"收周余民而有之",在周人农业基础上完成了农业发展阶段的历史性跨越,传统农业技术项目大致已经具备②。而秦穆公广地益国,着手开发西北农牧交错地带,促进农牧业经济文化交

---

①　王云度:《秦史分期与发展阶段刍议》,《文博》1990年第5期。
②　李凤岐:《西周关中农业》,《人文杂志》1984年第3期。

流。使秦国富兵强,一度与"齐桓、晋文中国侯伯侔矣"①,成为春秋五霸之一,形成了秦农业发展的第一个高潮阶段。公元前 620 年至公元前 385 年,是初秦农业稳定发展阶段。秦农业完成对周、戎农牧业遗产的继承、吸收,进入自身发展阶段。他们调整霸政,保持国力,发展农业,初行改革,为中秦时期秦农业另一发展高潮之兴起奠定了坚实基础。

(3)中秦农业时期(前 384 年—前 221 年),是秦封建制农业生产关系蓬勃发展,基本完成对中国核心农区的占有和传统农业科技奠基时期。

(4)盛秦农业时期(前 221 年—前 206 年),以秦灭六国为标志,中国农业由区域开发阶段进入到整体发展时期。统一的中央集权国家制度的建立顺应了历史发展的要求,一系列统一的经济措施,促进了中国农业的整体发展。中国农业精耕细作的优良传统开始形成②,北方旱农耕作体系逐步趋于成熟③。盛秦时期,也是秦农业盛极而衰的关键时期。秦帝国之土崩瓦解与秦农业之严重破坏密切相关。

秦祚短促,学术界尚少论及秦对中国农业发展的作用与影响。秦王朝之建立在中国历史上具有划时代意义,秦的农业历史地位亦应如是观。

(一)秦统一与中国农业的整体发展密切相关

秦王朝的建立,是中国农业第一次进入整体发展时期的重要标志。三代时期,百姓的活动地域基本上仍限于黄河中下游一隅,且华戎杂处、部落方国林立。国家除在王畿实行直接统治外,封国部落享有很大自治权。他们视实力对王朝叛臣不定,"溥天之下,莫非王土",只是名义上的。三代农业去原始时代不远,属粗放农业时期。中原地区农业虽较先进,仍多"隙地""牧地"。各地区农业彼此隔阻、冲突,并不具备整体性发展的自然、社会条件。

春秋战国时期,中原核心农区雏形已成。华夏族以"尊王攘夷"相号召,迫使游牧族逐渐向北、向西迁移;秦、晋、齐、楚诸国不断向周边拓展农地。中国农业由点状开发阶段迈向区域拓展时期。但是,春秋战国政由方伯。五霸七雄各

---

① ［西汉］司马迁:《史记》卷十五《六国年表》,北京:中华书局,1959 年,第 685 页。

② 郭文韬等:《中国农业科技发展史略》,北京:中国科学技术出版社,1988 年,第 131 页。

③ 梁家勉:《中国农业科学技术史稿》,北京:农业出版社,1989 年,第 166 页。

自拥有相互分立的经济区而不相统辖,割据分裂状态仍是中国农业整体发展的破坏、制约因素。

秦统一,历史上形成的泾渭、汾涑、济泗、黄淮、江汉诸农区第一次统辖于统一的中央政权,构成当时世界上最大和最为发达的传统农业区。诸农区之统一,显示出巨大的整体效应,"从而使农业为基础的国民经济体系完全确立"①。秦王朝第一次实现了着眼全国,整体统筹、规划、指导农业发展,中国农业由此翻开了新的一页。

(二)秦统一与中国农学哲理化趋势

秦统一前夕编纂的《吕氏春秋》一书专辟《上农》《任地》《辩土》《审时》四篇专论农业问题,这是我国目前所见最早的农学论著。《上农》等四篇在注重具体农业科技的同时,表现出了明显的农学哲理化趋势。"夫稼,为之者人也,生之者地也,养之者天也"这一命题,深刻揭示了农业生产的基本特点,成为人们理解天、地、人关系的一般准则。

农学哲理化趋势是农业发展到一定历史阶段的产物。它标志着中国农业摆脱原始、粗放状态而进入了传统科技奠基的重要时期。它以"知识的著作化"②形式对既有的农业科技进行全面总结、整体归纳、理论概括,是以秦农业科技的全面发展和生产经验的大量积累为基础的。秦农学较早完成了由零散向整体发展;由自发向自觉进化;由经验向哲理升华,反映了秦文化与秦农业的领先水平。

《上农》等四篇文章的农学哲理化趋势,与秦统一大势密切相关。商鞅变法之后,秦历史由列国争雄阶段进入帝业追求时期,《上农》等四篇文章成书之时,秦辖农业地域类型日趋丰富,直观、经验范畴的农业科技不敷其用。迫切需要加强对农业的宏观、整体认识,总结、概括出某些通用原则,建立适应统一需要的农业指导体系。《上农》等四篇文章兼综博采,使素被目为"远于道而近于器"的农家学说开始向哲理化方向发展,中国传统农学由此形成了自身的学科方法、特征与体系,成为影响中国传统农业发展的基本指导思想。

---

① 林剑鸣:《秦汉社会文明》,西安:西北大学出版社,1985 年。

② 吴敬东:《中国古代科学技术范式的建立》,出自祝瑞开主编:《秦汉文化与华夏传统》,北京:学林出版社,1993 年。

（三）秦统一后中国农业的政策制度建设

秦统一后，全面调整农业生产关系，颁行统一的农业政策法令、完善农官体系，促进了中国农业的政策制度建设。

秦利用战后无主荒地继续授田，"以其受田之数，无垦无不垦，顷入刍三石、稾二石"。既增加国家赋税收入，亦含督促农民尽力畎亩之意。始皇三十一年（前216），"使黔首自实田"，承认既有土地占有关系，并以法律形式予以保护。秦大规模迁徙富豪，在客观上调整了迁出地的阶级关系，促进了迁入地的经济开发。秦"更名民曰黔首"，具有拉平身份、推崇农事之义。以上政策、措施，促使封建土地所有制最终在全国确立，并对此后两千多年历史产生深远影响。

"重农抑商"乃秦基本国策。秦始皇亲巡天下，诸颂德刻辞中多有"勤劳本事，上农除末""男乐其畴，女修其业"等内容，将重农作为根本方针布告天下。秦谪戍贾人、有市籍者，以削弱商品货币经济对新兴封建生产关系的冲击、破坏作用。由秦首倡并大力推行的重农抑商政策，被以后历代封建王朝所继承。

秦通过法律、行政手段管理和干预农业生产。云梦秦简所见秦律中有关农业的部分内容，既是先秦农业立法发展之总结，又奠定了中国封建农业法律制度之基础。秦统一后在中央设治粟内史，并逐级设置农官，管理指导农业生产。治粟内史位列九卿，地位明显高于三代谷货之官。秦之下层农官，见诸考古、文献资料者有大田、田典、田啬夫、田佐、仓啬夫、厩啬夫、漆园啬夫、苑啬夫、牛长、苑计等。他们负责土地授受、租赋收入、生产管理等。国家定期考核农官，"殿"者处罚，"最"者奖赏；有劳者升迁，不备者废免。修"田令"也是地方官吏的重要职责。秦简《田律》规定地方官员要注意降雨量及"所利顷数"，遇到旱灾、风灾、水灾、虫灾等情况，要限期上报。并把劝课农桑、田户上计、赈救乏绝诸事作为重要考课内容。卓有成效的农业管理体系，是保证秦统一后农业获得迅速发展的重要原因之一。

（四）秦统一与中国农业文明之远播

秦代中国农业文明传播，包含周边开发与域外影响两方面内容。

秦统一后，疆域继续向周边拓展，促进了南北边地的经济开发与民族融合。秦设南海、桂林、象郡，加强了岭南与内地的联系。岭南由火耕水耨、渔猎山伐渐进到以铁器、牛耕为特征的水田农作时代①。秦北击匈奴，"实之初县"。河套平原很快发展成新兴农业区，号称"新秦中"，言其富庶不亚于关中。秦以巴蜀农区为根据地通西南夷，把先此的龙门—碣石农牧分界线向西南引伸，促进了当地农牧业发展。学术界认为，秦汉的统一是建立在农业社会基础上的，它们的版图同样是以适宜农业生产的区域为限的。这一规律不仅符合当时的疆域实际情况，也已为此后历代中原王朝的疆域所证明。②

　　秦代累计迁徙民众二百万左右，几乎占当时人口的十分之一。迁徙活动改善了边地人口的基本构成，推动了先进生产关系的地域性拓展。今内蒙古自治区巴彦淖尔市，秦称"北假"。据认为是"北方田官，主以田假于贫人，故云北假"，这表明封建农业经济关系已在北方民族地区发展起来了③。秦徙民中既有掌握一定知识文化的犯罪官吏，又有善于沟通交换的商贾，更多的是掌握中原先进生产技能的农民和手工业者。他们给边地带去了中原的科技与文化，逐步缩小了彼此间的差异。秦汉时代还多次发生了北方游牧族在塞外依长城定居的情形，说明在徙民农耕文化影响下，游牧族也逐渐接受、掌握了先进的农耕生产方式。《史记·大宛列传》《汉书·匈奴传》分别有秦逃亡者帮助大宛、匈奴"穿井筑城，治楼以藏谷"的记载，可见秦遗民于汉时仍活动于边地，继续致力于科技传播。

　　秦不少郡县设置于少数民族聚居地或今日域外之地。辽东郡东南逾鸭绿江，紧临朝鲜半岛东北隅，南抵大同江；象郡位于今越南会安附近；"陆梁地"指今粤、桂以南的较大范围；"北向户"或在今越南中部。秦为这些地区置官吏、徙民众、设关防，王朝政令得行于此。考古资料证实，南越使用的货币及度量衡制与中原相同；而公元前二至一世纪的许多蒙古墓葬出土的谷物、农具以及农用陶器则说明农业在当时已占重要地位。移居朝鲜的"秦之亡人"，在之后建立辰韩政权，形成颇大势力，其中一些人又渡海抵日，为日本农业发展做出了贡献。

　　中日交流亦可上溯至秦。据说徐福东渡，在日本之佐贺、广岛等地登陆，开

---

　　①　何清谷：《试论秦对岭南的统一与开发》，《人文杂志》1986 年第 1 期。

　　②　葛剑雄：《论秦汉统一的地理基础》，《中国史研究》1994 年第 2 期。

　　③　中国北方民族关系史编写组：《中国北方民族关系史》，北京：中国社会科学出版社，1987 年，第 72—73 页。

荒种地,从事农业生产,把中国农业生产技术带到了尚处于渔猎时代的日本。大约与此同时,金属工具和植稻技术也相继由大陆或经朝鲜半岛传入北九州和近畿地区。在日本弥生时代的不少遗址中,都大量出土过中国铜镜、铜剑及铜、铁制斧、镰、刀、锹、锄等。据日本古籍《秦氏本系账》记载,奈良平安时期,秦移民后裔秦造曾率其部修筑葛野川堤,"其制拟之郑国渠"。日本早期水利事业受到秦影响可见一斑。日本蚕桑业发展亦多秦人之力。1953 年,日本久米郡月之轮古坟出土绢帛 80 余种,据推测可能是中国移民秦氏一族所织①。

学术界曾以"大中华文化圈"概括东、南亚文化特征,充分肯定了中华文化在这一地区的广泛影响。该文化圈之肇始,当与秦王朝建立密切相关。中国农业科技、文化赖秦帝国之力推向域外,融入世界文化体系,为人类共同进步做出了巨大贡献。

(五)秦农业与秦汉帝国的物质基础

有人认为,追求"大"与"多"是秦文化的重要特征之一②。秦统一后"徙天下豪富于咸阳十二万户",加上咸阳原有人口,人口总数当在百万以上,京师规模盛况空前。秦筑长城,建阿房,修驰道,戍五岭,穿骊山,其规模之大更是尽人皆知。我们在赞叹秦中央集权国家的恢宏气魄和有为态势时,应想到这些都是以巨量的农产品消耗为代价的。没有当时发达的农业支撑系统,秦帝国将会在顷刻间土崩瓦解。秦内兴功作,外攘夷狄,严重破坏了正常的农业生产秩序,挥霍浪费了大量粮食。虽然如此,秦官仓中仍有大批粮食积贮。咸阳"十万石一积",栎阳"二万石一积",粮仓规模令人惊叹。

汉帝国之立,亦赖秦粟支持。秦末,陈留"积粟数千万石","留出入三月,从兵以万数,遂入破秦"。南阳之宛,"人民众,积蓄多",楚汉战争的最后阶段,彭越得昌邑诸城"谷十余万斛",以给汉王食。这些粮食,应为秦仓原贮。秦代最有名之粮仓是建于荥阳、成皋间的敖仓。汉臣郦食其把敖仓看作"天所以资汉也"。秦亡汉兴十余年,敖仓粮食仍取用不竭,可见储粮之多。关中、巴蜀是长期经营的农区,生产水平居领先地位。楚汉对峙期间,关中、巴蜀成为汉军粮食、

---

① 戴禾、张英莉:《中国古代生产技术在日本的传播和影响》,《历史研究》1984 年第 5 期。

② 林剑鸣:《从秦价值观看秦文化的特点》,《历史研究》1987 年第 3 期。

兵源基地。萧何"发蜀、汉米万船而给助军粮";"转漕关中,给食不乏",有力地支援了刘邦的统一事业①。

　　在秦始皇三十二年(前215)大规模对周边政权用兵之前,中国农业曾有过一段相对统一、安定的时代环境。人民逢更生之机,农业生产积极性高涨。丰足的粮食积贮为秦帝国盛极一时和汉帝国之建立奠定了坚实的物质基础。

第一章　早秦农业

　　早秦,是史学界的秦史分期术语,时间起讫自伯益赐姓至襄公始国。早秦时期,秦史由传说时代渐进到信史时代。秦农业开始了由原始农业向传统农业的缓慢转化;秦农业完成了由稻作向旱作的类型转换;秦族获得了向关中农区发展的合法权利。这些都是秦农业史上具有重要历史意义的关键性事件,值得给予足够重视与研究。

第一节　益职山泽与驯育草木鸟兽

　　中国原始农业基本上是与考古学上的新石器时代相始终的。自有虞氏起,有关氏族世系、经济生产、社会组织的传说与记载逐渐完备,数量增多。故学术界认为,中国历史或已发展到了文明时代的入口处。在黄河中下游等一些原始农业较为发达的地区,初步现出由原始农业向传统农业转化的过渡特色。当时的农业既保留了原始农业的许多特点,同时也萌生了一些传统农业的因素。肇始于如此背景下的早秦农业,同样也打上了过渡时期的烙印。

　　有关秦人农业之传说,最早可以追溯到有虞氏时代。据说,虞舜作为炎黄部落联盟首领,曾用大禹等二十二人为辅佐,治理天下。秦祖伯益即在部落联盟中"主虞"①,担任山泽之官,并立有大功,被赐嬴姓,开始就食于嬴地。嬴即春秋时齐国嬴邑,秦置嬴县,治所在今山东莱芜县西北。有学者认为,这一带大汶口文

---

　　①　[西汉]司马迁:《史记》卷一《五帝本纪》,第43页。

化晚期的某些遗存可能与伯益时期的秦人活动有关①。

将野生动、植物培育成家养动物或栽培作物是早秦农业的主要内容之一。伯益作为帝舜的"朕虞"之官，职司山泽，其从事的活动多与"驯育草木鸟兽"相关。② 言及伯益所从事的管理山泽活动，人们大都着眼于其采集、渔猎、林牧职能，甚至以此推衍，认为秦人尚滞留于采猎时代，与原始农业无缘。事实上，这种看法显然低估了早秦农业的发展水平。

秦祖伯益同夏、商、周三代始祖共同致力于草莽时期的中原农业开发，同为较早融入华夏族的氏族部落之一。他所主持的山泽管理工作，一方面保留了采集经济时期猎采自然界现成动、植物为食的既有特性，用以接绝继乏，作为农业生产之补充；另一方面，随着人们动、植物知识的积累及生产力水平的提高，开发、利用新的动、植物资源以服务于农业生产亦渐成可能。因而，以伯益为代表的秦人所从事的"驯育草木鸟兽"活动，为后世农牧业的多样性发展奠定了基础。在管理山泽的过程中，以伯益为代表的秦人，或采种以殖嘉禾、或拘兽以育良畜。他们利用山林川泽所蕴藏的丰富野生动物资源，从事新的畜禽驯养、繁殖工作及作物的培育，把野生动、植物培育成家养动物或栽培作物。因而，原始农业的萌芽、六畜之驯养或与秦人"驯育草木鸟兽"的活动有关。

证诸考古学，出土的动物骨骼表明，原始农业时期经鉴定可以确指为家畜的仅有猪、狗二种。羊、牛、鸡、马之家养畜禽，很可能下延至文明时代。在中原地区，降及商代方才有了肯定无疑的家马、殷羊。有人从神话角度研究早秦时期秦人先公之名，认为大费（即伯益）即自"服不氏"语根演变而来。③ "服不氏"为周代官名，负责驯养猛兽，即《周礼》所载："掌养猛兽而教扰之。"④而恶来（革）、大骆、衡父、造父等，皆寓衔勒、络头、辐衡、牛牯之意，均为服牛乘马的重要工具。⑤由此可见，秦人先祖或对六畜之驯养起了重要的作用。

---

① 何清谷：《秦人传说时代的探讨》，《陕西师大学报》（哲学社会科学版）1991 年第 4 期。

② ［西汉］司马迁：《史记》卷一《五帝本纪》，第 39 页。

③ 丁山：《中国古代宗教与神话考》，上海：上海龙门联合书局，1961 年，第 561 页。

④ 《周礼·夏官司马·服不氏》，参见杨天宇：《周礼译注》，上海：上海古籍出版社，2016 年，第 441 页。

⑤ 丁山：《中国古代宗教与神话考》，第 560—565 页。

综上可知,以伯益为代表的早期秦人"驯育草木鸟兽",极大地丰富了过渡时期农牧业生产的内涵,为以后农牧业的多样性发展奠定了基础。此外,培育动植物以取得产品,是农业生产部门的基本特征,所以伯益所从事的工作是有决定性意义的。这也是伯益族能脱颖而出、赐姓受封的主要原因。

第二节　益烈山泽与刀耕火种

《孟子·滕文公上》记载:"舜使益掌火,益烈山泽而焚之,禽兽逃匿。"[1]也就是说,帝舜任命伯益为掌火之官,伯益放火焚烧山谷沼泽的草木,飞禽走兽随之逃窜、藏匿起来。"益烈山泽而焚之",并非单纯的狩猎活动,而是有浓厚的早期农业开发内涵,它是早秦农业发展的重要表现形式,从某种程度上来说是早期秦人刀耕火种农业经营方式的反映。此外,《尚书·益稷》有"洪水滔天……随山刊木,暨益奏庶鲜食"[2]的记录,描述了远古时代,洪水泛滥之际,伯益在协助大禹治水过程中,通过砍斫林木来猎杀鸟兽,作为庶民的"鲜食"。结合前述"益烈山泽而焚之,禽兽逃匿"的记载,可看出秦人先祖伯益通过"刊山获猎"与"烈山泽"来为庶民提供肉食来源。这些活动从表面现象看,狩猎色彩颇为浓厚,若从农业开发角度看,其实皆为农业活动之副产品。

概而言之,中国古代传说中的烈山泽活动,虽有焚林而猎的成分,但更多的是与农业开发活动相关。如"益烈山泽"的农业色彩可从烈山氏的事迹中加以印证。古有烈山氏,长于烧山种田,其子名柱,树艺谷物百蔬,在夏代以前被祀为稷神。"益烈山泽",目的是"鸟兽之害人者消,然后人得平土而居之"[3]。其功能首先在于开发土地,烧荒肥田,驱除鸟兽,保护庄稼,然后才是火猎禽兽,作为生活资料之补充。此外,"奏庶鲜食"在"随山刊木"之后,也即伯益在协助大禹治水过程中,通过砍斫林木来猎杀鸟兽,作为庶民的"鲜食"。这种"随山刊木,暨

---

① [战国]孟轲著,万丽华、蓝旭译注:《孟子》卷五《滕文公下》,北京:中华书局,2006年,第111页。

② 李民、王健:《尚书译注》,上海:上海古籍出版社,2012年,第33页。

③ [战国]孟轲著,万丽华、蓝旭译注:《孟子》卷五《滕文公下》,第137页。

益奏庶鲜食",是平治水土前期的准备与规划工作,以导山治水为主、猎获鲜食次之。焚林而田与刊山获猎,随着时代的进步,农业开发的色彩日趋明显,渐而演进为刀耕火种的农业经营方式。

秦人先祖伯益所从事的主山泽等农业活动,或为后世秦人之功业奠定了基础。虞舜时期,禹、契、弃、益等二十二人为舜所用,"咸成厥功"①。然其后裔能为王公侯伯,并建国立业者,唯禹、契、弃、益四族而已。如禹的儿子启建立了夏王朝,契的后代汤开创了商王朝,弃的后人姬发创建了周王朝,益的后代秦襄公成为秦国第一代国君、秦始皇建立了中国历史上第一个统一的多民族中央集权国家。

何以禹、契、弃、益四族后世子孙能够建立中国历史早期的夏、商、周、秦王朝? 这或与他们所从事的农业活动有关。作为一个从农业起家、以农立国的民族,中华民族早期神话传说中的上古帝王身上具有浓重的农神色彩。从伏羲到帝舜,"三皇五帝"无一不是农业生产的楷模、英雄,他们的社会活动也主要集中在农业方面。在决定先民早期生存的关键经济部门——农业中,他们要么是发明者、创造者,要么是生产活动的组织者、领导者,要么是先进生产经验的总结者、传播者,更多的是兼数职于一身。农业在社会生活中至关重要的地位使领导农业生产的人获得了至高无上的权威,成了整个社会的领导者,因而被尊为"三皇""五帝"。同样,管理土地的司空夏禹,管理环境资源的司徒商祖契,管理百谷生产的农官周祖后稷,管理山泽的虞官秦祖伯益,这四人的职责都属于农业的范围。他们的后世子孙中有人统一天下建立国家,与他们在农业方面所奠定的坚实基础不能说没有关系。②

由上可知,秦人先祖伯益所从事的烈山泽活动,是早秦农业的重要表现形式,或是原始农业时期刀耕火种农业经营方式的起源。同样,伯益所从事的烈山泽活动,也伴随着日趋明显的农业开发色彩。伯益所从事的农业活动和其在佐禹治水中所成之厥功,或为后世秦人之功业奠定了基础。

---

① ［西汉］司马迁:《史记》卷一《五帝本纪》,第 43 页。

② 樊志民:《问稼轩农史文集》,咸阳:西北农林科技大学出版社,2006 年,第 166—167页。

第三节　玄鸟图腾与物候学萌芽

　　先民从生产实践中逐渐掌握了相关的天文历法、物候气象知识,并世代相传,用以指导、安排农事活动。据记载,黄帝、帝喾根据日月出没以推算历数;颛顼、帝尧根据星象变化以确定季节;四季物候为四岳所关注的重要内容。帝尧推举周人祖先弃为农师,教民稼穑;帝舜推举周人祖先弃为后稷,职司农政,促进了农业科技的积累与推广。同样,秦人之先祖亦对原始时代农业科技的发展做出重要贡献。其中,物候学之萌芽即是突出表现。

　　秦人自认为其与玄鸟有着某种特殊的亲缘关系,因而以玄鸟为图腾。在原始社会,生产力低下,人们的思维也处于蒙昧阶段,在自然面前完全是一种屈服的状态,对自然界充满好奇。发展到母系氏族社会时期,氏族与氏族间的界限日渐明晰,为保证氏族的长远发展,迫切需要形成一种体现该族特有的、神秘的标志,这就产生了所谓的"图腾"。"图腾(totem)是印第安语,意为亲属。某氏族崇拜某一图腾,即认为自己是它的嫡派裔孙。因而图腾成为氏族的标志,神圣不可侵犯"。[1] 林剑鸣先生说:"嬴秦与殷人有着共同的祖先崇拜,即以玄鸟图腾崇拜具有共同的始祖神话传说。"[2]顾颉刚先生指出:(嬴秦族)与殷同源,都出自鸟夷,"鸟是他们的图腾,他们全族人民的生命都是从鸟图腾里出来的","殷祖契是由他的母亲简狄吞了玄鸟的卵而生的,秦祖大业也是由他的母亲女修吞了玄鸟的卵而生的"。[3]

　　中国古代物候学之萌芽与鸟图腾崇拜有着十分密切的关系。《左传·昭公十七年》载:"少皞挚之立也,凤鸟适至,故纪于鸟,为鸟师而鸟名。凤鸟氏,历正也。玄鸟氏,司分者也;伯赵氏,司至者也;青鸟氏,司启者也。丹鸟氏,司闭者

---

　　① 龚维英:《嬴秦族图腾是鸟不是马》,《求索》1982 年第 3 期。

　　② 林剑鸣:《秦史稿》,上海:上海人民出版社,1981 年,第 15 页。

　　③ 顾颉刚:《鸟夷族的图腾崇拜及其氏族集团的兴亡》,西安半坡博物馆编:《史前研究》,西安:三秦出版社,2000 年,第 151 页。

也。"①少皞挚即位的时候，正好有凤鸟到来，因而就以鸟来记事，各部门长官的设置都用鸟来命名。如凤鸟氏，就是掌管天文历法的官；玄鸟氏，就是掌管春、秋二分的官；伯赵氏，是掌管夏、冬二至的官；青鸟氏，是掌管立春、立夏的官；丹鸟氏，是掌管立秋、立冬的官。上述玄鸟氏、伯赵氏、青鸟氏、丹鸟氏所司之分、至、启、闭是反映季节转换的关键八节，反映了此时物候学的萌芽。从中可知，少皞族大约已能通过地上物候的变化特别是候鸟季节性的来往鸣叫来确定季节。少皞族不仅有掌握四时的鸟官，还有作为"凤"的历正总管，形成了一个非常严密的指导农业生产的司时的管理机关。②

伯益一族大概因职司山泽的关系，对鸟兽有着比较深入的认识与了解。据说伯益不但知禽兽，且能综声于鸟语。其后裔亦有鸟俗氏，鸟身人言。而玄鸟氏尤为秦人所熟知和崇拜。玄鸟就是家燕，为著名的候鸟，因它秋去春来，故有玄鸟司分（春分、秋分）之说。秦人由玄鸟的秋往春来，进而注意到动物的生长荣枯。秦人通过玄鸟崇拜，观察到物候演变的规律，促进了物候学的萌芽。如所周知，燕子随季节南北迁徙，其生活规律和时令季节的变换相一致，换言之，掌握了燕子的迁徙往返规律，实际上就明晓了春夏秋冬的时令变化，在农业文明之初，自然气候的适宜与否直接关乎农业生产的成败，这种对玄鸟迁徙的观察与认识，可助先民更加精确地把握自然时令变化，合乎自然规律地发展农业生产。故而，物候学的萌芽，亦是早秦农业发展的又一成就。

由此而论，玄鸟迁徙可谓早期农业生产之指示器，物候之萌芽或源于此。秦人可谓由图腾崇拜演进到发明物候。此外，《吕氏春秋·勿躬》曰"后益作占岁"③，即伯益通过观察岁星（木星）的运行，发明了计算年份的方法。后益或作噎鸣，《山海经·海内经》亦有噎鸣生一岁之十二月的记载，可看出秦人先祖对物候学的贡献。

物候学的起源与农业生产有着十分密切的关系，观象授时以指导农业生产，为后世传统农业大政之一。这门学科在秦继续发展完善，至《吕氏春秋》总结秦

① ［春秋］左丘明著，蒋冀骋标点：《左传》卷十《昭公十七年》，长沙：岳麓书社，1988 年，第 322 页。

② 尹荣方：《少皞与中国古代的"鸟历"》，《农业考古》1996 年第 3 期。

③ ［秦］吕不韦著，［东汉］高诱注，徐小蛮标点：《吕氏春秋》卷十七《审分览·勿躬》，上海：上海古籍出版社，2014 年，第 391 页。

人长期积累的物候学知识,"以月纪为首,故以春秋名书"。作者以十二纪的方式详细记载各月物候,而且与节令相结合,用以指导各项农事活动,形成了比较完整的物候历体系,后世月令体农书大体缘此而来。《吕氏春秋》十二纪所反映的成熟的物候历法体系,体现了秦人长期以来物候学知识的积累,后世秦人杰出的物候学成就应源于早秦时代的奠基。

第四节　佐禹平治水土与伯益凿井

有夏一代,秦人见诸记载的农业活动有凿井、平治水土等。禹代舜称帝后,伯益被封于秦,其地在今河南范县东南。伯益后裔,除秦、赵后来西移在陕、晋建国外,其早期活动大致皆在今鲁、豫、苏、皖交接地带。这里地处黄河中下游,当时由于河水泛滥,排水不畅,地多沮洳。早期的原始农业遗存多就丘陵阜岸而居。故古籍中多见"九丘""九州""九山"之称。如著名的"夏"部落即居于丘陵阜岸之地,史载:"昔夏之兴也,融降于崇山"①,史或谓鲧、禹为崇伯。同样,秦人先祖早期之活动亦当与夏人相似。因居于黄河中下游地区的丘陵阜岸,故而此一时期,秦人的主要农业活动多与凿井、平治水土有关。

究其缘由,学术界认为原始农业的发生,山麓地带是值得注意的地方。如李根蟠曾"根据民族学和神话传说的材料,论证了我国原始农业和西亚等地区一样是起源于山地的"。② 这是因为山地,尤其是山腰和山麓地带,既没有高山那样寒冷,也没有沿江谷地般炎热阴湿,温度舒适,水源适量,气候宜人。除此之外,其中茂密的森林也为刀耕火种式的原始农业提供了良好的条件,加之其间野生植物种类丰富,各种动物频繁出没,也与原始农业长期采集狩猎并重的情况相吻合。这样的地理环境,缘山便采集,濒水宜渔猎,是初始时期种植作物和驯养家畜的适宜环境。

刀耕火种式的原始农业极其耗费地力,需不断迁徙以恢复地力。进入过渡

---

① ［春秋］左丘明著,邬国义等译注:《国语》卷一《周语上》,上海:上海古籍出版社,2017年,第27页。

② 李根蟠、卢勋:《我国原始农业起源于山地考》,《农业考古》1981年第1期。

时期以后,人口逐渐增加,山麓地带便日益狭促,随着农业生产力的进步,垦辟新的宜农环境渐成必然之势。农业地域扩展首先要解决的便是水源问题。《管子·乘马》有"高勿近旱而水用足,下勿近水而沟防省"①之言,也就是选址不能地势太高,导致水源不足;也不能太低,以致排涝困难。

农业地域的发展有两种路径,一种是沿着山麓向高山走去,但"高勿近旱而水用足";另一种则是沿着山麓向低地退去,至河边,而又"低勿近水而沟防省"。换言之,农业往高地发展,首先需解决供水问题,往低地发展,则需解决排水问题。农业地域拓展的此两种难题,促使了凿井和治水的出现。凿井与平治水土可视为农业地域拓展的两种途径。井的出现,可使居民向远离江河的山原高地发展;通过治水,可以降丘宅土,促进农业地域向濒河沃野展开。

鲧、禹治水的不同结果,反映了伯益、后稷部落在治水过程中的重要作用。伯益,最突出的贡献就是辅佐大禹治水。伯益事迹见于《史记·秦本纪》:"女华生大费,与禹平水土。已成,帝锡玄圭。禹受曰:'非予能成,亦大费为辅。'帝舜曰:'咨尔费,赞禹功,其赐尔皂游。尔后嗣将大出。'乃妻之姚姓之玉女。大费拜受,佐舜调驯鸟兽,鸟兽多驯服,是为柏翳。舜赐姓嬴氏。"大禹言及治水之事,说道"非予能成,亦大费(即伯益)为辅"②,可见伯益之功亦甚伟。帝舜封赏伯益,赐姓"嬴氏",体现出帝舜对伯益的器重,而伯益佐禹治水成功正是重要原因。此外,《尚书·益稷》以益、稷二人名篇,亦用来表彰此二人之功也。

大禹治水在很大程度上是为了发展农业,也是山麓宜农地带耗尽,向低处滨河地带地域拓展的一个必经过程。滨河地带地势较低,易受到水灾侵袭,因而,治水活动显得尤为重要。据研究,在距今10000年到3000年的早中全新世时期,是黄河水系的大发展时期。"而在距今4500—4000年前的'仰韶温暖期中晚期',正是考古学上的龙山文化及二里头文化时期。这一时期,气候湿润多雨,温度较今天为高,黄河中下游地区常遭洪水泛滥之灾。这与古史传说中肆意泛滥的洪水和实际的气候演化特征相一致"。③

---

① [春秋]管仲著,刘晓艺校点:《管子》卷一《乘马》,上海:上海古籍出版社,2015年,第22页。

② [西汉]司马迁:《史记》卷五《秦本纪》,第173页。

③ 黄春长:《环境变迁》,北京:文物出版社,2007年,第146页。

而在这一全新世大暖期,黄河流域的农业地域则有增无减,星罗棋布地蔓延开来。严文明教授曾用统计学的方法谈到了黄河流域新石器时代聚落发展的盛况。他指出:"以河南省裴李岗、仰韶和龙山三个时期的遗址为例,其数量各为70、800 和 1000 处左右。如果考虑到三个阶段所占时间跨度的差别,则同一时段的遗址数目之比当为 1: 8: 20,可说是以几何级数增长的。在分布上,裴李岗文化主要在河南中部,仰韶文化则以中西部最密,到龙山时期就大规模向北部、东部和东南部平原地带扩展。"①大暖期到来,水灾频发,而此时的农业聚落有增无减,势必对治水有着更为迫切的需求及更高的技术要求。

然而,鲧治水只把注意力局限于自己的氏族部落范围以内,以邻为壑,湮水壅川。虽然暂时改善了本部落的生存环境,但这是以危害其他部落利益为代价的,往往容易引起争端,水患很难从根本上予以解决,故有"鲧害天下、皇天弗福"之谓,最后招致羽山之殛。而禹继鲧伯未竟之业,用伯益、后稷为辅佐,把治水活动看作整个部落联盟的大事,"以四海为壑"②,通盘规划,表山刊木,决江疏河,使人民得以去高险、处平土。

禹决九川距四海,浚畎浍距川,这里决九川是治水,浚畎浍则不仅是治水,也包括治田在内。后稷佐禹决川浚畎,垦辟农田,予众庶难得之食,发挥了稼穑之长;伯益佐禹随山刊木,定高山大川,"取仪百物",区划九州,任土作贡,表现了虞衡之才。《墨子·尚贤上》云:"禹举益于阴方之中,授之政,九州成。"③佐禹治水,奠定了伯益族在华夏部落联盟中的地位。

秦人通过治水、凿井活动,极大地扩展了土地的利用范围。在伯益之前,有黄帝穿井之说,其目的或在于开发地下水源以解决生活用水。"伯益作井"在《吕氏春秋·勿躬》《世本·作篇》以及《淮南子·本经训》等诸多典籍中均有记载。伯益作井或与其辅佐大禹治水密切相关,伯益可能在长期与水打交道的过程中,发现了地下水的秘密,进而发明了凿井技术。原始农业处于"刀耕火种"的形态,放火焚林扩充耕地,依赖于雨水浇灌,多靠天吃饭。然而,此种耕作方式较为粗放,地力会很快被耗尽,先民为寻找新的宜农土地需不断焚林垦殖。

---

① 严文明:《走向 21 世纪的考古学》,西安:三秦出版社,1997 年,第 115 页。

② [战国]孟轲著,万丽华、蓝旭译注:《孟子》卷十二《告子下》,第 281 页。

③ [战国]墨翟:《墨子》,上海:上海古籍出版社,1989 年,第 15 页。

同样,先民之居所亦需不断迁徙,且只能在靠近水源地居住,以满足饮用之需。如《淮南子·脩务训》有言:"神农乃始教民播种五谷,相土地宜燥湿肥墝(硗)高下;尝百草之滋味,水泉之甘苦,令民知所避就。"①可见逐水源而居是先民生活的真实写照。此外,在定居生活中,需挖掘土方建设村落,有些水位较高地方则会渗出水来,先民可因之加深对地下水的认识。随着村落规模的一步步扩大,人口数量的不断膨胀,近河湖池沼之地的土地开发已接近饱和状态,先民不得不到远离河湖之地生活。在挖沟作窖的过程中,地下水的涌出亦会启发先民通过挖掘来寻找水源,水井遂应运而生。据研究,"最初的水井,可能是专为解决人们的生活用水而修筑开凿的,以后才发展到用之于生产领域。据目前材料,它的产生有两种情况:一种是由原来的天然蓄水池逐渐掏深和修筑而成。这种情况见于南方平原沼泽区,地下水位较高的地方,如河姆渡遗址所见然;其二是直接向地下深挖而成。开始可能是挖地窖或沟渠渗水,以后才学会自觉地穿凿水井。这种情况如中原地区龙山文化遗址所见然。"②其中,第二种情况,与伯益随大禹随山刊木而作井的传说可谓不谋而合。

同样,农业沿着山麓向高地发展的路径,需要"高勿近旱而水用足",这首先需解决的即是供水问题。正是由于凿井技术的发明,原始社会末期的先民得以在远离河沼之地开展农业生产。因此,水源之不便利用与先民对村落定居和农业发展的渴望,在一定程度上促使了水井的出现。当代考古学证明,水井出现于距尧舜时期不远的龙山时代,这在一定程度上佐证了伯益凿井传说的真实性。总之,伯益凿井已为夏初事实,凿井与浚畎浍、治沟洫、溉田亩相联系,并已用诸生产,渐成田制单位。考古工作者在河北邯郸涧沟及河南洛阳矬李遗址发现水井及沟渠遗址,显示出水不仅用于生活,亦用于农业及手工业生产。

综上所言,伯益作为秦人先祖,通过佐禹治水与凿井,为原始农业的发展做出重要贡献,也为秦农业的发展奠定了早期的基础。原始农业时期,人们对水充满着矛盾恐惧心理,水多了,成涝灾;水少了,成旱灾。在洪水退却的季节,躲避在高地的人们,取水便成为重大难题。伯益随禹治水,将古代先民的生存空间由

---

① 〔西汉〕刘安著,陈广忠校点:《淮南子》卷十九《脩务训》,上海:上海古籍出版社,2016年,第477页。

② 黄崇岳:《水井起源初探——兼论"黄帝穿井"》,《农业考古》1982年第2期。

山麓地带拓展到沿河沼的低地。后在治水过程中,凿井技术的发明,进一步扩展了古代先民的生存空间,一定程度上冲破了自然的束缚。这也正是人类从选择宜农环境到创造宜农环境所迈出的重要一步,也是秦人先祖不可磨灭的功绩之一,为秦农业史的发展留下了浓墨重彩的一笔。

第五节　稻作、半农半牧与旱作农业的经历与适应

根据传世文献的记载,从秦人祖先伯益开始,秦人早期在农业类型的选择上经历了从稻作农业向半农半牧,再向旱作农业的转变。这一转变主要是由秦人早期不断迁徙,根据不同历史阶段所处的地理位置决定的。

一、早秦中原地区的稻作农业经历

和治水相关的是伯益种稻的历史记载。大禹治水成功,"令益予众庶稻,可种卑湿"[①]。伯益初居之秦,地处河济,土壤肥沃,水分充足,为艺稻之佳境。东汉刘熙撰训诂书《释名》,其"释州国"云:"秦,津也,其地衍沃,有津润也"[②],所言情形与伯益初封之地相契合。水稻,乃我国古代主要栽培作物之一。其起源、分化及传播问题研究,素为学术界所关注。1949 年之后,有关稻作的遗址多发现于江南地区,加上人们囿于南稻北粟之成见,有关伯益艺稻的历史记载没有引起足够重视,而中原地区被认为是稻作传播区。近年来,河南省文物研究所在整理舞阳贾湖遗址考古资料时,在一些烧土块中发现稻壳印痕,把中原地区人工栽培水稻的历史推到了距今 8000 年以前。位于淮河上游支流沙河故道旁的贾湖遗址,是一处裴李岗文化遗址。时属新石器时代早期。裴李岗遗址以发现距今8000 余年的粟作文化而著名,而贾湖遗址栽培稻的发现说明中原地区稻作与旱作历史同样悠久。

此外,考古专家通过对贾湖遗址出土的动、植物遗骸的分析,认为在距今8000 年左右的黄淮地区,其年平均温度和年降水量可能与现在的长江流域相

①　[西汉]司马迁:《史记》卷二《夏本纪》,第 51 页。
②　王国珍:《〈释名〉语源疏证》,上海:上海辞书出版社,2009 年,第 51 页。

似。贾湖周围应是森林草原湖沼景观,自然环境宜于野生稻生长及水稻栽培。他们通过对出土稻壳印痕的扫描电镜观察并与现代稻壳进行形态学比较,认为贾湖稻属栽培稻无疑。这次在贾湖遗址发现栽培水稻的遗存,为我国农业史以及环境和气候变迁之关系的研究都提供了新的实物资料。并促使人们对我国水稻栽培历史进行重新认识①。以上考古发现为伯益种稻的历史记载提供了有力的佐证。

和大禹治水、开发草莽沼泽、利用卑湿沥涝相联系,当时中原地区沟洫农业已相当发达,伯益时期的稻作水平当已大大超越了原始农业阶段,进入了新的发展时期。伯益艺稻,以就卑湿,对黄河中下游地区的农业开发是有决定性意义的。伯益种稻与后稷植谷,相辅相成,相得益彰,推动了黄河流域社会经济的较快发展,使该地区形成了较高的农业文化,在全国居于领先地位。

自伯益时代至商周时期,秦人的稻作农业继续发展。史载,大禹曾以天下授益,然启与友党攻益而夺天下。"费侯伯益出就国"②,被迫重返初封之秦,避居于范县西南之箕山。当时参与反抗夏启统治的有扈部落,兵败之后被罚为"牧竖",故伯益及其后裔的农业发展也可能受到了某种程度的影响。不过范县地处"古颛顼氏之墟",又是神农树谷教民之地,为古代农业先进地区。伯益及其族人居秦,因为其地宜禾,农业仍能有所发展③。

夏末,秦人去夏归商。在推翻夏王朝的战斗中,伯益后代费昌为汤御,败桀于鸣条,成为商朝开国功臣。费昌的子孙在商代活动地域甚为广大,或在夷狄,或在中国。伯益所封之秦,在商代很可能被册封为诸侯国。殷墟卜辞中有关秦的记载甚多,此秦绝非非子邑秦之秦,只能是禹封伯益之秦。从卜辞内容看,多为在商都任职的嬴秦族人对家乡和祖宗进行祭祀。占卜活动由王室卜史主持,规格甚高。而卜辞中"秦宗""秦右宗"的记载,则反映秦宗族繁衍、人丁兴旺,立有宗庙,并有左宗、右宗诸分支。

---

① 张居中:《舞阳贾湖遗址发现栽培水稻——将中原地区种稻的历史提到八千年前》,《中国文物报》1993 年 10 月 31 日,第 1 版。

② [清]洪颐煊校:《竹书纪年》,北京:中华书局,1985 年,第 8 页。

③ 何清谷:《秦人传说时代的探讨》,《陕西师大学报》(哲学社会科学版)1991 年第 4 期。

卜辞中有"禾于烊秦既"①的记载,联系秦字造型,或谓抱杵舂禾,或谓双手束禾,似乎皆与农业相关。说明商代留居秦地的伯益后裔仍能保持种稻传统,以禾善舂精而闻名。秦人造酒,大约亦始于商代。《方鼎》记载周公东征归来荐于宗庙,"畲秦畲"②,用秦地出产的清酒举行饮礼。秦酒用诸祭祀周族祖宗,当入甘醴佳酿之列。"清醮之美,始于耒耜"③,秦人酿酒业的发达是与其农业发展密切相关的。

综上所述,伯益及其后裔为中原早期农业开发做出了重要贡献。由于秦建王朝于关西,并且序列三代之后,故有关早秦中原农业活动情况,只能附见于五帝、夏、殷文献,一鳞半爪,难窥全豹。加上目前在中原地区尚无可以确指为早秦文化的考古发现,这就为我们判定早秦农业历史形态增加了一定难度。不过,刊木表山、治水凿井,标志着秦人农业地域的拓展与生产力水平的提高;驯育草木鸟兽与艺稻、物候学知识的增长和积累,孕育了秦人传统农业科技的萌芽。早秦中原农业基本反映了由原始农业向传统农业形态过渡的初始特征。

二、早秦西垂地区的半农半牧与旱作农业经历

半农半牧区又称农牧交错区,是指以草地和农田等的大面积交错出现为典型景观特征的自然群落与人工群落相互镶嵌的生态复合体。④ 该区一般位于由平原、丘陵向高原、山区,或由半湿润、半干旱地区向干旱地区的过渡地带,位于农区与牧区的中间(接壤)地带。⑤ 这里既适合以种植业为主的农业生产,又适合以畜牧为主的牧业经营,农业和牧业结合程度高,农业和牧业在社会经济中占据突出地位,其产业类型堪称半农半牧。

史圣司马迁曾在龙门、碣石间划出一条农牧分界线,反映了春秋战国至西汉时期的农牧分野。当代历史地理学家史念海先生曾将司马迁划定的农牧地区分界线循龙门向西延伸,将西北、西南的部分地区亦归入这一地域经济类型。在历

①　胡厚宣:《战后京津新获甲骨集》3937,上海:群联出版社,1954 年。

②　陈秉新、李立芳:《出土夷族史料辑考》,合肥:安徽大学出版社,2005 年,第 131 页。

③　[西汉]刘安著,陈广忠校点:《淮南子》卷十七《说林训》,第 435 页。

④　卢欣石:《中国草情》,北京:开明出版社,2002 年,第 315 页。

⑤　〔意大利〕热拉尔·希巴里斯:《多语种土地词汇手册(中文版)》,北京:中国财政经济出版社,2005 年,第 124 页。

史上，随着中原王朝和北方民族政权实力强弱的变化，农牧分界线时有北扩南移的些许变化。但基本格局是在龙门、碣石一线与长城之间形成比较广袤的半农半牧区。它一方面是缘于少数民族"款塞内附"，接受农耕文明，逐渐走向农牧兼营；另一方面得益于中原王朝的移民屯垦活动，推动了牧区农业的开发与发展。半农半牧区是草原与农耕文化的折冲区，也是中原华夏族（汉族）与北方少数民族的交汇地。

早期秦人除在中原地区的稻作农业外，迁居西垂地区后，亦有半农半牧与旱作农业类型的经历与适应。除却秦地，伯益族中潏一支，或奉命率兵守御北方，以对付土方（聚落在今晋、冀北部）、鬼方（聚落在今晋西北、陕北）进犯；或在西戎、保西垂。随着秦族活动地域的扩展，其农业类型发生某种变化，并且适应地区特点，重操畜牧旧业，故费昌、孟戏、中衍及其后裔皆以善御而出名。

秦与商为近族，曾经有过共同的图腾崇拜。在社会经济生活方面，秦人同殷人也是最为接近的。有商一代"嬴姓多显，遂为诸侯"①，秦人学习和吸收殷商文化，促进了本部落社会经济的进步，在农业生产方面逐渐接近殷商农业而同步发展。商朝末年，秦人中潏一支就已"在西戎，保西垂"②，其足迹已达今渭水流域，与著名的周人部落接壤。随着殷商式微与周人疆域的拓展，秦大骆、非子等西迁今甘肃东部一带，与西戎杂居。③ 由于秦人先祖蜚廉、恶来俱以材力助纣为虐，秦人在周初曾"队（坠）命亡氏，踣其国家"④，即因站错队而遭丧君灭族之祸。因此，蜚廉、恶来的后代大骆、非子西居犬丘，或带有放逐、发配的惩罚性质。秦人被迫离开东方老家，正常的农业发展进程被打断，甚至出现某种程度的停滞。不过正是由于移居西垂，促使他们经历了半农半牧与旱作农业类型的历练，最后完成了由稻作农业向旱作农业类型的转移，为秦人日后入主关中，继承周族农业文化奠定了基础。

西迁之后秦人的社会经济情况，从文献记载来看，畜牧业比较发达。文献记载与考古资料的这种不一致，应当是秦人以农业为主兼营畜牧业的农牧结合经

---

① ②　［西汉］司马迁：《史记》卷五《秦本纪》，第 174 页。

③　何清谷：《嬴秦族西迁考》，载于康世荣主编：《秦西垂文化论集》，北京：文物出版社，2005 年，第 159—167 页。

④　［春秋］左丘明著，蒋冀骋标点：《左传》卷九《襄公十一年》，第 198 页。

济的客观反映。我们认为,秦与戎狄杂居,必受其畜牧文化的影响。彼此交流、融合,促进了农牧结合经济的形成。且后世人常以戎、狄视秦,夸大或只着眼于秦与戎狄同俗的一面,故反映在历史文献中,似乎秦与中原诸国差别甚大,畜牧特征比较突出。甚至秦惠王时,仍有人骂秦为"东方牧犊儿"①,很显然,此时的秦人经济绝非畜牧经济所能概括的,认为秦人只善经营畜牧业只能说是某种偏见。

另一方面,从甘肃东部的黄土丘陵沟壑地貌看,亦宜于农牧经济的交错发展。随着秦人活动地域的拓展,由河谷谷地向丘陵草原发展乃成必然之势,畜牧业经济的成分逐渐增加。西垂是我国古代良马产地之一,犬戎之国有文马,缟身朱鬣,目如黄金。秦居西垂,与戎族杂处,极地利之便,亦"好马及畜,善养息之"②。由于为周王室"息马"(蓄养、蕃息马匹)之缘故,文献中也就较多地保留了这方面的记载。秦原为东方民族,后来移居西垂,毗邻诸戎,促进了秦农牧结合经济类型的形成。史载秦人"好马及畜",应含借鉴、吸收、继承诸戎文化之功。农可富国,牧可强兵,秦人农牧结合的结构优势在后世将逐渐凸显。

秦人移居西垂后的旱作农业特征可从相关考古发掘中体现出来。甘肃东部地属黄土丘陵沟壑区,从已发表的考古资料看,从旧石器时代起,人类就在这一带留下了活动足迹。新石器时代及其以后,古文化遗址分布更为普遍,农业占有很大比重。著名的秦安大地湾遗址距今已有7000年到5000年的历史,其中最早的文化遗址比仰韶文化遗址还要早千余年。该遗址出土的数千件石、陶、骨、角器,除却日用器、装饰品,大都是生产工具。而黍粒、油菜籽等原始农业植物的出土,则明显地反映出此遗址具有旱作农业的特征。稍后的齐家文化,则已进入金石并用时代,农业成为了社会经济的主要部门。

秦人移居西垂以后,受自然地理环境的影响和制约,借鉴、吸收、继承周围其他文化,最终形成了区别于中原诸嬴的独立的秦文化。近年,甘肃省文物工作队及北京大学考古系师生在甘肃省甘谷县毛家坪和天水市董家坪,找到了西周时期的秦文化遗存。从发掘情况来看,毛家坪下层为马家窑文化的石岭下类型,董家坪下层为齐家文化。其中毛家坪A组遗存年代,包括了整个两周时期,从早

---

①　[东晋]常璩:《华阳国志》卷三《蜀志》,济南:齐鲁书社,2010年,第28页。

②　[西汉]司马迁:《史记》卷五《秦本纪》,第177页。

到晚是一个连续发展的整体，其间并无大的缺环，是不可分割的一种文化。该文化器物、墓葬形式与甘、青地区其他文化不同，而与陕西关中地区的西周文化和东周秦文化有较多的相同或相似之处①。居住遗址中灰坑、残房基地面的发现，说明从西周早期开始，秦人起码已过着相对定居的生活。而鬲、盆、豆、罐、甗、甑、釜的陶器组合，尤其是陶仓的发现，反映了其饮食生活当以农作物的粮食为重要食物来源。这完全不像人们一贯传统的说法，认为秦人当时是过着游牧、狩猎的生活。

据历年的考古调查，在甘肃东部地区已发现周代遗址数百处。根据毛家坪和董家坪的发掘看，其中有的当属于秦文化遗存。甘肃东部周秦文化遗址与甘肃地区土著的寺洼文化交错杂处，它们所处时代大致相同，不过周秦遗址多分布在大河流域的平坦河谷，而寺洼文化多分布在小支流或丘陵峻险地带。这同后来汉族居于平川，而少数民族居于山地的情况相类似。甘肃天水一带的河谷谷地，土壤肥沃，地势平坦，宜于农耕，秦人占有这样的有利地势，农业发展水平显然高于被认为属于犬戎族的寺洼文化的发展水平。

2005 年 10 月，笔者在天水师范学院参加"秦文化学术研讨会"，期间对甘肃礼县西山、大堡子山早秦遗址进行了实地考察，加深了对早秦农业环境、农业经营方式和农业类型的认识。会上笔者做了"秦西垂农业环境的认识与考察"的发言。其中提到："秦先民选择了一个绝佳的农业环境。甘肃毛家坪秦早期文化的情形如何，我没有去过不便评说。仅就昨天我们走过的平南—盐官—礼县一线而言，绝对是早期农业的好环境之一。这里川宽、山低、雨量适中、四季分明、西汉水贯流其中，其农业环境之优越，甚至使我们这些来自著名的关中农区的人都感到羡慕和惊讶。这在今天恐怕仍是天水、陇南地区农业环境相当不错的地方。如果考虑到历史时期生态环境的某些改变因素，西垂时期的秦农业环境可能比现在更好。"②

在如此宜农环境下，笔者同样认为早秦绝对是以农业经营为主的。蒙考古学家王建新、赵丛苍教授相告：早秦文化的毛家坪时代早于西山时代；西山时代

---

① 　赵化成：《甘肃东部秦和羌戎文化的考古学探索》，载于俞伟超主编：《考古类型学的理论与实践》，北京：文物出版社，1989 年，第 145—176 页。

② 　樊志民：《问稼轩农史文集》，第 406 页。

早于大堡子山、圆顶山时代。而在地理形势方面,大堡子山、圆顶山所在的盐官镇一带的河川宽度大于西山遗址所在的礼县县城一带;而礼县河川又宽于甘谷毛家坪一带。这种由狭川深谷地带向宽阔平川地带发展的趋势,肯定是农业部族的选择和取向。而西山、大堡子山、圆顶山发掘出的大规模的墓葬、聚落遗存,出土的精美礼器,如此深厚的文化层堆积,只有以定居为特征的农业部落或民族才能做到。游牧民族逐水草而居,他们不可能给后世留下如此多的考古遗迹。

笔者在考察过程中特别留意了西山与大堡子山遗址的墓葬、住址选择,简直有异曲同工之妙。它们大致都在山之南、水之北(谓之阳),坐北面南。而且山的两翼外伸,中间内收,成典型的箕形地势(陕西人称之为坳里或簸箕掌)。这种地势向阳避风,是农业民族生活居址、死后葬地之首选。这样的居处风俗习惯自古及今一脉相承,凡是有过农村生活经历的人都会感受到这一点。[①]

此外,笔者同样还认为早秦西垂农业具有明显的旱作农业类型特征。礼县位于西汉水中上游,西南向发展可入巴蜀,东北向发展可入秦陇。早秦先民何以没有选择西南向发展而选择了东北向发展? 笔者认为在很大程度上是由早秦农业的旱作类型特征所决定的。西汉水西南流,除了山高川狭这些不利的地理特征外,亦以地近巴蜀而表现出明显的稻作农业特征。在早秦时期,稻作农业所需要的生产力水平、劳动投入、耕作技术明显高于旱作农业,故取得快速发展与进步的往往是旱作农业。秦人东北向的发展选择,对于黍稷类旱作农业而言是找到了较好的适生环境。天水及其周围地区时有先于早秦或晚于早秦的旱作谷物发现,也充分说明了这一点。

早秦先民大致是由礼县向东北方向呈弧形发展,逐步占有了当时相对宽广平坦的旱作农业地区。后来秦人入据关中,也没有直接进入"渭河之将"。而是由汧陇谷地而至雍城塬区,由雍城塬区而至咸阳渭滨。当时相对温湿的气候地理环境,在某种程度上并非旱作农业的有利条件。(夏商周)三代很长时段内农田水利以排洪防涝为主,大概与北方地区的旱作农业类型选择有关。礼县秦文化研究会南玄子主任告诉笔者,礼县现在年降雨量约600毫米,纬度与陕西的宝鸡、咸阳相若。古人的新农区选择往往是以老农区情形为参考的,秦人经过艰辛、漫长的东向发展终于找到了与发祥地相类似的农业环境。只不过是关中地

---

① 樊志民:《问稼轩农史文集》,第406—407页。

域更加开阔、肥沃,秦的势力更强、范围更大,秦也由秦人、秦族、秦国而至秦王朝,最终统一天下。①

第六节　款塞内附与襄公始国

一、款塞内附

塞外游牧民族归附中原王朝后,常被安置于中原王朝的边郡地带,这一地带属半农半牧区,可农可牧、农牧兼营。同样,半农半牧区亦是中原文化与戎狄文化的"中介"区系,游牧民族在这一地域接受中原王朝的先进文化,逐渐融入中原王朝的生产生活之中。游牧民族迁居塞内归附中原王朝的历程,即史籍所谓的"款塞内附"。款塞,意为叩塞门,"指外族与汉族通好或内附"②。裴松之在注《三国志·魏志·文帝纪》中的"款塞内附"词条时,引用应劭《汉书注》曰:"款,叩也;皆叩塞门来服从。"③同样,早秦时期,秦人被迫迁居西垂,居于半农半牧地带,依附于周人,后因为周王牧马之功,被封为"附庸",授予采邑。这一历程与史籍所载"款塞内附"的情形类似,故以之形容早秦时期"非子邑秦"这一重要历史阶段。

在夏商周三代的政权更迭中,秦人曾与商人有着密切的关系,但在周灭商的过程中,由于秦人先祖蜚廉、恶来俱以材力助纣为虐,"队(坠)命亡氏,蹐其国家"④。其族人亦被迫离开东方老家,被放逐、发配至西垂之地。秦人从商朝贵族的身份沦为周人西垂附庸,从夏初华夏族核心成员之一沦为周初颠沛流离的前朝遗老,政治地位一落千丈。因此,此时的秦人需要一个重获政治地位的努力,在这个努力过程中,"非子邑秦"和"襄公始国"则是两个最重要的事件。秦人先祖非子因牧马之功被封为"附庸",以秦地为采邑,史称"非子邑秦",这段经

---

① 樊志民:《问稼轩农史文集》,第406—407页。
② 林剑鸣、吴永琪:《秦汉文化史大辞典》,上海:汉语大词典出版社,2002年,第744页。
③ [西晋]陈寿著,[南朝宋]裴松之注:《三国志》,北京:中华书局,1959年,第79页。
④ [春秋]左丘明著,蒋冀骋标点:《左传》卷九《襄公十一年》,第198页。

历即属"款塞内附"。由"非子邑秦"所产生的"款塞内附"经历，为襄公始国、建立政权奠定了基础。而这两个事件，又与前文所述秦人早期的两次农业类型转换有着密切关系。

西周初年，秦人迁居西垂之地，选择了半农半牧和旱作的农业类型，重操秦人先祖"善御"的旧业，发展了以"牧马"为代表的畜牧业，这为其获得周人重视提供了可能性。西周孝王时期，秦人首领非子因为周王牧马有功而被封为"附庸"，并以秦地为采邑，史称"非子邑秦"。非子邑秦正是秦人政治地位开始恢复和发展的突出表现。非子邑秦，得力于秦人在汧、渭之间的经营。这里土地肥沃，水草丰茂，不仅宜于畜牧，而且为周王朝农业文化的发祥地之一。西周孝王召使非子主马于汧、渭之间，是秦人第一次越过陇山，东向发展。他们为周人创建并管理畜牧业基地，秦人既据有优越的自然条件，又因袭周人文化遗产，故能勃然兴起，分土为附庸。

同样，非子邑秦，表明秦人已复续嬴姓及宗庙祭祀，周王朝也开始把秦同戎狄相区别；非子邑秦之后，秦人在干旱半干旱地区建筑城邑，繁衍生息，表明秦人已适应了西垂农业生产的特点，完成了由稻作农业向半农半牧与旱作农业类型的转换，有了比较稳定的生产基地。非子邑秦也密切了秦与周王室之间的联系，促进了周、秦间经济文化的接触与交流。

此外，秦人活动于周文化与诸戎文化的"中介"区之间，即所谓"款塞内附"，这为秦农业的发展注入了极强的生命力，为以后秦农业全新的、快节奏的发展奠定了基础。具体言之，秦人在西垂半农半牧地区"款塞内附"的历程，能够在坚持他们比较擅长的畜牧经营的同时，因地制宜发展农业生产，完善农牧结构的合理配置。"农可以富国，牧可以强兵"，农牧的有效结合既是一种产业配置，同时也是古代社会极其有效的军事政治配置。农牧结合的产业配置能够产生巨大的功效，其成功的案例在中国历史上数见不鲜。如西周灭商的过程中，周人的畜牧经历与车马骑术成为战胜的重要因素之一。秦霸西戎，春秋时期秦国东向争霸战略受挫后转而西向发展，"益国十二，开地千里，遂霸西戎"[①]，进而灭六国而一天下。周秦由此确立了富国强兵的立国模式。同样，着力于西北农牧交错地带的经营，也成为汉唐盛世形成的基础与前提之一。

―――――――――

① ［西汉］司马迁：《史记》卷五《秦本纪》，第 194 页。

二、襄公始国

周宣王时,秦人首领秦仲因诛西戎之功,从诸侯之附庸,晋升为周王室大夫。"大夫食邑"①,除向王室交纳一定的贡赋和完成一定的军役、劳役之外,世代享有自己的封地收入。秦仲为大夫,使秦人进入周王朝贵族行列,促进了周秦文化的交融过程。史载秦仲有车马礼乐侍御之好,表明秦与诸戎在文化上分道扬镳,而采用华夏礼乐。《国语·郑语》曰:"夫国大而有德者近兴,秦仲、齐侯、姜、嬴之隽也,且大,其将兴乎?"②认为秦与齐将是以后并起的大国,可见其势力已有很大增长。秦仲死于戎,其子庄公昆弟五人将周兵七千,继续讨伐西戎。著名的不其簋记载了周宣王时庄公伐戎的经过。当时猃狁侵扰周朝西部,周王命伯氏和不其(庄公)进追于西。得胜后,伯氏回朝献俘,不其率兵车继续战斗,"斩首执讯",多有所获。以此,不其被赐"弓一、矢束、臣五家、田十田"。③ 对诗书礼乐及土地人民之好恶,是当时判别华夏与戎狄文化、游牧与农业经济的重要标准之一。建城筑邑得地授民,以诗书礼乐为政,非游牧民族之所好,而为农业民族的显著特征。

西周末年,周王室内乱,犬戎杀幽王于骊山之下,虏褒姒,侵夺岐、丰之地。周平王继位后,猖獗于周王畿和关中地区的戎狄势力有增无减,平王于是将国都迁往雒邑。所谓"迁都",实际上是被戎、狄赶走,当平王仓皇逃走时,秦襄公率领秦兵也加入了护送队伍。因此,周平王封秦襄公为"诸侯",把"岐以西之地""赐"给秦,并准许与其他诸侯"通聘享之礼"。这样,秦就由"大夫"上升为与齐、晋等国地位平等的诸侯。从此,建立了秦国。④ 这一历程,史称"襄公始国"⑤。

近年来陕西、甘肃两省考古工作者在陇山两侧地区的考古发掘,对于确定秦襄公徙都汧邑的地望、了解秦国铁器历史皆提供了有力佐证。据《括地志》云,

---

① [春秋]左丘明著,[三国吴]韦昭注:《国语》卷十《晋语四》,上海:上海古籍出版社,2015 年,第 246 页。

② [春秋]左丘明著,[三国吴]韦昭注:《国语》卷十六《郑语》,第 340 页。

③ 《不其簋铭文》,参见《中国碑帖名品·金文名品》,上海:上海书画出版社,2015 年,第 47 页。

④ 林剑鸣:《秦史稿》,第 36 页。

⑤ [西汉]司马迁:《史记》卷五《秦本纪》,第 179 页。

故汧城在陇州汧源县东南三里①。宝鸡市考古工作队1986年在陇县边家庄附近发现一春秋古城遗址,尚存夯土及城墙遗迹,被认为是襄公徙汧所都之地。特别是边家庄秦贵族墓地,发现了数量较多、规格较高的青铜礼器,其形制与花纹,甚至与西周晚期同类器物没有什么区别。② 鼎、簋、甗、壶、盉、盘与周人礼器组合形式相近,其祭祀与宴饮礼器具有浓郁的农业文化特征。其墓地布局由贵族到平民有序排列,延伸数里,证明秦人越陇山而入关中后,这里曾一度为秦国国人活动中心。

　　根据考古发现,学术界推测西周晚期在周王朝统治区可能已经发明了冶铁技术。周人东迁,秦继承了其冶铁技术。近年来先后在甘肃省灵台县景家庄、陕西省陇县边家庄与长武县春秋早期墓多次出土铜柄铁剑、铁匕首等。时代稍后的凤翔秦公大墓、宝鸡益门二号墓则出土大批铁器,并且出土了铲、锸等农业工具。综览铁器出土地点,北起灵台县,西至陇县,南到宝鸡市,东及长武县,大致不出襄公初入关中时活动地域。证诸《诗经》"驷骥孔阜"③的诗句,秦在襄公之时使用铁器当已比较普遍。铁农具的使用,亦反映出当时秦国农业已达相当水平。

　　襄公始国,在秦农业发展史上具有历史性的转折意义。它标志着秦人、秦族由此结束了长期的游徙、依附阶段,并且开始利用国家政权的力量来保护农业发展,改善农业生产条件。襄公始国后,即与诸侯通使聘享之礼;以后经过短期发展,秦的农业生产已经赶上甚至超过东方诸国。至秦穆公时,秦国生产的粮食不仅可满足迅速增长的人口食用,而且宫室积聚之盛使戎使由余感叹不已。公元前647年,晋国遭遇饥荒,仓廪空虚,遂向秦国买粮。秦国不计前嫌,向晋国输粮,其运粮车船绵延不断,被称为"泛舟之役"④。秦农业的飞跃式发展,显然是进入关中后直接继承周人农业技术和经验的缘故,而其奠基之功应始于秦襄公。

---

① ［西汉］司马迁:《史记》卷五《秦本纪》,第179页。

② 陕西省考古研究院宝鸡工作站、宝鸡市考古工作队:《陕西陇县边家庄五号春秋墓发掘简报》,《考古》1988年第11期。

③ 《诗经·秦风·驷骥》,参见程俊英:《诗经译注》,上海:上海古籍出版社,2006年,第179页。

④ ［春秋］左丘明著,蒋冀骋标点:《左传》卷五《僖公十三年》,第62页。

第二章　初秦农业

第一节　受赐岐、丰与关中逐戎

周幽王被犬戎杀死于骊山下后，太子宜臼被诸侯拥立为周王，是为周平王。平王鉴于当时镐京残破，加之关中又有戎、狄威胁，遂将国都迁至雒邑，史称"平王东迁"。平王东迁时，秦襄公因护送有功，被周平王"赐之岐以西之地"①。这样，秦在名义上取得了"与齐、晋等国地位平等的诸侯"②之位。因岐、丰之地当时为犬戎所占，秦襄公因护送之功所获得的岐山、丰水之间的封地实乃空头支票，需要逐走犬戎方能兑现。如《史记·秦本纪》所载周平王之言："戎无道，侵夺我岐、丰之地，秦能攻逐戎，即有其地。"③受赐岐、丰虽属空头支票，但秦人因之具备了向岐、丰之地发展的合法权利，这对秦国之后续发展具有重要意义。

岐、丰之地作为周族故地，农业开发历史悠久。周人始祖后稷"好耕农，相地之宜，宜谷者稼穑焉"④，唐尧时期后稷被举为农师，在商代就已经作为农神受人祭祀。周人继承祖先"好稼穑"之遗风，致力于关中农区的开发，关中成为三代时期井田制度发展最为完善的地区之一。岐、丰之地经过周人数代经营，农业生产发达，若能取其地、得其民，对秦人之发展将具有不可估量之意义。

不甘于岐、丰之地为犬戎所占的现实，秦人努力进取，积极伐戎。当时的逐

---

① ［西汉］司马迁：《史记》卷五《秦本纪》，第 179 页。
② 林剑鸣：《秦史稿》，第 36 页。
③ ［西汉］司马迁：《史记》卷五《秦本纪》，第 179 页。
④ ［西汉］司马迁：《史记》卷四《周本纪》，第 112 页。

戎形势可谓相当严峻,《后汉书·西羌传》云:"平王之末,周遂陵迟,戎逼诸夏,自陇山以东,及乎伊、洛,往往有戎。"①陇山向东千百里间有关中、伊、洛之地,关、洛之间属王畿之地,关中为"宗周"所在、西周都城所居,伊洛为"成周"所在、东周都城所居,均为华夏早期统治中心区。平王末年以来,周朝国势日渐衰微,关中之地早为戎人所占,东周王都伊、洛之间也有戎人迁徙、混居于此,著名的"伊、洛之戎""陆浑之戎"即为明证。近年来,河南省洛阳市伊川县徐阳村发掘的东周墓地被认为系陆浑戎贵族的墓地②,而伊川县徐阳村距东周王城直线距离不足50公里,这也为东周平王以来,戎人在华夏核心区的分布提供了实证。从史载"自陇山以东,及乎伊、洛,往往有戎"之言,可见东周立国以来戎人分布范围之广泛与势力之强盛。

因此,"秦能攻逐戎,即有其地"③,否则,名曰立国,实无寸土。襄公自立国后,便积极逐戎,但在最初的伐戎斗争中,"取得的成果几乎等于零"④。甚至襄公最终也在伐戎斗争中死去,秦人仍居于"西垂"故地。襄公死后,儿子文公继位。文公继位之初,伐戎之事并未有大的进展,文公继位的第三年,他率兵七百人"东猎",次年到达"汧渭之会"⑤,并表现出定居此地的决心。伐戎战争的转折发生在文公十六年(前750),这一年秦国"地至岐"⑥,"取得了第一次伐戎的胜利"⑦。"地至岐"是秦人东向伐戎取得阶段性成果的标志,这意味着秦人已经突破了原有的"西垂"故地,将势力伸入到关中平原。

取得岐地对秦国意义重大,虽然此后伐戎斗争仍然艰辛,但秦人不再偏居于"西垂"故地,而是越过了陇山,在关中有了稳固的根基。占有岐地,是秦跨拥两

---

① [南朝宋]范晔:《后汉书》卷八十七《西羌传》,北京:中华书局,1965年,第2872页。

② 吴业恒:《河南伊川徐阳发现东周陆浑戎贵族墓地》,《中国文物报》2016年4月22日,第8版。

③ [西汉]司马迁:《史记》卷五《秦本纪》,第179页。

④ 林剑鸣:《秦史稿》,第37页。

⑤ [西汉]司马迁:《史记》卷五《秦本纪》,第179页。注:汧渭之会,也作"千渭之会""千渭之汇",为秦人从甘肃天水向咸阳逐步东迁过程中所建的都邑,有专家考证,其具体地点为今千河与渭河的交汇地带。参见王晓光:《12件青铜礼器或揭"汧渭之会"谜题》,《西安晚报》2014年10月23日。

⑥ [西汉]司马迁:《史记》卷五《秦本纪》,第179页。

⑦ 林剑鸣:《秦史稿》,第88页。

大农业区域的开始,也为秦的关中逐戎战略奠定了坚固基础,关中逐戎的事业最终也在这一基础上完成。但这一过程并不顺利,秦人在岐地居留了五十年,期间,秦的领地并未得到扩展。岐地地处周原,是周族的故居,自然条件十分优越,秦人在岐地半个世纪的居留,对其发展大有裨益。著名秦史专家林剑鸣先生认为:秦至岐的五十年,正是他们由游牧经济最后完全转入农业经济的关键时期,也是秦国社会发展中的重要历史阶段,它为秦国以后的发展奠定了最初的基础。[①] 秦人在岐地,彻底改变其落后生产技术,接收"周余民","放弃原来的以游牧为主的生活方式,而接受较高文明"[②]。正是在岐地,秦人完成了生产生活方式上的转变,因此,当这一过程完成的时候,突破戎、狄包围从而获得进一步发展也就是必须的了。

文公在位长达五十年之久,逐戎最大的突破就是取得岐地,此后几十年间地域虽未得到扩展,但却是秦人重要的历史转型时期。文公死后,秦宪公继位,发起了对戎人的主动进攻。秦人伐戎的决心十分坚定,这从他们将国都由汧渭之地迁到平阳(今陕西宝鸡市阳平镇)即可看出。经过几十年的积累,秦人的实力得到较大增长,宪公三年(前713)秦攻取"荡社"这一戎人重要据点,其在东方的势力进一步得到巩固。

当逐戎事业稳步推进之时,秦国发生了内乱。宪公死后,长子秦武公虽之前已被立为太子,但大庶长弗忌、威垒、三父废掉太子武公,改立年仅五岁的出子为秦国君,后出子被杀,武公复立为国君,这一年是公元前697年。三年后,武公将之前作乱的三父等庶长杀死,树立国君权威,结束了内乱。关中逐戎事业最终在秦武公时代完成。武公元年(前697),秦攻彭戏氏戎取胜;武公十一年(前687),秦灭小虢。这一年,秦在杜(今陕西省西安市长安区东南)、郑(今陕西省华县北)两地设县。至此,自公元前770年襄公始国,至公元前687年秦灭小虢,并在逐戎之地设县,经过数代国君八十余年的努力,秦最终基本上占有了关中农区,完成了"秦能逐戎,即有其地"的历史任务。

受赐岐、丰和关中逐戎对秦国的发展具有重要意义。周平王东迁雒邑后,当时居于周王畿和关中地区的犬戎部落,尚处于比较落后的社会发展阶段。游牧民族的掠夺、骚扰、破坏活动既摧毁了腐朽的西周王朝,也给具有悠久历史的关

---

①②　林剑鸣:《秦史稿》,第40页。

中农区带来一场浩劫。如此形势,给秦人主关中及东向发展提供了有利的机会。秦襄公二年(前776),秦徙都于汧城,政治、经济中心正式进入今关中西部。秦襄公一方面将兵救周,护送周平王东迁,开尊王攘夷之滥觞;另一方面,攻逐诸戎,制止他们对关中农业区的毁灭性破坏,着力于岐、丰农区的占有和经营,以保证正常的社会生产进程不被打断。襄公谥"襄",据谥法解"甲胄有劳曰襄""辟地有德曰襄"①,正好可以表现他平戎救周、开疆辟土之功。

襄公救周,取得向岐、丰之地发展的合法权利,这在秦农业发展史上具有决定性意义。当时犬戎取周之焦获,而居泾、渭之间。故周平王在赐秦岐以西之地的同时许诺秦可以攻逐岐、丰之戎,并占有其地。岐周至丰镐间的广大地区,是周民族长期农业经营的中心地域所在,人民有先王遗风,好稼穑,代表了当时农业发展的最高水平。占有岐、丰之地,又将具有较高生产技术水平的周余民接收过来,就将秦农业发展置于一个新的起点之上。

襄公为占有岐、丰之地,英勇征战,不遗余力。襄公十二年(前766),秦人终于"伐戎而至岐"②。后来襄公为东征而卒,其子秦文公收复岐、丰之地,完成了襄公未竟之业。由非子始,秦人在汧渭之间的活动,给了秦和周人长期接触的机会,早秦关中农业时期开始了周秦农业科技、文化的交流和融合。这一段"款塞内附"的经历,使秦人吸收和掌握了周族先进的农业科技。所以当他们占有岐、丰乃至整个关中之后,便能"收周余民有之"③,并未显示出很大的不适应,并未使关中农业出现倒退、发生逆转。相反,调整了既有的生产关系,改善了既有的生产结构,在许多方面促进了关中农业的更快发展。并超越东方诸国,走在了前头。史称"秦起襄公"④,准确地评价了襄公始国的意义⑤。而襄公平戎救周,从某种程度讲是拯救了关中农业,实乃关中农业之大幸。秦农业由此结束了其早期发展阶段,而进入了另一个新的发展时期。

---

① [西汉]司马迁:《史记》卷一《五帝本纪》,第26页。

②③ [西汉]司马迁:《史记》卷五《秦本纪》,第179页。

④ [西汉]司马迁:《史记》卷十六《秦楚之际月表》,第795页。

⑤ 刘光华:《秦襄公述论》,《兰州大学学报》1982年第1期。

第二节　周秦农业的对接与继承

受赐岐、丰,收周余民,是初秦时期的主要活动之一。占有岐、丰宜农之地,为秦农业发展提供了优越的自然环境;将没有随平王东迁的周余民接收过来,继承周族先进的农业科技与生产关系,使初秦农业在较高的基点上进一步发展,完成了农业发展阶段的历史性跨越。总之,"周余民"在周秦农业的对接与继承上发挥了至关重要的作用。因此,充分肯定"周余民"在初秦农业发展进程中的重要作用,是初秦农业历史研究的关键环节之一。

一、周余民乃初秦关中居民之主体

所谓"周余民",就是指大量东徙遗留之民。① 宗周覆灭,平王东迁。除进入关中的秦人和诸戎部落外,尚有大量的周族遗民留居西部王畿,他们随岐、丰之赐而易主事秦,即《史记·秦本纪》所载"文公遂收周余民有之"②。

由于宗庙社稷之迁乃国之大事,西周末年肯定有一批诸侯、贵族随王室而东徙雒邑。《诗经·小雅·十月之交》曰"择有车马,以居徂向"③,即"挑选有车马的人,迁往新居地向邑"。该诗讲的是贵族皇父因镐京不宁,备辎重以行,将财物迁诸向邑(今河南省济源市南部)而遭怨刺的故事。同样,西周末年郑国亦有过迁徙。郑国,始封地在今陕西华县东部。周幽王时,郑桓公见周将亡,迁财物、部族、商贾于东虢和郐之间。后其子武公取虢、郐所献十邑重立郑国。平王东迁,寻求诸侯国的保护,郑是重要的庇护者之一。故春秋初年,周桓公说"我周之东迁,晋、郑焉依"④。

此外,贵族虢仲、仲山甫、伯舆氏等也是两周之际随平王东迁的重要诸侯。西虢,乃周文王弟虢仲(一说虢叔)封地。平王东迁,西虢徙诸上阳(今河南省陕

---

① 杨宽:《杨宽著作集·西周史·下》,上海:上海人民出版社,2016年,第907页。

② [西汉]司马迁:《史记》卷五《秦本纪》,第179页。

③ 《诗经·小雅·十月之交》,参见程俊英:《诗经译注》,第296页。

④ [春秋]左丘明著,蒋冀骋标点:《左传》卷一《隐公六年》,第8页。

县东南),世称南虢。周宣王封仲山甫(樊穆仲)为樊侯,初封地在今陕西省西安市长安区东南一带,亦移徙阳樊(今河南省济源市西南),为春秋周畿辖邑。贵族随平王东徙者有伯舆氏。周灵王时,伯舆之大夫称"昔平王东迁,吾七姓从王,牲用备具。王赖之"①。虽然如此,史有平王东迁"弃其九族"②之谓,说明当时能随平王东迁者毕竟是少数,大量的周余民则沦为秦的臣民。

　　两周之交的诗篇,生动地反映了西周末期周人去留彷徨的矛盾心态。当时,"周宗既灭,靡所止戾"③,关中战乱四起,无处可以安居。许多人将自己比作水中流舟、觅栖之鸟,发出爰止谁屋、"不知所届"④的哀叹。"我瞻四方,蹙蹙靡所骋"⑤,既显示出他们对所去之地的犹豫,又显示出对故土之眷恋。从诗中所反映的凄怆、破败的景象判断,这些人大多无财力随平王东迁,而被迫受秦统治。另有一部分贵族不屑追随王族,坚持留在关中,"谓尔迁于王都,曰予未有室家"⑥,他们以没有房屋居处为由,婉拒东迁之邀。有的则对强制性迁徙流露出强烈的不满情绪,"胡为我作,不即我谋!彻我墙屋,田卒污莱"⑦。在没有事先商量的情况下拆毁房屋,侵夺田宅,破坏生产,造成田地荒芜。一些失势贵族虽欲东徙雒邑,然"其车既载,乃弃尔辅"⑧,平王抛弃了他们,只能留居故地,空发牢骚。

　　西周末年,畿内方国尚存者有西虢、郑、召、荣、杜、莘、梁、芮、樊等。这些方国族属华夏,世居王畿,与周族同样具有较高的农业生产水平。前述郑国,虽有东迁之举,然其旧邑仍为故都,秦武公时于郑地设县,说明郑人并没有全部东迁。西虢东迁后,留居原地者世称小虢,至公元前687年方为秦所灭。公元前687年,秦在杜地(今陕西省西安市长安区东南)设县。公元前677年,梁伯、芮伯朝秦。随着秦势力的增长,这些畿内方国首先与秦产生联系,其封地为秦所有,其

---

① [春秋]左丘明著,蒋冀骋标点:《左传》卷九《襄公十年》,第197页。
② 《诗经·王风·葛藟》附《毛诗序》,参见程俊英:《诗经译注》,第105页。
③ 《诗经·小雅·雨无正》,参见程俊英:《诗经译注》,第298页。
④ 《诗经·小雅·小弁》,参见程俊英:《诗经译注》,第305页。
⑤ 《诗经·小雅·节南山》,参见程俊英:《诗经译注》,第289页。
⑥ 《诗经·小雅·雨无正》,参见程俊英:《诗经译注》,第299页。
⑦ 《诗经·小雅·十月之交》,参见程俊英:《诗经译注》,第296页。
⑧ 《诗经·小雅·正月》,参见程俊英:《诗经译注》,第292页。

庶民成为秦农业生产的有生力量。

有人推测春秋以前秦人口约有二三万之众。公元前 763 年,秦文公率兵七百人东猎,这是秦人入关数字的唯一记录。当时秦之宗庙仍在西垂,秦民主体似乎仍在陇西,随文公东猎者只是先锋部队,人数不会很多。而有人以周制百里内五万人推算,认为周遗民归秦者,至少应有二三十万人①。故我们可以肯定地说,初秦时期关中居民的基本构成仍以周及诸戎部落为主。

二、周余民与周族农业传统之维系

岐、丰之地曾是周族故居、宗周所在,是我国古代农业文明的发祥地之一。周人世代业农,相传其祖后稷“好耕农,相地之宜,宜谷者稼穑焉”②。被帝尧举为农师,自商以来祀为农神。后稷的后代“修后稷之业”③,“有先王遗风,好稼穑”④,大力发展农业生产。至秦建国前夕,周人的农业生产已达相当高的水平。

同样,当时诸畿内方国农业与周族农业同步发展,同样具有较高发展水平。如郑桓公被周宣王封到郑地三十三年,深受百姓爱戴,他曾担任周朝司徒,“和集(通和辑,和睦团结之意)周民,周民皆说(悦),河雒之间,人便思之”。⑤ 后来,郑国东迁至新郑,其民众“庸次比耦,以艾杀此地,斩之蓬蒿藜藋,而共处之”⑥。也即是说,东迁后的郑民通过相互间的协作共耕,割除地上的蓬蒿藜藋等杂草,以定居于此。郑人对中原荒芜土地的开垦,显示出较强的新地开发能力。另,大夫芮良夫以周祖后稷教民稼穑、广施恩泽养育万千民众,使周祚绵延为例,反对周厉王“专利”,指出“夫利,百物之所生也,天地之所载也”⑦,主张财富均平,布赐施利,“使神人百物无不得极”⑧,反映了其对农业生产和财富分配已有较深的认识。同样,召公批评厉王弭谤,以水为喻进谏,指出“水壅而溃,伤人必多”⑨,认为“为水者决之使导,为民者宣之使言”⑩。只有熟悉水利工程的

---

① 杨东晨、杨建国:《秦人秘史》,西安:陕西人民教育出版社,1991 年,第 151 页。

②③ [西汉]司马迁:《史记》卷四《周本纪》,第 112 页。

④ [东汉]班固:《汉书》卷二十八《地理志下》,北京:中华书局,1962 年,第 1642 页。

⑤ [西汉]司马迁:《史记》卷四十二《郑世家》,第 1757 页。

⑥ [春秋]左丘明著,蒋冀骋标点:《左传》卷十《昭公十六年》,第 321—322 页。

⑦⑧ [西汉]司马迁:《史记》卷四《周本纪》,第 141 页。

⑨⑩ [西汉]司马迁:《史记》卷四《周本纪》,第 142 页。

特点,召公方能以水为例痛陈利害。

此外,周宣王不修亲耕之礼,卿士虢文公说,农业生产是人民的头等大事。上帝的祭品出自农业;人口的繁衍基于农业;物资的供应来自农业;社会的和谐赖于农业;财货增值始于农业;国家富强成于农业。故天子应籍田千亩,以示重农,为天下先。这段话反映了虢文公对农业的基础地位的深刻认识,被看作后世重农理论之先声。周宣王既丧南国之师,乃料民于太原,大臣仲山甫认为这是扰民之举。主张发挥既有的各专门机构之作用,以维持正常的生产秩序,实施有效的部门管理。天子由此掌握人民少多、死生、出入、往来之数。他认为周王应该"治农于籍"①(通过籍田仪式来指导农业生产),农隙治事,而不宜直接干涉生产活动。否则,扰民害政,必生祸乱。仲山甫之言乃管理实践的经验之谈。

总之,西周末年,周王室及一批诸侯、贵族虽被迫东徙雒邑,但形成于关中农区的周人农业科技并未因此而消亡。大量留居于关中的"周余民"既是生产者,又是技术载体。他们在秦统治下继承和发扬周人"好稼穑"的优良传统,继续推动着秦农业生产与科技的发展。

同样,关中农区在周人的长期经营下,极大地改善了生产条件。西周末年的灾荒、战乱以及少数民族的掳掠,虽然对生产环境造成一些破坏,但基本的生产格局仍能得以维系。秦人用武力攻逐那些以"取周赂"②(获取周人财物)为目的的犬戎部落,制止他们的掠夺、骚扰、破坏活动。这种游牧民族的冲击波,虽然具有很大的破坏性,但它来去如潮,影响所及往往只是局部的和暂时的。由于秦对他们采取了比较严厉的攻、逐、伐等斗争形式,这部分力量很快就撤出了关中农区。另一些久居关中和关中周围地区的戎姓方国和部落,他们有机会接触周人较高的社会经济文明,保持了较高的社会发展水平。他们在周秦交替过程中,或助周或攻秦,其目的乃在于得关中之土地人民而有之,并不具备严格的农牧对立含义。

同时,秦人以周文化的继承者自居,他们承认周王室为其宗主,是名义上的最高统治者。秦襄公护送平王东迁,"与诸侯通使聘享之礼"③。他们受赐岐、

---

① [春秋]左丘明著,[三国吴]韦昭注:《国语》卷一《周语上》,第17页。

② [西汉]司马迁:《史记》卷四《周本纪》,第149页。

③ [西汉]司马迁:《史记》卷五《秦本纪》,第179页。

丰,进行认真的农业经营;收"周余民",保护他们既有的农业科技与生产方式。大量的"周余民"之存在,使周秦之交的关中农业发展并未出现逆转,仍大体保持着宗周时期的生产水平。关中悠久的农业历史、良好的自然条件、先进的农业科技,也能使关中在战乱之后迅速恢复创伤,重建农业。

综上,占有关中良好的农业生产条件是后来秦农业赖以发展的基础。顾颉刚先生把"得周王畿之西部,建立大国"看作"秦之致强盛"的主要原因之一①。

三、周余民与初秦农业科技之进步

由于初秦史料之匮乏,学术界对"周余民"在初秦农业科技发展中的作用问题尚未做过比较深入的研究。近年来新出土的考古资料和农业历史文献研究的新成果,可以推动我们就这一问题作进一步的探索。

20世纪80年代以来的考古发现证明,秦国的冶铁技术在我国早期冶铁业中占据重要地位。考古工作者曾在陕西省陇县边家庄春秋早期墓出土铜柄铁剑;在陕西长武县春秋早期墓出土铁匕首;在陕西省凤翔县雍城秦公大墓出土铁铲、铁锸;在雍城春秋中晚期宗庙遗址出土铁锸;在陕西省宝鸡市益门二号墓出土铁器二十余件;在甘肃省灵台县景家庄春秋早期秦墓出土铜柄铁剑。其中秦公大墓和益门二号秦墓的铁器经检查均为人工冶炼铁。铁器出土地点以秦都雍城为中心,北起灵台,西至陇县,南到宝鸡,东及长武,几乎遍及秦国的整个中心地域②,是我国早期铁器最多和最为集中的地区之一。而铁铲、锸等农业生产工具的出现,则为首次。

文献资料亦证明,秦在春秋初期就可能已经有铁。《诗经·秦风·驷驖》中有"驷驖孔阜"③之言。孔颖达《毛诗正义》将"驖"字径作"铁"④。这里用铁形容襄公马色,可见铁已成为日常习见之物。

有人认为,秦国铁器的来源,可能与周文化有关系。《诗经·公刘》篇尾"取厉取锻,止基乃理"⑤,说的是锻、磨工具以治理房基。所锻工具朱熹认为是铁。

①　顾颉刚:《史林杂识(初编)》,北京:中华书局,1963年,第57页。

②　张天恩:《秦器三论——益门春秋墓几个问题浅谈》,《文物》1993年第10期。

③　《诗经·秦风·驷驖》,参见程俊英:《诗经译注》,第179页。

④　韩连琪:《先秦两汉史论丛》,济南:齐鲁书社,1986年,第73页。

⑤　《诗经·大雅·公刘》,参见程俊英:《诗经译注》,第408页。

目前所发现青铜工具皆为铸成而无锻制,亦可佐证所锻之物为铁。西周班簋等器铭中有"戜"字,亦疑与铁有关。近年来在河南省三门峡市上村岭虢国墓地连续发现玉柄铁剑、铁刃铜戈等铁器。其中铜柄铁剑被确认为现存最早的人工冶铁实物。陕州之虢迁自关中,其故城在今陕西省宝鸡市附近。如果虢人在西周晚期已掌握冶铁技术,则秦人亦可能从留居故地的小虢余民中直接继承了这一技术,并且用诸农业生产。

成书于秦王政八年的《吕氏春秋》一书,被认为是为行将统一的秦帝国构筑理论体系、制订治国方略的继往开来之作。此书体系完备,博大精深。然其《士容论》篇,在《士容》《务大》之后突兀地加入《上农》《任地》《辩土》《审时》诸篇,内容突转,文风迥异。《四库全书总目·钦定授时通考提要》指出"《管子》《吕览》所陈种植之法,并文句典奥,与其他篇不类。盖古者必有专书,故诸子得引之。今已佚不可见矣"。①《上农》四篇所述重农思想及农业科技,大致皆以"后稷曰"发语,并且缘此而展开论述、解答。其农业技术体系以畎亩制为基础;耕作制度以休闲制为主;尚无牛耕的明确证据;施肥和灌溉还没有受到重视②,所见农事内容不全是《吕氏春秋》一书的时代农业发展之情形。而对授时、籍田之礼的重视,则与三代农稷之官职掌若合符契。基于以上认识,农史学界有人认为"《吕氏春秋·上农》四篇大致取材于《后稷》农书"③。

通过辑录后世文献之零星引述,我们大致可以窥得《后稷》农书之一斑。该书大致包含:天子籍田礼仪;地宜理论;畎亩法;藏种溲种诸法等。其中较为集中地反映在《吕氏春秋·任地》篇中的有关于农业生产技术的十大问题,涉及土壤改良、盐碱洗浴、保水保墒、杂草防治、通风透光、良种繁育等。

《后稷》农书不大可能写成于西周。其内容又曾在影响过秦地的《吕氏春秋·上农》诸篇而有部分存留,却不见于东周有关文献。故可靠的推测是,《后稷》农书最可能成书于春秋时代。此时,周王室已经东迁,该书有很大可能是赖"周余民"之手而成。他们眷念先辈光荣历史,祖述世世代代指导农业生产中积

---

①　[清]纪昀:《四库全书总目提要》卷一百二《农家类存目》,石家庄:河北人民出版社,2000年,第2587页。

②　李根蟠:《试论〈吕氏春秋·上农〉等四篇的时代性》,华南农业大学历史遗产研究室:《农史研究》(第8辑),北京:农业出版社,1989年,第56—68页。

③　夏纬瑛:《吕氏春秋上农等四篇校释》,北京:中华书局,1956年,第128页。

累的先进科技与宝贵经验,形成以后稷命名的我国第一部古农书。

班固认为先秦农家分为两派,其一出自农稷之官,主张播百谷、劝耕桑,以足民食,称之为后稷学派;其二乃鄙者(平民)所为,企图以君臣并耕而均贫富、齐劳逸、平上下之序,以神农学派为代表。神农学说盛行于东方诸国,甚至有人"尽弃其学而学焉"①。这种君民并耕理论似乎更接近于一种政治主张,它是原始自然经济条件下,农民小生产者原始平等意识的萌发。强调君臣共耕,虽然具有强烈的民主性,但终究是落后、倒退的。反对分工、弃智去能,在生产实践中于耕稼技术之进步裨益甚微。与神农学派判然有别,后稷学派的主张者世为农官,积累了相当丰富的农业生产经验,代表了当时农学的最高水平。周族世居岐丰,后稷学派的许多理论乃关中农业生产实践之总结。所以后稷学派多行诸秦地、并以此构成秦与六国农学之差异所在。《吕氏春秋·上农》四篇托始于后稷,说明了周人农学对秦农业的巨大影响。时至战国末,秦人仍将《后稷》农书视作金科玉律。以至于为《吕氏春秋》一书引用,若干内容借《土容论》而得以流传至今。

《后稷》农书与《吕氏春秋·上农》四篇间的承袭关系是周秦农业的最好见证。《后稷》农书成于"周余民"之手,《吕氏春秋·上农》四篇曾取材于《后稷》农书。周、秦二族又依次经营关中农区,在农业科技的发展上有前后继承性和地区适应性。以周人既有农业科技为基础,缩短了秦由原始农业向传统农业的过渡阶段,完成了一次革命性跨越。使初秦农业很快赶上和超越东方诸国,粮食生产、储备大增。不仅使戎使由余惊叹,且船漕车转,自雍相望至绛,输粮晋国,以成"泛舟之役"②。

四、周余民与初秦生产关系之变革

周余民除对初秦农业科技之进步发挥过重要作用外,对初秦新的生产关系之形成亦产生过深远影响。

秦是具有悠久历史的部族之一,但是立国前的秦族几经兴衰,数番迁徙,不利于社会之发展、文化之积累。尤其是商末周初秦人沦为周人的氏族奴隶,秦人

---

① ［战国］孟轲著,万丽华、蓝旭译注:《孟子》卷五《滕文公上》,第109页。

② ［春秋］左丘明著,蒋冀骋标点:《左传》卷五《僖公十三年》,第62页。

内部的阶级分化也暂时停滞下来。在《询簋》《师酉簋》等周代金文中可以看到秦人、秦夷被当作奴隶赏赐他人的记载。

周孝王时,非子因养马之功,得以"分土为附庸。邑之秦,使复续嬴氏祀"①。由此始,秦人接受周族分封,正式登上历史舞台。周代分封制规定,封地"不能五十里,不达于天子,附于诸侯,曰附庸"②。附庸虽小,然其得地授民,亦是一方领主。以后秦人在帮助周王室抵御戎、狄的过程中,势力壮大。由附庸而大夫,由大夫而诸侯,所拥有的土地、人民逐渐增加。"大夫食邑"③、诸侯"受职于王,以临其民"④。他们要服从王命,朝贡述职,出服赋役,世袭地享有其封疆人民。秦人接受分封,加入周王朝贵族行列,说明秦人已经接受了周族的生产关系,摆脱了氏族奴隶的地位。

在考古资料中,也能看到秦人受封的记载。著名的不其簋记录了周宣王时秦庄公伐戎的经过。当时猃狁侵扰周王朝西部,周王命伯氏与不其(庄公)进追于西。得胜后,伯氏回朝献俘,不其率兵车继续战斗,"斩首执讯",多有所获。以此,不其被赐"弓一、矢束、臣五家、田十田"。⑤ 1978 年在陕西省宝鸡市杨家湾公社太公庙村发现秦公钟、镈,其铭文曰"我先祖受天命,赏宅受或(国)……鳌(利)鮇(和)胤士,咸畜左右"⑥,是秦实行世卿世禄制的有力佐证。"赏宅受或(国)"是指襄公被赐岐西之地并封为诸侯;"胤士"谓父子承袭之世官。铭文之意就是要维持、保护有爵禄的世家绵延不绝。

在分封制条件下,"生则有轩冕、服位、谷禄、田宅之分,死则有棺椁、绞衾(入殓时裹束尸体的束带和衾被)、圹垄(坟墓)之度"⑦。墓葬之尺寸、随葬品之

---

① ［西汉］司马迁:《史记》卷五《秦本纪》,第 177 页
② ［战国］孟轲著,万丽华、蓝旭译注:《孟子》卷十《万章下》,第 221 页。
③ ［春秋］左丘明著,［三国吴］韦昭注:《国语》卷十《晋语四》,第 246 页。
④ ［春秋］左丘明著,［三国吴］韦昭注:《国语》卷一《周语上》,第 23 页。
⑤ 《不其簋铭文》,参见上海书画出版社:《中国碑帖名品·金文名品》,第 47 页。
⑥ 卢连成、杨满仓:《陕西宝鸡县太公庙村发现秦公钟、秦公镈》,《文物》1978 年第 11 期。注:"利和"意为协调融洽,相得益彰;"胤士"意为世子,即那些有权继承贵族爵位的嫡长子;"利和胤士,咸畜左右"意为把承袭爵位的贵族们都吸引、聚拢在自己身边,使他们和谐又团结。参见祝中熹:《早期秦史》,兰州:敦煌文艺出版社,2004 年,第 212 页。
⑦ ［春秋］管仲著,刘晓艺校点:《管子》卷一《乘马》,第 20 页。

种类、数量,是由墓主生前的爵禄决定的。从关中发掘的秦墓来看,墓制是严格遵守分封礼制的。著名的凤翔县雍城秦公大墓除规模宏大外,宗庙、宫寝、陵园等严格恪守殷周等级,未有逾规。学术界把关中中小型秦墓分为五类:五鼎墓;三鼎墓;二鼎或一鼎墓;实用陶器墓;无容器墓①。以鼎陈祭,"天子九鼎,诸侯七,卿大夫五,元士三"②。元士即上士。上士用三鼎,二鼎和一鼎当为中下士之祭器,而"无田禄者不设祭器"③。

　　值得注意的是,"在春秋战国的秦墓中,并不乏直肢葬式"④。1976 年发掘的凤翔县八旗屯 AM5、AM9、BM27、CM2、CM3 的墓主及 1977 年发掘的凤翔县高庄的 M24、M15、M1、M39、M21、M32、M33、M45、M46、M47 的墓主,均采用直肢葬。沣西客省庄、西安半坡的战国秦墓中,也发现了五座直肢墓葬;户县(今西安市鄠邑区)宋村春秋秦墓棺椁长、宽之比亦证明墓主应为直肢葬。宝鸡市姜城堡8501 工地战国墓群约一百座墓中仅有一座屈肢葬⑤。考古界一直将屈肢葬作为秦墓葬式的主要特征。直肢葬式的存在,可能的解释是:一、嬴秦宗室贵族自视为华夏后裔,采用传统直肢葬式;二、直肢葬乃留居关中的"周余民"之固有葬俗。我们认为,大型秦墓中用直肢葬者固可视为秦人,而中小型墓采用直肢葬者则应以"周余民"为主。初秦关中秦墓处处遵奉周礼以及直肢葬式的存在,说明周人既有的等级礼制在入秦以后仍得以继续维系。

　　关中作为周族发祥地所在,是三代时期井田制度发展最为完善的地区之一。从文献及考古资料中皆可找到典型的井田例证。西周末年,由于出现周宣王"不籍千亩"(不在公田上举行籍田礼)"料民于太原"(在旷原上清点人口、民户)等事件⑥,有人认为这是井田制走向没落的标志。⑦ 因此,学术界有人倾向于否定秦行井田。理由是,西周末年井田制度已发生危机,难以维系;平王东迁,周

---

①　李进增:《关中东周秦墓与秦国礼制兴衰》,《考古与文物》1991 年第 1 期。

②　《春秋公羊传》卷二《桓公二年》何休注,参见陈冬冬:《〈春秋公羊传〉通释》,成都:四川大学出版社,2015 年,第 69 页。

③　[元]陈澔:《礼记集说》,上海:上海古籍出版社,1987 年,第 18 页。

④⑤　韩伟:《关于秦人族属及文化渊源管见》,《文物》1986 年第 4 期。

⑥　[春秋]左丘明著,[三国吴]韦昭注:《国语》卷一《周语上》,第 10—16 页。

⑦　徐喜辰、斯维至、杨钊:《中国通史》第 3 卷《上古时代》,上海:上海人民出版社,1994年,第 352—353 页。

王畿又为秦、戎所占,破坏了周人既有的生产关系,加速了井田制的崩溃。事实上,《战国策》《史记》《汉书》中有关商鞅"坏井田,开阡陌"①的大量记载,是秦有井田的确凿证据;初秦史料中的国、野、民、氓、士、庶的概念,是秦行井田的客观反映;而"商鞅相秦、复立爰田"②(爰田:一种定期分配土地的制度),则透露了初秦田制的授受形式与分配办法。我们认为,行于关中的井田制并不以周亡而走向衰落,而是以秦人入关中为转机,以一种新的形式而显示生命力。这就是行于秦的爰田制。

马克思曾将征服民族接受被征服民族的较高文明之"征服",视为永恒的历史规律。周秦交替亦应属此范例之一。秦人初入关中,他们农牧兼营的西垂模式,冲击了周族既有的生产结构;相对淡化的私有形态,冲击了周人既有的生产关系。这种冲击,同时也包含着某种程度的调整与改良,有时甚至有化腐朽为神奇之功效。与此相应的是秦对周文化之继承,这是周秦文化融合之主流。

初秦时期,由于秦在社会发展阶段上落后于周人,他们对待周遗产顶礼膜拜,兼收并蓄,故有"全盘周化"之谓。在农业方面,他们得"周余民"之帮助,迅速赶上和超过东方诸国。"周余民"作为关中居民的主体构成之一,残存于他们中间的井田制度是秦行新田制的基础。这种行将崩溃的土地制度与秦人初涉阶级社会的军事民主制经济相结合,既为封赐新贵的基本土地单位,也是农业生产的组织形式。而"爰土易居"③(土地、居处定期重新分配)制度的实施,消泯了严格意义上的公私田对立;在更换土地、居处时,由于考虑了田土之美恶、劳逸之均衡、负担之平等,使得生产者的身份、地位、劳动积极性皆有提高。爰田制仍属井田制范畴。它是在继承的基础上对井田制的一种改良,在客观上更符合秦富国强兵的现实需要。因此,爰田制在秦国发展史上也起过重大作用。

在典型意义的井田形态中,国、野是都与鄙的对立;民、氓是主与客的对立;士、庶是贵与贱的对立。区别明显,不容混淆。这种对立,基本上反映了统治者与被统治者的关系。在已发掘的春秋早期秦墓中,以有祭器者(甲、乙类墓)居多,说明秦族相对处于较高的统治地位。而被统治者的人员构成则比较复杂,其中应含相当数量的"周余民"在内。他们作为最基本的生产力量,对初秦农业之

---

① ［东汉］班固:《汉书》卷二十四《食货志上》,第 1126 页。

②③ ［东汉］班固:《汉书》卷二十八《地理志下》张晏注引孟康说,第 1642 页。

发展起着决定性的作用。有关他们的身份、地位的研究是认识初秦生产关系之关键。

初秦仍有国、野之分，但已与三代时大有不同，三代"野处之农固不为兵"①，而秦之野人不但可以备兵甲、参战阵，而且表现出很高的积极性。今陕西省凤翔县城东有义坞堡，或谓即春秋时之野人坞，是秦穆公时野人食"善马"的地方。据史载，穆公亡"善马"，岐下野人共得而食之者三百余人。当时吏欲治罪，穆公却以君子"不以畜害人"②为由，皆赐酒而赦之。后来秦晋交战，穆公被围，这三百人"推锋争死，以报食马之德"③。岐下乃周族世居之地，岐下野人当为居岐的"周余民"。野人可以参战，标志着他们获得了国人才有的权利和义务。这是一支兵农结合的有生力量，为秦国农业之发展、兵源之扩大开辟了新的途径。

在先秦古籍中，民氓通训。详辨异同，则国人称民，野人称氓；民为土著，氓为客居。秦起于西垂，非关中土著。但他们以统治者身份君临此地，故能居国称民，而其他被统治者则相对而处野为氓。秦曾把争取民心作为战胜晋国的一种斗争策略，故输粮于晋，有"泛舟之役"④。秦史亦有"不忧民氓"⑤之谓，既将民氓连称，身份差异似乎不大。

初秦官制中有一特有官职名曰庶长。后又发展为大庶长、左庶长、右庶长、驷车庶长等。庶长在初秦历史上有非常显赫的地位，他们既率兵又负责地方统治，为国君之外权力最大之官职。有的甚至能参与国君之废立。庶长之名，源于对庶人的统治。庶人是三代时期的平民阶层。他们或为贵族之沦落者、或为无爵之百姓，享有某种程度的人身自由和权利。

《尚书·洪范》记载，王有重大疑问，要"谋及卿士，谋及庶人"⑥。《诗经·大雅·卷阿》有"媚于天子……媚于庶人"⑦之章句。他们平时修耕农之业，战时有兵甲之赋，是社会经济生活中的一支重要力量。初秦庶人之名，或源自于周。

---

① ［清］江藩著，钟哲整理：《国朝汉学师承记》，北京：中华书局，1983年，第77页。

②③ ［西汉］司马迁：《史记》卷五《秦本纪》，第189页。

④ ［春秋］左丘明著，蒋冀骋标点：《左传》卷五《僖公十三年》，第62页。

⑤ ［西汉］刘向著，贺伟、侯仰军点校：《战国策》卷三《秦策一》，济南：齐鲁书社，2005年，第29页。

⑥ 李民、王健：《尚书译注》，第225页。

⑦ 《诗经·大雅·卷阿》，参见程俊英：《诗经译注》，第411—412页。

庶长身兼军事、农政二任,正是庶人兵农兼务的具体反映。著名秦史专家林剑鸣先生认为,秦庶长官制是秦土地所有制具体形式的反映,其基础乃是行于秦的爰田制①。初秦时期的庶人,是"周余民"和秦人中、下层的混合体。他们作为爰田上的生产者,除了在"爰土易居"②时表现出尚无严格意义的土地所有权外,其余皆接近于后世的自耕农身份。

周秦生产关系的交替,是"周余民"生产关系与秦生产关系结合的产物。类似于"蛮族"进入罗马帝国后,中和罗马隶农制与日耳曼村社形态而建立的封建关系。这种生产关系缓和了周朝末年严峻的阶级矛盾;淡化了周朝末年明显的公私对立;松解了周朝末年强烈的人身依附;调动了劳动者的生产积极性。生产关系的调整,加上关中良好的生产条件,先进的农业科技,这正是初秦时期农业、经济、科技、文化获得发展的根本原因。

综上,初秦诸君,致力于攻逐诸戎,廓清环境,逐步完成了对关中西部农业区的占有;他们收周余民而有之,全面继承、吸收了周人先进的农业科技文化,为初秦农业迅速赶上和超过东方诸国奠定了坚实基础。秦承周祚,同时又在周的基础上发展起来。"周余民"在周秦农业的对接、继承方面均做出巨大贡献,对初秦农业的发展助力颇多,对此应予以充分肯定。

第三节　秦霸西戎与富国强兵

秦自移居西垂之后,即与诸戎发生了密切的联系。他们之间既存在尖锐的民族、军事冲突,亦存在广泛的经济、文化交流。数百年间,秦在与诸戎的斗争中发展,又在与诸戎的融合中壮大。以初秦中叶秦霸西戎为标志,秦、戎间的斗争和融合进入高潮阶段,对初秦疆域之开拓、人民之增益、农牧业之发展都产生过巨大影响。我们认为,秦霸西戎是初秦农业发展的重要时期之一,应当引起足够的重视和研究。

---

① 林剑鸣:《秦史稿》,第77页。
② [东汉]班固:《汉书》卷二十八《地理志下》张晏注孟康语,第1642页。

一、秦霸西戎的历史过程

近年来,考古工作者在甘肃省东部地区发现许多西周时期的秦文化遗址。值得注意的是,甘肃东部的秦文化遗址虽与当地土著的寺洼文化时代大致相同,但是在毗邻遗址的分布上却存在着明显的地域差异。秦遗址多分布在大河流域的平坦河谷,而被认为属于犬戎族的寺洼文化则多分布在小支流或丘陵险峻地带。前者地势平坦,土壤肥沃,宜于农耕;后者则属冲切劣区,僻远贫瘠,不利农耕。这种遗址分布格局之形成,并非自然而成,乃人力所致。它说明秦自移居西垂伊始,即与当地土著文化存在着尖锐的对立与斗争。他们抢占河谷地带发展农业,而迫使土著僻居劣区经营畜牧。这种生产结构的不同,导致了秦、戎以后在社会发展水平上的显著差异。

周孝王时,非子因养马之功,得以分土为"附庸",邑于秦(其址位于今甘肃省清水县秦亭镇)。周王室准许秦人在戎狄聚居之地建筑城邑,得地授民,无疑加剧了秦与诸戎之间的矛盾。自秦嬴至世父,秦与西戎展开了殊死搏斗。西戎"灭犬丘、大骆(秦国始封主非子之父)之族"[①],国君秦仲"死于戎"[②],秦仲之孙世父亦"为戎人所虏"[③]。在秦戎力量对比上,秦似乎并无优势可言。后赖周宣王支持,秦庄公昆弟五人,将七千周兵,终于击破西戎。庄公被封为"西垂大夫"[④],表明秦已在与诸戎的斗争中占据上风,具有了统治西垂的合法权利。综观这一时期秦、戎斗争形势,秦是为了取得立足之地而战,而周王室亦欲借秦之力以抑制戎狄势力的增长。周秦同盟关系的建立,使秦在与诸戎的斗争中占了上风。

西周末年,周王室内乱,犬戎杀幽王于骊山之下,侵夺岐、丰之地,周平王被迫东迁洛邑。如此形势,给秦人主关中及东向发展提供了有利的机会。襄公二年,秦徙都于汧城(今陕西陇县边家庄),秦的政治、经济中心正式进入今关中西部。襄公以平戎救周之功,得以封为诸侯,"赐之岐以西之地"[⑤],取得了逐戎立国的合法权利。由此为开端,秦人开始了艰巨的保卫关中农区的战斗。

当时的关中地区几乎布满了戎狄势力。《诗经·小雅·六月》载:"猃狁匪

---

①②③④　［西汉］司马迁:《史记》卷五《秦本纪》,第178页。

⑤　［西汉］司马迁:《史记》卷五《秦本纪》,第179页。

茹,整居焦获(今陕西泾阳县西北),侵镐及方,至于泾阳"①,意为猃狁自不量力,在焦获之地耀武扬威,侵扰京城丰镐,已经到了泾阳。《后汉书·西羌传》云:"平王之末,周遂陵迟,戎逼诸夏,自陇山以东,及乎伊洛,往往有戎。"②这些戎狄部落,族属不同,社会发展阶段各异,他们或以"取周赂"③为目的,烧杀抢掠,给关中农区造成很大破坏;或自有君长,割据土地人民,莫能相一的破碎局面阻碍了生产的恢复和社会经济的发展。秦虽有岐、丰之赐,但这些土地实际上被戎狄所占有。"秦能攻逐戎,即有其地"④,否则,名曰立国,实无寸土。

自襄公受赐岐、丰时,秦即开始了漫长与曲折的关中逐戎历程,甚至襄公最终亦死于伐戎之战中。经过数十年不懈努力,渭水流域的逐戎事业在秦武公时代(前697—前678)基本上取得胜利。武公十一年(前687),秦灭掉小虢。小虢被灭是关中逐戎事业获胜的标志性事件,意味着"西起甘肃中部,东至华山一线,整个关中的渭水流域,基本上为秦国所控制"⑤。武公死后,秦德公(前677—前676)继位。由于秦在关中的统治已十分稳固,德公在即位之年将国都迁于雍,此后近三百年,秦以此为政治中心。迁都雍城,意味着之前都城所处的"汧渭之会",已无法满足秦人进一步发展的需要。雍城位于周原之上,土壤肥沃,地势开阔,具有重要战略意义。史念海先生在《周原的历史地理与周原考古》一文中提到:雍位于地势较高的周原,为陇山以东的门户,无论是向东发展,还是防御西方的戎人,地理位置都是十分有利的。⑥

公元前676年,秦德公去世,其子宣公(前675—前664)继位。"从秦宣公以后,秦就以主要力量向东发展,与当时中原的大国,主要是晋国,开始争夺土地"⑦。由于国力所限,加之西戎这一后顾之忧并未解除,秦在东方的争霸并没有取得突破。同样,自德公迁雍后,历经宣公、成公之世(前675—前660),对戎

---

① 《诗经·小雅·六月》,参见程俊英:《诗经译注》,第264页。

② [南朝宋]范晔:《后汉书》卷八十七《西羌传》,第2872页。

③ [西汉]司马迁:《史记》卷四《周本纪》,第149页。

④ [西汉]司马迁:《史记》卷五《秦本纪》,第179页。

⑤ 林剑鸣:《秦史稿》,第43页。

⑥ 史念海:《周原的历史地理与周原考古》,《西北大学学报》(哲学社会科学版)1978年第2期。

⑦ 林剑鸣:《秦史稿》,第43页。

之战并未有大的进展。此外,秦在东进过程中还需花大力气消灭周边境的戎、狄势力,否则很难向东方迈进一步。① 进退维谷的现实让秦人做出了无奈却明智的抉择,那就是消灭西戎,解除后顾之忧。这一重任最终落在秦穆公肩上,秦穆公时代(前659—前621)"除同晋国争夺土地之以外,主要的就是消灭边境和境内的戎狄势力"②。

在伐西戎之前,秦穆公首先解除了两个具有肘腋之患性质的戎族——茅津戎和陆浑戎。灭茅津戎和迁陆浑戎后,"伐西戎"就被提到日程上来。所谓"西戎",乃是泛指散布于秦国西部广大地区的许多戎族。③ 由于戎族有着比较强的战斗力,这使得穆公不得不做充分准备。史载戎王派由余使秦,秦穆公采纳内史廖的计谋:首先向由余打探西戎的"地形与兵势",以了解戎情;同时离间由余与戎王的关系,向外散布虚假信息,使戎王猜忌由余。当由余离秦归去之时,故意使由余耽误归期,使戎王怀疑由余。秦穆公又将一些年轻貌美、能歌善舞的"女乐"送给戎王,使得戎王放松警惕,终日沉醉于酒食声色。由余见此向戎王进谏,戎王不仅不听,并下令有再言秦兵来犯者,立即射死。由余于是降秦,秦穆公对由余"以客礼礼之"。秦穆公通过由余,询问灭戎策略,并对西戎的内部情况了如指掌,做到了知己知彼,灭西戎已经指日可待。④

穆公三十七年(前623),为巩固后方,秦穆公决定"用由余谋",突然向西戎发动进攻。戎人由于缺乏防范,无法抵抗秦兵的突然进攻,败于秦。自此,为患多年的西戎被平定下来。⑤ 自打败西戎以后,东面从陕西、山西的交界处黄河起,一直到遥远的西方的广大地域都为秦国所控制。⑥ 自此,长期盘踞关中的诸戎或被消灭,或被制服,或逃遁远方。秦在关中逐戎取得了最终的胜利,秦在穆公时代出现了"开地千里,遂霸西戎"⑦的鼎盛局面。

总之,秦自襄公始,经过数代国君八十余年的军事斗争,四面出击,完成了在关中驱逐戎狄的历史使命,使秦国的统治范围东至陕西华县附近,西达甘肃天水一带,真正完成了对关中农区的占有。关中作为周族发祥地,是我国古代农业最

---

①②③　林剑鸣:《秦史稿》,第44页。

④　林剑鸣:《秦史稿》,第48—49页。

⑤⑥　林剑鸣:《秦史稿》,第49页。

⑦　[西汉]司马迁:《史记》卷五《秦本纪》,第194页。

为发达的地区之一。秦人攻逐那些尚处于游牧生活向定居生活转化的戎狄部落，制止他们的掠夺、扰乱、破坏活动，使关中经济免遭浩劫、生产进程不被打断，既有生产格局得以维系。而占有岐、丰宜农之地，为秦农业发展提供了优越的自然环境；将没有随平王东迁的"周余民"接收过来，继承周族先进的农业科技与生产关系，使初秦农业在较高的基点上进一步发展，完成了农业发展阶段的历史性跨越。这正是秦之致强盛的主要原因之一。

　　以德公迁都雍城为标志，秦对诸戎的斗争进入主动阶段。其目的在于广地益国，解除后顾之忧。刘向《新序·善谋》谓，"秦缪（穆）公都雍郊，地方三百里。知时之变，攻取戎，辟地千里，并国十二"①。使秦国统治地域由关中农区扩大到陇西、北地等半农半牧地带。"它使长期以来被众多戎、狄蹂躏的广大地区，得以恢复生产，结束了支离破碎的割据，在局部地区实现了统一，为这一地区经济、文化的发展创造了条件"②。秦霸西戎在当时亦是一件很有影响的事件，为此"天子使召公过贺缪（穆）公以金鼓"③。著名历史学家顾颉刚先生认为，"秦穆公亦有称霸中原之雄心，而扼于晋……盖虽不能逞志中原而犹取偿于西戎，故亦谓之霸"④。穆公以伐西戎而名列五霸，充分肯定了秦霸西戎的历史意义。

　　由上可知，秦戎力量之消长是一个渐进的、漫长的斗争过程。它随着秦戎生产结构之演替，社会发展之差异以及秦戎势力之消长而呈现出不同的阶段性特征。非子邑秦，是秦夺戎地而筑城立邑的开始。从某种程度上讲，戎族是受害者。他们失地离家，正常的社会发展进程被打断。而秦抢占西垂宜农之地，促进了秦戎不同生产类型的形成与对立。自襄公始国，秦人基本上致力于清除进入关中的诸戎势力，承担了捍卫和占有关中农区的主要责任，使周秦之交的关中农业发展并未出现逆转。此时秦对诸戎的斗争具有"尊王攘夷"⑤的进步意义。秦穆公对诸戎的斗争，由于秦在经济发展、社会进步诸方面明显超过诸戎，由秦建立的政权加速了民族的融合，促进了戎狄落后的社会形态向进步的社会形态发展，同时也给秦社会经济发展带来极大好处，这些都是应该予以充分肯定的。

---

①　[西汉]刘向：《新序·说苑》卷十《善谋》，上海：上海古籍出版社，1990 年，第 65 页。

②　林剑鸣：《秦史稿》，第 50 页。

③　[西汉]司马迁：《史记》卷五《秦本纪》，第 194 页。

④　顾颉刚：《史林杂识（初编）》，第 58 页。

⑤　陈冬冬：《〈春秋公羊传〉通释》，第 204 页。

二、戎族经济类型分析

斗争和融合,构成了秦、戎关系的两个方面,忽略其中之一,便会走向偏颇。以往的秦戎关系研究,过分地强调了其对立的方面,简单地将诸戎视作破坏的力量,而忽视了秦、戎经济文化交流与融合问题,低估了戎族在初秦社会经济发展中的重要作用。在某种程度上影响了对秦霸西戎这一历史事件的客观评价。我们认为,秦与诸戎既存在斗争,也存在融合,从社会经济发展角度讲,我们更看重交流和融合过程。

周秦之交,入居关中的诸戎部落的社会经济发展水平是有差异的。秦将它们区别对待,分类处理,颇具匠心。当时的历史文献中所见诸戎,大致可以分为以下三种情况:

其一,以猃狁、犬戎相称者,他们漫无栖止,名寓贬义,游牧经济特征比较明显,社会发展阶段比较落后。他们即使进入华夏农区,"终非能居之"①,他们是以"取周赂"为目的,乘战乱之机,对富庶的关中农区进行掠夺、骚扰,其破坏性是比较严重的。

其二,是长期散居关中周围地区,并以其所居地区命名的诸戎,如邽戎、冀戎、义渠戎、原戎等。这些戎族部落"因地殊号"②,有着比较固定的活动地域。基本上活动于陇山东西、泾洛之间。他们所居地区因和关中农区距离远近不同而显示出一定差异,但大多宜农或农牧兼营。从地形条件看,这一带属于黄土高原的川原沟壑区。零碎切割的地貌特征,不具备大规模游牧迁徙的生产条件。他们"各分散居溪谷,自有君长……莫能相一"③,形成了比较封闭的农牧自足性社会。

由于长期处于关中周围地区,从某种程度上讲,他们有机会接触较先进的社会经济文明,且不时有中原人民逃入这些地区,融入戎狄部落,给他们带去了先进的技术与文化。这些戎族往往有城郭居室,相对定居的生活有利于经济的发

---

① [西汉]司马迁:《史记》卷一百十《匈奴列传》,第2894页。

② 《鬼方昆夷猃狁考》,参见王国维:《观堂集林》,杭州:浙江教育出版社,2014年,第307页。

③ [西汉]司马迁:《史记》卷一百十《匈奴列传》,第2883页。

展与文化的积累。与西周末年历史相联系,周宣王"料民"①于农牧交错地带,说明周、戎已经混杂,需要清点民数,统计人口。这些戎狄部落由于在生产条件上处于劣区,其社会经济发展水平仍与宗周地区存在差距。他们觊觎关中地区良好的生产条件,进入关中之目的是占有其土地和人民。它们用原有生产方式经营关中农业,会给既有生产进程带来逆转。但是由于并不具备严格的农牧对立含义,其破坏烈度相应也会小一些。

其三,是一些久居关中的戎姓方国,具有比较悠久的历史,保持了与周秦大致同步的社会发展水平。分述如下:

骊戎国,骊戎故城在雍州新丰县(今陕西省西安市临潼区),他们早就在殷周之际培育出了"缟身朱鬣,目若黄金"②的文马。由于和周、秦通婚,加强了经济文化交流。骊戎国的君主为姬姓男爵,封疆五十里,有土地和人民。西申国,传说为伯夷之后,地处陕、晋之间,也称申戎或姜戎,亦长期和周王室通婚。《诗经·大雅·崧高》有"申伯信迈,王饯于郿"③之载,即申伯在郿地再宿一夜后离开,周王在郿地为申伯饯行。申伯作为"王之元舅(长舅)"④被封于谢邑(今河南省南阳市),另留在关中的一部分称之为西申。西周末年"申、缯、西戎方强"⑤,申侯是太子姬宜臼的坚强后盾,曾反对幽王废嫡立庶。宜臼甚至逃奔西申,并借申侯之力以杀幽王、伯服。申侯等还在西申拥立宜臼为王,是为周平王。申伯自周宣王始即有"维周之翰"⑥(周之栋梁)之誉,西周末年申伯立嫡以奉周祀,俨然为周礼制之维护者。

丰戎,襄公元年以妹妹缪嬴为丰王妻。其所居与镐京近在咫尺,力量较强,故秦通婚以分化之。亳戎,其活动范围在今三原、兴平、长安之间。他们以汤、亳自号,有人认为他们是殷商子孙融入戎族者。彭戏戎,地居今陕西省白水县一带。大荔戎,地处河、渭、洛水的交汇地带。大荔戎所处位置,正是商代黄河两岸

① [春秋]左丘明著,[三国吴]韦昭注:《国语》卷一《周语上》,第16页。
② [晋]郭璞著,沈海波校点:《山海经》卷十二《海内北经》,上海:上海古籍出版社,2015年,第301页。
③ 《诗经·大雅·崧高》,参见程俊英:《诗经译注》,第435页。
④ 《诗经·大雅·崧高》,参见程俊英:《诗经译注》,第436页。
⑤ [春秋]左丘明著,[三国吴]韦昭注:《国语》卷十六《郑语》韦昭引史伯语,第348页。
⑥ 《诗经·大雅·崧高》,参见程俊英:《诗经译注》,第435页。

方国林立地区,很可能是商代方国之遗存者。由其筑城称王推测,大荔戎文明程度甚高。瓜州之戎。过去认为瓜州之戎在今敦煌附近,顾颉刚认为在今陕西武功、凤翔一带。姜戎、阴戎、伊洛之戎、陆浑之戎、九州之戎等都是瓜戎迁徙后之分支。瓜戎自称为"不侵不叛之臣"①,农业民族色彩浓厚,已丧失了游牧民族的彪悍、善战之勇。

秦对以上三类戎族,采取了不同的斗争方式。对第一类戎族,秦人采取了攻、逐、伐等比较激烈的斗争方式,使这部分力量很快就撤出了关中农区;对关中周边诸戎,采取占有其地,保留其部族首领,利用其原有统治机构的方式,迫使其承认对秦的从属地位。秦至宣太后时"始置陇西、北地、上郡"②,说明在此之前仍利用戎族既有势力以统治当地。秦以戎治戎,用这种比较平和的办法缓解了秦戎之间的对立,有利于促进民族融合、经济发展。对久居关中的诸戎姓方国,秦则采用灭亡其国,同化其民的方法。这些戎姓方国,虽仍称之为戎,但其社会经济发展水平与周、秦并无多大差异。所以当其国被灭之后,其臣民迅速融入秦族,与留居关中的"周余民"一道事秦,成为初秦时期关中居民的主体构成之一。关中诸戎姓方国,除了大荔戎因居于秦、晋(魏)之隙地,时而服秦,时而归晋(魏),得以残存至战国初年外,其余诸戎姓方国名称皆已成为历史陈迹,在关中已是秦、戎莫辨了。

秦与诸戎间的经济、文化交流是双向的。据《史记·秦本纪》记载,秦、戎间曾数次通婚,"西垂以其故和睦"③。秦戎联姻措施,减少了早秦立足西垂、初秦入主关中时的阻力。达到了"西戎皆服"④、分化戎人之目的。客观上也促进了秦戎间的友好关系和经济文化的交流。西垂时期之秦人社会经济情况,从文献记载来看,畜牧业比较发达,当时秦戎毗邻、杂居,诸戎畜牧文化影响和促进了秦农牧结合经济类型的形成。非子"好马及畜"⑤,并以此"分土为附庸"⑥,其中应含借鉴、吸收、继承诸戎文化之功。

秦入关中以后,是秦、戎文化融汇的重要时期。考古学界把屈肢葬、铲形袋足鬲、洞室墓等丧葬习俗归纳为秦文化的基本特征之一。但这只是秦小型墓

---

① ［春秋］左丘明著,蒋冀骋标点:《左传》卷九《襄公十四年》,第 202 页。
② ［南朝宋］范晔:《后汉书》卷八十七《西羌传》,第 2874 页。
③④⑤⑥ ［西汉］司马迁:《史记》卷五《秦本纪》,第 177 页。

（包括个别中型墓）的固有葬俗，在目前探测、发掘的所有秦大型墓中，尚无一例取屈肢葬式者，说明秦宗室贵族自视为华夏族而采用传统的东向直肢葬式。小（中）型秦墓的特有葬式、器物，揭示了秦国中下层国民的文化承袭脉络。这种具有浓郁的西部少数民族特征的葬俗文化大量出现于关中农区，说明秦中、下层国民有相当一部分来自诸戎部落。他们除了在墓葬习俗上保留了相对稳定的传承性以外，在经济、文化以至政治上已与秦建立了密不可分的内在联系。所以有人认为，入关之后的秦人民族成分不是单一的。它是一个包含有多种文化成分的复合文化集团。它是在秦、戎、"周余民"诸文化的碰撞、融汇中崛起的"新族"①。这种具有复合基因的"秦人"，在以后的发展中充满活力，战无不胜，创造了灿烂的社会文明。

穆公称霸西戎，是秦文化传播、辐射于周边诸戎地区的重要时期。宁夏南部是古义渠戎聚居的地区之一。考古发掘证明，宁南青铜文化是受周秦文化影响而逐渐发展起来的，至春秋中晚期便已达到了成熟的水平②。在出土的器物中，车马器数量较多，有铜马衔、铃、车軎、骨马镳等。其中铜马衔系一次套铸而成，反映了较高的工艺水平。动物牌饰有马、驴、象、虎、鹰等，颇含强烈的畜牧特征。同时，我们还可以看出它受到了东邻秦国文化的巨大影响。出土的工具类器物有鹤嘴镐（斧）、锛、刀、凿、铁锸等农业工具，并且发现了和关中地区完全相同的秦文化遗存。秦并西戎后，经过数百年经营，到战国中后期，许多地方已成为了较发达的农耕区或半农半牧区。《史记·货殖列传》载，"天水、陇西、北地、上郡与关中同俗"③，昭示了这一地区已与关中同步发展，成为秦赖以统一宇内的重要根据地之一。它是羌戎之民与秦人同化而共同发展进步的结果。

三、称霸西戎与富国强兵

农史学界将秦霸西戎与巴蜀归秦，看作春秋战国时期秦农业地域拓展的两大事件。前者促进了农牧交错地带的开发；后者加强了旱、稻农作类型的交流。

---

① 戴阳春：《秦人文化浅议》，《西北史地》1991 年第 2 期。

② 钟侃、韩孔乐：《宁夏南部春秋战国时期的青铜文化》，中国考古学会编：《中国考古学会第四次年会论文集》，北京：文物出版社，1985 年，第 212 页。

③ ［西汉］司马迁：《史记》卷一百二十九《货殖列传》，第 3262 页。

它们与著名的关中农区连为一体,同步发展。中国古代农业以此为标志,由早期的点状中心开发时代发展到区域整体发展时代。

据《史记·周本纪》记载,平王东迁,"齐、楚、秦、晋始大,政由方伯"①。周太史伯以"有德者近兴"②来解释四国强大起来的原因,很难令人信服。著名农史学家王毓瑚先生认为,四国之兴"是可以从地理的角度加以说明的。那四个国家正是位于'中原'的四周,背后都有开辟新农地的余地,这是挤在当中的那些侯国所无法比拟的"③。相比之下,秦农业发展的广度和深度又超过齐、楚、晋诸国。

从所谓广度方面讲,秦国疆域一是向西北方面扩展,二是向西南方向开拓,依次包括了稻作、旱作以及半农半牧等不同生产类型,这是其他三国所无法比拟的。它不仅满足了政治、经济、军事斗争的多样性要求,而且有利于不同类型农业生产科技的积累,促进了秦农业的合理配置与全面发展。

就所谓深度而言,关中具有悠久的农业历史,良好的生产条件,先进的农业科技,是我国古代农业最为发达的地区之一。秦人以关中为依托,移民实边,输出科技,因地制宜的发展了西北的畜牧业生产。兴修水利,改善了巴蜀的生产条件。加强了秦控农区的内在性发展,以关中农区为中心,"西有巴、蜀、汉中之利,北有胡貉、代马之用"④,形成了一体两翼格局,使秦富天下十倍,农业发展水平超越六国而雄视天下。司马迁、班固形容秦故地富庶,有"于天下三分之一,而人众不过什三,然量其富,什居其六"⑤之叹,这其中应包括陇西、北地、上郡、巴蜀、汉中之土地、人民、财富在内。

秦霸西戎,拉开了中原政权经营农牧交错地带的序幕。马克思主义认为,生活资料的自然富源是古代世界具有决定意义的自然环境因素,它规定和制约着农牧业生产显现出强烈的地域性特征。山处者林,谷处者牧,陆处者农,水处者渔,皆是不同自然因素作用之结果。"中国古代农耕地区和游牧地区的形成和

---

① [西汉]司马迁:《史记》卷四《周本纪》,第 149 页。

② [春秋]左丘明著,[三国吴]韦昭注:《国语》卷十六《郑语》,第 351 页。

③ 王毓瑚:《我国历史上农业地理的一些特点和问题》,《中国历史地理论丛》1991 年第 3 期。

④ [西汉]刘向著,贺伟、侯仰军点校:《战国策》卷三《秦策一》,第 22 页。

⑤ [西汉]司马迁:《史记》卷一百二十九《货殖列传》,第 3262 页。

变化,都各有其自然的因素和人为的作用。一般来说,自然的因素往往超过人为的作用。人固然可以利用自然,并进而改造自然,但在自然因素过分不适宜的地区,就不一定都能够充分利用,甚至还难加以改造。在这样的情况下,农耕区和畜牧区是很容易分别的。如果在可农可牧的地区,则人为的作用就显得非常重要。习于农耕的族类就可尽量开辟田亩,从事耕耘。而习于畜牧的族类却要改变田亩为草原,其间的进退更易促成农牧业地区分界线的变化"①。

游牧民族或农业民族对农牧交错地带的占有和经营,往往和它们的军事、经济、科技实力密切相关。春秋初年,当中原诸国尚担心于"南夷与北狄交,中国不绝若线"②时,秦却主动向西戎进攻,益国十二,开地千里,开始了农牧交错地带的经营活动。由于中原农业民族的社会、经济水平明显高于诸游牧民族,他们对农牧交错地带的开发经营,推动了中国农业文明的地域性拓展。至战国末年,秦筑长城以防御匈奴内侵,将农牧区分界线推到了与今日所谓复种区北界大致重合的地域。历史上尽管不时有游牧族南下,凭借武力优势变农田为牧地,但大多不能持久,最后还是被迫接受耕稼文明,无法阻止农区逐渐北移的趋势。秦霸西戎,促进了农牧交错地带社会、经济的发展。西北边郡,在中国历史上曾有过举足轻重之作用,其首发之功,当在秦人。

秦霸西戎,从战略角度讲,使秦有了比较巩固的后方。其良马武装车骑,勇士增秦军威,使秦东出崤函与诸侯争雄时处于优势地位,而无腹背受敌之忧。从经济角度讲,占有千里农牧交错地带,实现了农牧结构的合理配置与协调发展。农牧经济的交融,避免了纯农业或纯畜牧经济的畸形、单一发展。故秦之陇西、北地、上郡有与"关中同俗"③之誉,而关中农区则是畜牧、"相马"名家迭出。秦在关中农区,充分发挥宜农优势,以农富国。在诸戎之地,建立适应自然特点的半农半牧生产结构,以牧强兵。从而促成了富国强兵体制的建立,极大地增强了秦的综合国力。

秦霸西戎,其直接统治地域西达今甘肃中部以至更远的地方④。为沟通中

---

① 史念海:《论两周时期农牧业地理的分界线》,《中国历史地理论丛》1987 年第 1 期。

② 《春秋公羊传》卷五《僖公四年》,参见陈冬冬:《〈春秋公羊传〉通释》,第 204 页。

③ [西汉]司马迁:《史记》卷一百二十九《货殖列传》,第 3262 页。

④ 林剑鸣:《秦史稿》,第 50 页。

西科技、文化创造了条件。在公元前四五世纪,"秦"已成为域外民族对中国的称呼。今日所见"支那""China",皆源之于秦之音译。考古工作者近年在古属西域的天山腹地古墓中,发现了保存良好的凤鸟纹绿色刺绣绢。经专家鉴定,丝绢为中原地区春秋时代产品①。该墓葬的碳 14 测定年代为公元前 642 ± 165 年,大约正与穆公霸西戎的年代相合。这一发现,将丝绸之路的开创时代上溯至春秋时代,比张骞通西域早了五百余年。同时,我们也在以后的秦历法中发现了岁星计年法,"以摄提格等十二个奇怪名称作为十二岁名称,似皆为一种译音"②,郭沫若、竺可桢、岑仲勉、马非百等人皆认为是由西方输入中国而用诸秦的。

初秦农业是在继承和吸收周、戎农牧业文化的基础上发展起来的。秦与诸戎的斗争,对保卫关中农区自周以来形成的华夏族先进农业传统具有重要意义;而秦与诸戎的融合,为调整周秦传统生产结构,建立新的富国强兵体制创造了条件。秦戎间的斗争与融合在客观上都促进了秦农业的发展,这是客观的历史结论。建都雍城之后,秦国力增强。其西向发展战略,使秦国扩地益国,遂霸西戎,实现了农牧结构的合理配置,为富国强兵的发展战略创造了必要的经济条件。

第四节　霸政调整

经历了襄公始国、穆公称霸两个巅峰时期,初秦历史进入了第三个发展阶段。其时间起迄自秦康公元年(前 620)至秦出子二年(前 385),历时二百余载,正值春秋战国之交。我们根据史学界的秦史分期术语,将这一时段称之为初秦末期。

初秦末期,素被学术界目之为秦之衰世,历史评价历来贬多褒微。事实上,初秦末期是秦国历史上的一个重要的稳定发展时期。这一时期,秦国着手调整穆公霸政,实行了更为适合秦国实际情况的稳定发展政策,对于国力之积聚、经济之发展大有裨益;这一时期孕育萌生的新的生产关系,为以后的商鞅变法和封建地主制经济的确立奠定了基础;这一时期也是秦国农业发展的又一重要阶段。

---

① 白建钢、凌翔:《丝绸之路的开创可追溯到春秋以前》,《光明日报》1987 年 12 月 8 日,第 1 版。

② 马非百:《秦集史》,北京:中华书局,1982 年,第 781 页。

秦人农业完成了对周、戎农牧业文化的继承、吸收过程,而进入了自身发展阶段。在着力经营关中、西北等既有农牧区的同时,秦人农业地域逐渐向南拓展,开始了对稻作农区的开发。有鉴于此,初秦末期这段历史大有重新认识与评价之必要,所谓的"衰世"之说亦应予以辩驳,以正视听。

一、调整霸政

秦自立国以来,农业生产水平提高得十分迅速。他们凭借关中悠久的农业历史、良好的生产条件、先进的农业科技,仅用百余年时间就跃居先进国家行列。至秦穆公时,秦国农业生产已经赶上甚至超过东方诸国了。社会经济的发展,是大国争霸的基础。由秦穆公始,秦人已不满足于关中局促之地,亟欲东向扩展势力,以服强晋;西向开国益地,以霸西戎。秦穆公将兴修的宫殿称之为霸城宫,又将关中之兹水改名霸水,反映了他"以章霸功"①的迫切心态。

当时的晋国已先期灭掉虢、虞二国,虞国控扼茅津古渡,虢国据有崤函之固,虢、虞二国地当秦国出关的重要孔道。由于晋国占据桃林之塞,成为秦向东发展的最大障碍,所以穆公首先将斗争矛头指向晋国,抓住晋国内乱之机三纳晋君,迫使晋割河西八城与秦,把秦国领土扩展到黄河西岸。晋国公子重耳甚至向秦穆公保证,取得君位后要像流水归于大海一样朝事秦君。

秦虽力图控制晋国,并取得某些胜利,但是由于晋惠公时实行"赏众以田,易其疆畔"②的爱田制,并且"作州兵"③以扩大兵源,在一定程度上调整了生产关系,增强了国力。至晋文公时,任用贤臣,整顿内政,"救乏振滞,匡困资无。轻关易道,通商宽农。懋穑劝分,省用足财"④,也即是说救济贫乏之人,提拔久

---

① [东汉]班固:《汉书》卷二十八《地理志上》,第 1544 页。

② 《左传》卷五《僖公十五年》孔颖达疏引服虔、孔晁语,参见陈成国:《春秋左传校注(上)》,长沙:岳麓书社,2006 年,第 205 页。

③ [春秋]左丘明著,蒋冀骋标点:《左传》卷五《僖公十五年》,第 65 页。注:关于"作州兵"的确切含义在学术界尚有分歧,古人如杜预等认为是在国中"缮甲兵""略增兵额"。现代学者蒙文通等认为,"作州兵"是在兵役上取消对"野人"的限制,让他们也承担兵役任务。根据"州"在春秋时期的所指来看,蒙氏等人的观点比较可信。参见孙志强:《当代中国经济大辞库·军事经济卷》,北京:中国经济出版社,1993 年,第 909 页。

④ [春秋]左丘明著,[三国吴]韦昭注:《国语》卷十《晋语四》,第 246 页。

未启用的贤者,扶持资助贫困无产之人,降低通关之税,整饬道路交通,鼓励发展农业,劝导有无相济,使费用节省、资财充足。通过这些举措,晋国很快实现"政平民阜,财用不匮"①。晋之国势日强并称霸中原。秦晋崤之役,秦国匹马只轮不返;彭衙之战,秦师败绩。穆公东出计划受到了强有力的扼制。以后秦虽屡图报复迭相攻伐,终难成中原盟主、诸侯之长。它说明,秦的社会经济虽有一定发展,但并不具备支撑霸业之实力。当时人总结秦国失败之原因,认为秦穆公"劳师袭远"②,致使溃不成军;"以贪勤民"③破坏了生产,造成"邦之杌陧"④。

与东服强晋相联系,秦国维持了庞大的军事力量,秦穆公作三军,设三师。公元前631年,秦国派"革车五百乘,畴骑二千,步卒五万"⑤护送重耳归国。公元前627年,秦袭郑,过周北门时,仅不遵守队列次序者就有"三百乘"⑥。按当时制度,秦国军队总数应为三万人,但实际上秦军人数远远超过此数。秦国拥有相当数量的车马、畴骑,军需装备甚贵,在自备军赋的情况下,成为国人的沉重负担。让大量的青壮年劳动力"出车徒,给繇役"⑦,则影响了农业生产的正常进行。兴兵而伐与安居而农,势难双全。

在东向受阻的形势下,秦将注意力转向西戎。穆公虽用由余计谋智擒戎王,但是诸戎由于"各分散居溪谷,自有君长"⑧,非赖强大的军事实力而"莫能相一"⑨。从"伐""霸""开地""并国"诸词意推测,穆公对西戎施行的是以军事方式为主的征伐政策。由于秦所面临的是较多地保留着游牧族特色、有较强战斗力的戎部落,所以"不能不做长时间的、充分的准备"⑩。

穆公时代,秦国奢侈之风甚盛。考古发掘证明,秦都雍城城址东西长3480

---

①　[春秋]左丘明著,[三国吴]韦昭注:《国语》卷十《晋语四》,第246页。

②③　[春秋]左丘明著,蒋冀骋标点:《左传》卷五《僖公三十二年》,第89页。

④　李民、王健:《尚书译注》,2012年,第420页。

⑤　[战国]韩非著,秦惠彬校点:《韩非子》卷三《十过》,沈阳:辽宁教育出版社,1997年,第26页。

⑥　[春秋]左丘明著,蒋冀骋标点:《左传》卷五《僖公三十二年》,第90页。

⑦　《周礼》卷三《地官司徒第二》郑玄注,参见[东汉]郑玄:《周礼郑氏注》,北京:中华书局,1985年,第70页。

⑧⑨　[西汉]司马迁:《史记》卷一百十《匈奴列传》,第2883页。

⑩　林剑鸣:《秦史稿》,第48页。

米,南北宽 3130 米,总面积达一千余万平方米①。其中宫寝、宗庙墓葬规模皆宏伟高大,富丽堂皇。西戎使节由余使秦,穆公示以宫室积聚,由余感慨地说"使鬼为之,则劳神矣。使人为之,亦苦民矣"②。秦穆公时女乐、良宰如云,甚而以此麻痹戎王,使其"淫于乐,诱于利"③,荒废国政。穆公有子四十人,可谓姬妾嫔妃成群。秦人嗜酒,凡遇重大庆典,宴飨宾客或犒劳将士皆饮酒以贺。"秦穆公与群臣饮酒,酒酣"④,故有奄息、仲行、针虎从死之诺;岐下野人得穆公"赐酒而赦"⑤,故能"毕力为缪(穆)公疾斗"⑥。酿酒豪饮,是以浪费大量的粮食为代价的。穆公葬雍,仅"从死者百七十七人"⑦,其余随葬财物当不计其数。

秦穆公时,秦曾两度输粟于晋。尤其是公元前 647 年的输粮行动,"以船漕车转,自雍相望至绛"⑧,其规模之大,有"泛舟之役"⑨之喻。有人以此推测,秦必有"巨量的粮食生产和储备"⑩。但具有讽刺意味的是,在晋乞籴于秦的次年,即出现"秦饥,请粟于晋"⑪的记载。虽然如此,公元前 645 年,晋又饥,秦伯又饩之粟。纵观两次向晋输粟行动,秦穆公等实际上是把输粮行动作为战胜晋国的一种斗争策略。是出于政治家的战略考虑,甚或包含某种程度的炫耀、示富成分在内,并不足以反映秦之殷富。若单单以此来说明秦生产的粮食不仅可以满足其迅速增长的人口食用,而且可以用来支援他国,则显然有夸大秦农业实际水平之嫌。

公元前 621 年,雄才大略的秦穆公走完了他东征西伐的一生。"秦人异日统

---

① 王学理:《秦物质文化史》,西安:三秦出版社,1994 年,第 72 页。

② [西汉]司马迁:《史记》卷五《秦本纪》,第 192 页。

③ [西汉]刘向著,卢元骏注译:《说苑今注今译》,台北:商务印书馆,1977 年,第 713 页。

④ [东汉]班固:《汉书》卷八十一《匡衡传》注引应劭语,第 3336 页。

⑤ [西汉]司马迁:《史记》卷五《秦本纪》,第 189 页。

⑥ [秦]吕不韦著,[东汉]高诱注,徐小蛮标点:《吕氏春秋》卷八《仲秋纪·爱士》,第 166 页。

⑦ [西汉]司马迁:《史记》卷五《秦本纪》,第 189 页。

⑧ [西汉]司马迁:《史记》卷五《秦本纪》,第 188 页。

⑨ [春秋]左丘明著,蒋冀骋标点:《左传》卷五《僖公十三年》,第 62 页。

⑩ 林剑鸣:《秦史稿》,第 56 页。

⑪ [西汉]司马迁:《史记》卷五《秦本纪》,第 188 页。

一之基,实自穆公建之"①,这是毋庸置疑的。但是,战争是以"所拥有的物质资料为基础的"②,同时战争又是以社会经济之严重破坏为代价的。著名农史学家石声汉先生指出,"一旦国家有了任何形式的战争,更要加强向农村索取人力物力……农业养活着战争,战争吞噬了农业"③。秦穆公一生拓地开国,战事频繁,同样给秦国社会经济之发展造成了巨大的压力,消耗了刚刚发展起来的秦国国力,这是"秦不能复东征也"④的深层原因之一。君子曰:"秦缪(穆)公广地益国,东服强晋,西霸戎夷,然不为诸侯盟主,亦宜哉。"⑤

穆公以后诸君对穆公霸政之调整,可以概括为:"柔燮百邦"⑥(谦顺地调和与各国间的关系),"虩事蛮夏"⑦(虩,即蝇虎。像蝇虎一样小心翼翼地和蛮夷、华夏相处);与楚结盟,共同对晋。就是小心谨慎地安抚已被征服的诸戎部落;与暂时没有直接利害关系的华夏诸侯国建立良好的关系,以达到"尃(溥)蛮夏极事于秦"⑧(秦公声威覆盖蛮荒及华夏,蛮荒及华夏争相服事于秦)之目的。同时,进一步加强同楚国的联盟关系,利用楚国力量以牵制晋国。这些政策的实行,客观上为秦国社会经济之发展创造了相对安定的条件,有利于秦国国力的保持与生产的繁荣。

二、保持国力

初秦末期,经过霸政调整,秦国并非传统观点所认为的"积弱"国家,实际上仍然保持了比较强大的国力,秦国农业与社会经济仍有一定发展。

秦与晋(魏、韩)之间不时攻伐,互有胜负,难分高下。秦康公时,秦军曾入晋河曲、伐晋涑川、俘晋王官、翦晋羁马(羁马,春秋时期晋国地名,在今山西省永济市西南);秦共公拒不与晋国讲和,并围困晋国河外城邑,以报晋国入侵崇

---

① 马非百:《秦集史》,第 20 页。

② 〔德国〕恩格斯:《反杜林论》,《马克思恩格斯全集》(第二十卷),北京:人民出版社,2016 年,第 181 页。

③ 石声汉:《中国农业遗产要略》,北京:农业出版社,1981 年,第 11—12 页。

④ 〔西汉〕司马迁:《史记》卷五《秦本纪》,第 195 页。

⑤ 〔西汉〕司马迁:《史记》卷五《秦本纪》,第 194—195 页。

⑥⑦ 《秦公镈钟铭文》,参见王辉:《论秦景公》,《史学月刊》1989 年第 3 期。

⑧ 《秦公大墓残磬铭文》,参见王辉:《论秦景公》,《史学月刊》1989 年第 3 期。

国（秦之属国）之仇；秦桓公利用晋有狄人之叛，入其河县，焚其箕郜（箕郜，春秋时期晋国地名），抢收庄稼，扰其边境。秦景公在位期间，秦之国力逐步强盛起来，在对晋的军事活动中屡次取胜。公元前547年，"秦伯之弟针如晋修成"[①]，晋人为挑选接待人员而颇费心思。上卿叔向说："秦晋不和久矣！今日之事，幸而集，晋国赖之。不集，三军暴骨。"[②]他把与秦修好看作非常重大的事情，说明对晋而言，秦仍是强大的对手。公元前546年，宋国向戌约合十四个诸侯国召开"弭兵大会"[③]，承认齐、楚、秦、晋为势均力敌的头等大国。

秦哀公时，晋公室卑而六卿强，欲内相攻，无暇外顾，"是以久秦晋不相攻"[④]。进入战国时代，"厉、躁二代，武功颇著"[⑤]。公元前463年，晋人"来赂"[⑥]，公元前461年，"以兵二万伐大荔，取其王城"[⑦]。韩、赵、魏列为诸侯以后，秦于公元前401年伐魏，"至阳狐"[⑧]；于公元前391年，伐韩宜阳，"取六邑"[⑨]。著名军事家吴起对秦军事力量的基本认识是，"秦性强，其地险，其政严，其赏罚信，其人不让，皆有斗心"[⑩]。秦与晋（魏、韩）交战，并不是愈来愈弱，被动挨打。

秦与楚结为同盟，数番救楚，推动了秦势力向南发展。公元前611年，当楚正闹饥荒之时，"戎伐其西南……庸人帅群蛮以叛楚"[⑪]，为此楚人欲徙都以避之。秦出师会巴师助楚伐庸，"遂灭庸"[⑫]。庸地之战略地位十分重要，王夫之《春秋世论》认为，"秦得庸，则蹑楚之背；楚得庸，则窥秦之腹"，"秦之烧夷陵以灭楚者，由是也"[⑬]。当时秦"得庸不有，而授之楚"[⑭]，一方面是为了加强与楚联

① ［春秋］左丘明著，蒋冀骋标点：《左传》卷九《襄公二十六年》，第233页。

② ［春秋］左丘明著，蒋冀骋标点：《左传》卷九《襄公二十六年》，第233—234页。

③ ［春秋］左丘明著，蒋冀骋标点：《左传》卷九《襄公二十六年》，第241页。

④ ［西汉］司马迁：《史记》卷五《秦本纪》，第197页。

⑤ 马非百：《秦集史》，第43页。

⑥ ［西汉］司马迁：《史记》卷十五《六国年表》，第692页。

⑦ ［西汉］司马迁：《史记》卷五《秦本纪》，第199页。

⑧ ［西汉］司马迁：《史记》卷四十四《魏世家》，第1839页。

⑨ ［西汉］司马迁：《史记》卷四十五《韩世家》，第1867页。

⑩ ［战国］吴起：《吴子兵法》卷二《料敌》，参见中国人民解放军83110部队理论组、江苏师范学院学报组：《吴子兵法注释》，上海：上海人民出版社，1977年，第14页。

⑪⑫ ［春秋］左丘明著，蒋冀骋标点：《左传》卷六《文公十六年》，第112页。

⑬⑭ ［清］王夫之：《船山遗书》（第4卷），北京：北京出版社，1999年，第1465页。

盟,以取信于楚,安定后方;另一方面则是存楚以借其力以制晋,以减轻东方军事压力,稍得生息、积聚之机。自秦康公始,"秦楚间之和好关系,前后及百年,未或稍衰"①。他们互为婚姻,结成同盟,以共同对付晋国,在中原地区联手取得了一系列的胜利。

在春秋末年,吴国迅速强盛,成为"罢(疲)楚"②的重要力量。公元前505年,吴联合唐、蔡二国向楚进攻,五战五胜,攻入郢都,"楚王亡奔随"③。申包胥赴秦求救,并以"世以事君(秦)"④为诺,请求秦出兵援助楚国。"于是秦乃发五百乘救楚"⑤,秦楚联军灭唐败吴,助楚收地复国。雍澨之役⑥,吴师败楚师而秦师又败吴师,说明秦军事实力明显高于吴、楚二国。"秦击吴救楚,是春秋晚期秦历史上最光彩的一页。也是秦向晋、齐、吴等国显示力量的壮举"⑦。秦敢于发大军(五百乘三万七千五百人)远征,说明秦有足够的军力以留守本土,对付晋国来犯。而申包胥"七日不食,日夜哭泣"⑧以乞秦师,则证明秦楚联盟已发展到以秦为主的阶段,楚国只有赖秦之"灵抚"⑨(用威严安抚),方能苟延残喘,免遭灭亡。

战国初年,南方的楚国和西南方的蜀国,都主动地与秦国表示友好。公元前475年,蜀人来赂。早在秦文、德、穆诸公时期,秦已经"隙陇蜀之货物而多贾"⑩。也就是说秦都雍城因地处交通要道,可将陇、蜀两地的货物集散于此,并能吸引许多商贾聚集。可见,长期以来秦与巴蜀一带即有着比较频繁的民间商贸往来。此番蜀人主动前来朝贡献礼,则反映蜀国与秦结好的愿望。公元前472年和公元前463年,楚、晋诸大国亦有向秦献礼之举,表明了它们对秦国之重视。

随着秦综合国力之增强,秦对周边地区的开拓和对诸戎的斗争进入了新的

---

① 马非百:《秦集史》,第33页。

② [西汉]刘向著,贺伟、侯仰军点校:《战国策》卷十九《赵策二》,第202页。

③ [西汉]司马迁:《史记》卷五《秦本纪》,第197页。

④ [春秋]左丘明著,蒋冀骋标点:《左传》卷十一《定公四年》,第373页。

⑤ [西汉]司马迁:《史记》卷五《秦本纪》,第197页。

⑥ 雍澨,即马司河,位于湖北省荆门市京山县石龙镇境内。公元前506年吴与楚曾决战于此。

⑦ 杨东晨、杨建国:《秦人秘史》,第218页。

⑧ [西汉]司马迁:《史记》卷五《秦本纪》,第197页。

⑨ [春秋]左丘明著,蒋冀骋标点:《左传》卷十一《定公四年》,第373页。

⑩ [西汉]司马迁:《史记》卷一百二十九《货殖列传》,第3261页。

发展阶段。公元前471年,义渠之戎来赂,繇诸戎向秦"乞援"。大荔戎因为居于秦、晋之隙地,得以残存至战国初年,并且筑城称王形成较大势力。公元前461年,秦厉公"以兵二万伐大荔,取其王城"①。历史典籍以"自是中国无戎寇"②为载,充分肯定了其历史意义。公元前444年,秦伐义渠,虏其王。为适应国土扩展之需要,秦分别于公元前456年和公元前390年在频阳、陕地增置县邑。尤其是在陕地设县之举,将秦政区推至崤函以东。由厉公伐大荔、灵公"居泾阳"③等举措看,秦向东发展的趋势十分明显,拉开了秦徙都栎阳,就近指挥伐魏的战略序幕。公元前451年,秦取得属于楚国的南郑之地,并在此筑城立邑,表明秦人势力已跨过秦岭,正式向南推进。

由于秦孝公在求贤令中对穆公霸业、献公伐魏诸壮举大加褒美,而对"往者厉、躁、简公、出子之不宁"④及"诸侯卑秦"之事"常痛于心"⑤。这一观点深刻地影响了人们对春秋战国之交秦国力的评价,故有"衰世""积弱"之说。其实揆诸史载,在穆公以后的二百余年里,秦并未失"缪(穆)公之故地"⑥,疆域反而有所拓展;亦无"诸侯卑秦"之举,而仍保持了较强的国势。马非百先生认为"厉、躁二代,武功颇著,而及其死也,群臣竟以恶谥谥之"⑦,这是将君臣不睦、人事摩擦扩大到国力评价方面,并非当时实际情况的客观反映。而孝公欲为自己的"强秦"主张助长声势,亦多过激之言。对此我们应斟酌背景,折中取信才是。

第五节　初租禾

公元前409年至公元前408年,秦简公接连颁布政令,允许官吏、百姓"初带

---

①　[西汉]司马迁:《史记》卷五《秦本纪》,第199页。

②　[南朝宋]范晔:《后汉书》卷八十七《西羌传》,第2874页。

③　[西汉]司马迁:《史记》卷六《秦始皇本纪》附《秦纪》,第288页。

④　[西汉]司马迁:《史记》卷五《秦本纪》,第202页。

⑤　[西汉]司马迁:《史记》卷五《秦本纪》,第202页。

⑥　[西汉]司马迁:《史记》卷五《秦本纪》,第202页。

⑦　马非百:《秦集史》,第43页。

剑"①，实行"初租禾"②制。这两项改革，调整了当时的生产、阶级关系，开秦变法、强国之先河。

春秋时期，铁制农具已经产生，但数量和种类较少。战国时期，秦国的冶铁业在广泛吸收其他地区先进冶铁技术的基础上，生产水平和生产规模有了极大的提高。铁制农具的种类增多，并在秦国的农业生产中得到广泛地使用。随着铁制农具尤其是铁犁的大量使用，牛耕在农业生产中也得到较多运用。当时人们掌握了两牛牵引一犁的生产技术，提高了牛耕的生产效率。这一时期，井田上的生产者"辟草莱"③，"慢其经界"④（打乱土地界限），原井田之外的大量荒地被开垦出来，一些贵族奴隶主将新开垦的土地变成私田。同时，周天子作为全国土地最高所有者的地位已经动摇，各诸侯国的土地所有权落到诸侯手中，但诸侯国君对国内贵族奴隶主在原有井田外侵占的新开垦土地无管理权。各级贵族奴隶主所拥有的私田获得巨大发展。

秦人入主关中后，实行爰田制。它是残存于"周余民"中的井田制度与秦人军事民主制经济相结合的产物。与井田制相比，爰田制由于不分"公田""私田"，使野人亦可"出车徒，给繇（繇同徭）役"⑤，参军作战，有效地提高了他们的身份与地位；爰田制实行"爰土易居"⑥，充分考虑了田土之美恶、劳逸之均衡、负担之平等，有利于调动劳动者的生产积极性。爰田制下的劳动者兵农兼务，在客观上符合了秦国富国、强兵的现实需要，在秦国发展史上起过重大历史作用。

---

① ［西汉］司马迁：《史记》卷十五《六国年表》，第708页；《史记》卷六《秦始皇本纪》附《秦纪》，第288页。注：允许官吏、百姓"初带剑"，具有显著的改革意义。春秋战国时期社会上早有佩剑之风，秦国政府敢于下令让不能跻入奴隶主旧贵族圈子里的"吏""百姓"公开带剑，确是一个破旧立新的大胆举动，所以史书上才特别写上这一笔。参见白化文：《关于青铜剑》，《文物》1976年第11期。

② ［西汉］司马迁：《史记》卷十五《六国年表》，第708页。注："初租禾"是战国时秦国实行的赋税制度改革。其主要内容是不论公田私田，一律征收土地税，客观上承认了土地私有的合法性。参见颜品忠：《中华文化制度辞典》，北京：中国国际广播出版社，1998年，第24页。

③ ［战国］孟轲著，万丽华、蓝旭译注：《孟子》卷七《离娄上》，第159页。

④ ［战国］孟轲著，万丽华、蓝旭译注：《孟子》卷五《滕文公上》，第105页。

⑤ 《周礼》卷三《地官司徒第二》郑玄注，参见［东汉］郑玄：《周礼郑氏注》，第70页。

⑥ ［东汉］班固：《汉书》卷二十八《地理志下》张晏注引孟康说，第1642页。

　　但是,爰田制只是在继承的基础上对井田制做的一种改良,只是对剥削形式和劳动者地位作了某些微调,并没有从根本上改变最基本的生产关系。赐授爰田的权力,仍控制在国家手中。同样,"爰土易居""三年一易田"①的定期更换形式,说明土地私有化程度较浅。由于爰田制下的劳动者尚无严格意义的土地所有权,势必会在某种程度上影响他们的生产、参战积极性。随着战国初年社会生产力的飞速发展,促使着土地向私有财产转化。爰田制下的生产者逐渐据公田为私有,同时垦辟私田以增加收益。所谓的"爰土易居"过程渐趋"浸废",徒具形式。

　　秦简公七年(前408),秦国开始实行"初租禾"②,就是第一次按土地亩数征收租税。《公羊传·庄公七年》何休注:"苗者,禾也。生曰苗,秀曰禾。"③"初租禾"的"禾",是指田间结穗粮食作物的代称。"初租禾"与当时东方鲁国的"初税亩"④相近,实际上是按各户实际占有的土地面积征收实物田租。《穀梁传》解释说:"初税亩者,非公之去公田,而履亩十取一也,以公之与民为已悉矣。"⑤按照这种解释,在税亩之后,公田和私田的区别依然保留。实行"初税亩"是鲁君除去公田收入之外再对私田履亩收税。"初税亩"是对土地赋税制度的改革,但它并没有废除井田制。"初租禾"的实质是对秦王直接控制的公田以外的"私田"实行"履亩而税"⑥的政策,即按各户实际占有的土地面积征收实物地租。

　　"初租禾"是秦土地国有制遭到破坏后变通剥削方式的产物,它承认了土地占有权的合法性,而一律取税。它标志着地主阶级和自耕农阶层作为一支新兴的政治、经济力量已在秦国成长起来了。至商鞅相秦,爰田"爰自在其田,不复易居"⑦,也即是说,爰田授予百姓之后,不再定期重新分配,从此正式以法律形式肯定了爰田的私有化。马克思曾将自耕农民自由的土地所有制形式,看作古

①　[东汉]班固:《汉书》卷二十八《地理志下》张晏注引孟康说,第1642页。

②　[西汉]司马迁:《史记》卷十五《六国年表》,第708页。

③　[东汉]何休注,[唐]徐彦疏:《春秋公羊传注疏》,上海:上海古籍出版社,1990年,第80页。

④　[春秋]左丘明著,蒋冀骋标点:《左传》卷七《宣公十五年》,第139页。

⑤　承载:《春秋穀梁传译注(上)》,上海:上海古籍出版社,2016年,第544页。

⑥　《春秋公羊传》卷七《宣公十五年》,参见陈冬冬:《〈春秋公羊传〉通释》,第344页。

⑦　[东汉]班固:《汉书》卷二十八《地理志下》张晏注引孟康说,第1642页。

典社会全盛时期的经济基础。秦由"爰田制"到"初租禾"的转化过程,为新兴地主及自耕农的大量涌现创造了条件。他们"分地则速"①,"治田勤谨"②,具有更高的生产积极性,有力地推动了社会经济的发展。秦自孝公以后变法图强,飞速发展,新兴地主阶级和广泛存在的自耕农阶层是新法赖以推行的社会基础。而这股新生力量的形成与发展,"初租禾"政策有肇始之功。

初秦末期,也是秦国礼制演变的重要时期。诸多"僭礼"行为之出现,有其深刻的社会背景。社会经济之发展,提高了财富拥有者的地位;阶级关系的变化,冲击了严格的等级界限。它表明秦已由因袭周礼阶段发展到形成秦礼阶段。这一时期的秦人墓葬中,除前述已出现的模型明器、粮食随葬诸现象外,礼器的配比也不再有统一的准则③。大夫以牛为鼎食。元士附葬车马多者达三车六马,使用重棺者为数不少。三鼎墓之形制、尺寸和随葬品与二鼎、一鼎墓渐趋一致,很难区分。用鼎、棺椁和车马殉葬制度的破坏,预示着周礼已经很难规定墓主身份。在广大的平民阶层中,他们漠视礼制,用石圭随葬的习俗日益普遍。圭非寻常器物可比,既是贵重的礼器,又是封赐的凭证。在此之前,圭只出现于有礼器的墓中。圭随平民入葬,有力地冲击了士庶界线。

这些情况反映在历史文献中,乃有秦简公六年(前409)的"初令吏带剑"④。此事在《史记》一书中先后三见,或曰"百姓初带剑"⑤,或曰"令吏初带剑"⑥。佩剑乃贵族阶级之特权,吏与百姓"带剑",绝非寻常小事,故司马迁郑重其事地予以记载。著名秦史研究专家林剑鸣先生已经注意到了秦国"初令吏带剑"与实行"初租禾"的时间非常"相近"这一历史现象,并且认为这绝非"偶然"。他把这两件事情看作封建制在秦国出现的重要标志⑦。"初租禾"是秦国土地制度由国有向私有转化的表现;而"令吏(百姓)初带剑",则是社会经济变革所引起的人

---

① ［秦］吕不韦著,［东汉］高诱注,徐小蛮标点:《吕氏春秋》卷十七《审分览·审分》,第376页。

② ［东汉］班固:《汉书》卷二十四《食货志上》,第1124页。

③ 李进增:《关中东周秦墓与秦国礼制兴衰》。

④ ［西汉］司马迁:《史记》卷十五《六国年表》,第708页。

⑤ ［西汉］司马迁:《史记》卷六《秦始皇本纪》附《秦纪》,第288页。

⑥ ［西汉］司马迁:《史记》卷五《秦本纪》,第200页。

⑦ 林剑鸣:《秦史稿》,第162页。

们身份变化在上层建筑领域的具体反映。由"令吏(百姓)初带剑"开始,逐渐发展到"宗室非有军功,论不得为属籍","有功者显荣,无功者虽富无所芬华"①等,秦完全抛却了旧礼制,"不法其故""不循其礼"②,形成了以耕战之功定尊卑的新爵禄体制。

秦孝公所非难的初秦末期诸公,除出子立时年方四岁,不谙事理外,厉、躁二公之武功,我们前已述及。而简公时代乃秦初实行改革的重要时期之一。正是"初租禾"与"令吏初带剑"两项政策,初步奠定了孝公时代变法强国的社会、经济基础。孝公不觉于此,而以"丑莫大焉"③相讥,实乃出于一己之忿。我们知道,灵公之后,子献公不得立,而立其叔父悼子,是为秦简公。简公之后又由惠公、出子相继即位,累计达三十年之久。献公被迫流亡魏国,至公元前385年方才绕道焉氏塞,杀出子及其母而取得君位。耐人寻味的是,孝公在所非难的诸公中未列入其祖父灵公,而对其父献公赞颂有加。这种以亲疏定褒贬的做法,很难保证客观公允。

第六节　农业的发展与进步

初秦末期,秦国农业发展的基本趋势是:一方面致力于关中和西北农牧交错地带农牧业生产的纵深发展;另一方面则开始向南方稻作农区推进和开发,使秦国农业由南向北依次包含了稻作、旱作以及农牧交错等不同生产类型,为以后秦国形成以关中为主体,以西北、巴蜀为两翼的农业发展格局初步奠定了基础。

我们认为,初秦农业是在继承和吸收周、戎农牧业文化的基础上发展起来的。时至初秦末期,这一融会过程业已宣告完成,秦农业进入了自身发展阶段。在穆公时代,秦、晋二国尚需不时向对方"请粟"④,即请求对方给予粮食,以渡过灾荒,说明彼此间农业发展水平相若。而在穆公以后的二百余年间,与秦毗邻的

---

① ［西汉］司马迁:《史记》卷六十八《商君列传》,第2230页。

② ［战国］商鞅著,章诗同注:《商君书》卷一《更法》,上海:上海人民出版社,1974年,第2页。

③ ［西汉］司马迁:《史记》卷五《秦本纪》,第202页。

④ ［西汉］司马迁:《史记》卷五《秦本纪》,第188页。

晋、楚二国仍时有"大饥""饥"的现象,甚至达到了"饥不能师"①,即因遭饥荒而不能派兵,遇到侵犯而"弗能报"②的程度。晋、楚二国农业之基础仍然显得比较薄弱。而相关秦史中却再没有出现类似的记载,表明秦农业基础已经比较稳固,积贮比较丰足,可以抵御一般灾害而不至于酿成饥荒,在某种程度上超过了晋、楚二国的农业发展水平。

初秦早中期,秦地出现的铁材料,多为兵器,罕有用诸农业者。进入春秋战国之交,秦农具渐次以铁器为主,青铜农具或铜石并用农具逐渐退出历史舞台。在被认为是秦景公之墓的雍城一号大墓填土中先后发现铁铲、锸等农具十余件,经化验分析为脱碳铸铁,反映了当时秦国已掌握相当高的冶铸技术。"秦将冶铁铸造的较高技术投入农具铸造,这本身既反映了秦对农业生产的重视,同时也说明春秋晚期以来秦农业生产大幅度发展的物质技术基础。"③在凤翔县高庄村所发掘的战国秦墓中,出土铁器 50 件,其中仅铁锸就有 7 件。以铁农具随葬,而且又出土于小型墓葬中,不但表明墓主人的身份属于农业劳动者,而且说明当时铁农具的使用是相当广泛的。

随着生产力的进步,秦开始了"堑河"④"堑洛"⑤(削陡黄河、洛水河岸,防敌进攻)等大型堤防、渠沟的建设工程。其初意乃在于构筑工事御敌,但它为以后大型农田水利工程的兴建,积累了经验和技术。此外,就堑河、堑洛工程而言,削陡、增高河岸,使土安其处不再流失;掘深、拓宽河道,使水归其壑难以为害。据此以言"堑河""堑洛"工程,在某种程度上亦有改善局部农业生产景观之效。⑥

大约在秦景公时期,秦有著名医学家医和。他对医学的最大贡献在于提出"六气失和"致病理论。他认为,"天有六气……曰阴、阳、风、雨、晦、明也。分为四时,序为五节。过则为灾"⑦,强调六气调和,毋过毋淫。医和的这一基本理论是中医病因学说的奠基之论。其实,六气之观察,初应始于农业。四时、五节、六

---

① ［春秋］左丘明著,蒋冀骋标点:《左传》卷六《文公十六年》,第 112 页。

② ［春秋］左丘明著,蒋冀骋标点:《左传》卷九《襄公九年》,第 191 页。

③ 呼林贵:《陕西发现的秦农具》,《农业考古》1988 年第 1 期。

④ ［西汉］司马迁:《史记》卷五《秦本纪》,第 199 页。

⑤ ［西汉］司马迁:《史记》卷五《秦本纪》,第 200 页。

⑥ 樊志民:《堑河、堑洛功效宜作多维观》,《中国历史地理论丛》2000 年第 3 期。

⑦ ［春秋］左丘明著,蒋冀骋标点:《左传》卷十《昭公元年》,第 272 页。

气之变化与农业生产活动密切相关,均为重要的农用术语。六气失和,于农为灾。医和引农事理论以阐医道,反映了农业发展对医学进步的巨大促进作用。有人认为,在春秋初期,秦国的医学尚未显出任何特点。但至穆公以后,在这一领域中秦国后来居上,在各诸侯国间居于领先的行列。尤其至春秋末期,秦国成为当时医学科学最发达的地区之一。从医食同源角度理解,它或与秦国农业科技的进步有密切的联系。

随着天文历法知识的积累,自景公以后秦史中有关"彗星见"①"日月蚀"②"六月雨雪"③"昼晦星见"④等自然现象的记载明显增多。对天文、历法、气象等问题的关心,反映了秦对农业生产问题的重视。据时令以安排适宜的农事活动,是传统农业科技的重要组成部分。秦自立国以来,前有始作"伏日"⑤的历史记载,后有对天文、气象等的详细观察。它表明秦农业科技已在继承周人传统的基础上,有所创造和发展了。

秦农牧业的发展还深刻地影响了秦墓葬礼俗的变迁。春秋早期,秦人墓葬沿袭周礼,其墓葬尺寸与随葬品的种类和数量,由墓主生前爵禄决定,主要是凭借礼器区别墓主身份。春秋晚期和战国早期秦墓开始出现模型明器,人们逐渐以财富的象征物来显示身份,从而使随葬器出现了崭新的面貌。历年来,秦陶仓囷模型在陕西西安、宝鸡、铜川多地均有发现。其时代上起春秋晚期,下至统一后的秦国。说明秦人习于以仓囷贮粮随葬,这也是当时列国中所少见的⑥。另在上孟村 M27 墓葬出土陶牛、泥马;在凤八 M103 墓葬出土陶牡牛、陶牝牛、陶车轮等,亦在显示墓主的富有。从凤高 M18 墓葬中,开始发现用粮食随葬的现象,以后这种情况日渐普遍,有的盛粮于明器内,有的撒粮于棺椁外,有的专辟小龛以存放粮食⑦。用仓囷、车牛、粮食诸农业财富入葬,显示了农业在秦国国民经济中的重要地位。

当时秦之富庶亦可由公子针奔晋一事略见一斑。公子针是秦景公的同母

---

① ［西汉］司马迁:《史记》卷十四《十二诸侯年表》,第 659 页。

②③④ ［西汉］司马迁:《史记》卷十五《六国年表》,第 701 页。

⑤ 注:秦德公"二年初伏"。《史记集解》孟康曰:"六月伏日初也。周时无,至此乃有之。"参见［西汉］司马迁:《史记》卷五《秦本纪》,第 184 页。

⑥ 王学理:《秦物质文化史》,第 17 页。

⑦ 李进增:《关中东周秦墓与秦国礼制兴衰》。

弟,他在桓公时被封于征、衙。时人谓"秦后子有宠于桓、如二君于景"①,他曾欲以百辆车子交换景公爱犬一只,可见其相当骄奢。由于他"得志于诸侯"②,威胁中央政权,被秦景公"夺其爵禄"③而逐亡。"(公子)针适晋,其车千乘……后子享晋侯,造舟于河,十里舍车,自雍及绛。归取酬币,终事八反"④。即公子针前往晋国,随行车骑有千辆之多。公子针还设宴款待晋君,在黄河里放置许多舟船,每隔十里停放车辆若干,这种排场从秦都雍城延及晋都绛城,他派人归秦拿取酬宾礼物,一席之间往返八次。其千仓万箱之富足气概,大大超过了穆公向晋输粟的"泛舟之役"。公子针虽言"秦公无道",同时他又认为"一世无道,国未艾也……不数世淫,弗能毙也"⑤,即仅有一代国君暴虐无道,国家尚不足于灭亡……若不是数代国君都荒淫无道,国家是不会灭亡的。他所描述的秦国的基本情况是"国无道,而年谷和熟;天赞之也,鲜不五稔"⑥,意即秦国政治虽纷乱,但谷物却丰收;这是上天在帮助秦国,再存续五年不成问题。

早在穆公时代,秦即有向南拓展国土之意。穆公三十八年(前622),秦师入郡,深入到今河南省内乡县一带。然此时穆公已届晚年,虽欲南进而力不从心。故闻楚灭江(今河南省正阳县)而穆公为之着素服、避正寝、去盛馔,以同盟灭不能相救而"自惧"⑦。穆公以后,秦实行"和楚"战略,推动了秦国势力的向南扩展。王夫之在评价助楚灭庸事件的意义时,十分重视"戎蛮尽,山木刊,道路通,发踪相及"⑧的开发效果,认为这些为秦日后灭楚奠定了基础。以后的击吴救楚、楚蜀来赂事件,进一步密切了秦同南方稻作农区的联系与交流。公元前451年,秦"左庶长城南郑"⑨,以此为标志,秦正式开始了对稻作农区的经营与开发活动。南郑归秦,促进了北方先进农业技术向稻作农区的传播,为秦占有和经营南方农区积累了经验;占有南郑,并以此为据点逐渐蚕食楚、蜀,是初秦农业地域

---

① ［春秋］左丘明著,蒋冀骋标点:《左传》卷十《昭公元年》,第269页。

② ［春秋］左丘明著,［三国吴］韦昭注:《国语》卷十《晋语四》,第252页。

③ ［战国］屈原著,［东汉］王逸章句:《楚辞章句补注》,长春:吉林人民出版社,2005年,第118页。

④⑤⑥ ［春秋］左丘明著,蒋冀骋标点:《左传》卷十《昭公元年》,第270页。

⑦ ［春秋］左丘明著,蒋冀骋标点:《左传》卷六《文公四年》,第97页。

⑧ ［清］王夫之:《船山遗书》(第4卷),第1465页。

⑨ ［西汉］司马迁:《史记》卷十五《六国年表》,第697页。

拓展中值得充分肯定的历史事件之一。

综上,从秦历史发展整体脉络而言,初秦末期这一阶段由于前有穆公开地益国之辉煌霸业;后有商鞅变法强国之灿烂成就,相比之下显得比较沉寂、平静。古人云"道无常稽,与时张弛"[①],在社会脉搏比较偾兴的情形下,有这样一个相对稳定的调整、发展时期倒是显得尤为必要。它是两大高峰间的能量积聚阶段,是质变前夕的量变过程,具有承上启下的历史作用。正是基于以上认识,我们以为不能忽略初秦末期这段历史,它是秦社会、经济稳定发展,并形成自己特色的重要时期。这一结论虽有悖于传统观点,但是我们窃以为它较为客观、准确地反映了当时秦国历史的实际情况,故敢陈述一二,以之为对"衰世"论的匡正。

---

① [南朝宋]范晔:《后汉书》卷五十二《崔骃列传》附崔骃传,第 1711 页。

第三章　中秦农业

中秦时期是秦迅速强大、蓬勃发展时期。这一时期可分为以下三个发展阶段：一、秦献公元年至秦孝公二十四年（前384—前338），是秦生产关系的调整与变革时代，封建制的确立，为秦农业的飞速发展奠定了基础；二、秦惠文君元年至秦昭襄王五十六年（前337—前251），是秦农业地域的大扩展时期，秦用武力逐渐占有了当时中国的核心农区，综合国力超过六国之和，形成了秦灭六国的必然趋势；三、秦孝文王元年至秦始皇二十六年（前250—前221），是秦实现统一，将秦农业政策、技术、文化推向全国的时期。

战国时期各诸侯国为实现富国强兵，纷纷变法改革。这些变法以秦国的商鞅变法最为彻底，也最为成功。事实上，秦国的变法并非始于孝公时期的商鞅，在此前的数十年间，秦国就已开始了变法革新的历程。秦国的改革和变法运动，萌芽于简公时期，开始于献公时期，完成于孝公时期。尤其是献公时期的改革，为后来的商鞅变法打下重要基础，可以说，献公在秦改革、变法史上具有承前启后的重大作用。

秦献公早年曾在魏国流亡，目睹了魏文侯改革后魏国强盛富庶的变化，萌发了变法图强之心。公元前384年献公即位，不久他就在秦国开展了变法改革，主要有废除在秦国已经推行了长达数百年的人殉制度，即颁行"止从死"①政策；还有将都城从关中西部的雍城东迁到地近前线、靠近魏国的栎阳之举；更有"为户籍相伍"②，实现户籍编制管理的民政措施；此外，在全国范围内推广县制和首次设立市场制度，也是秦献公改革的重要内容。这些改革体现出新兴地主阶级不断改革生产关系、促进农业发展、实现富国强兵的强烈愿望。尤其是"为户籍相

---

① ［西汉］司马迁：《史记》卷五《秦本纪》，第201页。
② ［西汉］司马迁：《史记》卷六《秦始皇本纪》附《秦纪》，第289页。

伍"的户籍制度改革、推行县制的政权建设和"初行为市"①的商业创新政策,体现出诸多有利于秦国农业发展的特性,这些改革使秦农业由稳定发展阶段进入另一新的发展高潮时期。

第一节　为户籍相伍

公元前 384 年秦献公即位,意味着新兴地主阶级取得政权。献公在位的二十三年间,秦国综合国力逐渐增强,新的生产关系不断完善发展。献公迁都栎阳以后,推行了一系列有利于农业发展的改革措施。公元前 375 年,秦国推行"为户籍相伍"的改革法令。这是一种有关户籍编制管理的政令,反映出秦国最基层的社会经济结构的革命性变化。相较而言,在此前秦国推行的爰田制条件下,土地定期授换,国家通过对土地的所有权有效控制着爰田上的劳动者,并由此形成了相应的社会管理机制。

自从实行"初租禾"制度后,爰田户逐渐由土地的占有、使用者演变为土地的所有者,这客观上反映了土地私有的合法性。此后,合法地承认农民的土地私有权而按土地亩数征收租税,旧的劳役租赋形式因之不复存在。同样,劳动者可以自行安排生产、作息时间,使国家对生产过程的有效控制大为削弱。如何管理广泛出现的自耕农阶层,既关系到社会秩序的安定,亦与租税、兵员的征用息息相关。

秦献公推行"为户籍相伍"的法令时,距"初租禾"已有三十余年,此时,农户经营已逐渐成为秦农业生产的基本形式,自耕农阶层不断壮大。这一现象在考古资料中的反映是,自战国中期以后秦人墓葬中的 C 类墓(平民墓)数量急剧增加,甚至超出 A、B、D 类型墓葬总和的 1.5 倍以上②。因此,采用新的管理措施来加强对自耕农的管控,成为秦国统治者亟待解决的问题。

因此,秦献公推行了"为户籍相伍"的法令,将全国人口按五家为一"伍"的单位编制起来,该法令有利于组织民众开展生产和加强对社会的管控,同时以

---

①　[西汉]司马迁:《史记》卷六《秦始皇本纪》附《秦纪》,第 289 页。

②　滕铭予:《关中秦墓研究》,《考古学报》1992 年第 3 期。

"伍"这种军事组织形式管理户籍,也有利于征兵御敌。这一编制的客观意义还在于,由此消泯了长期以来存在的"国""野"界限,在法律上提高了居野之人的社会地位,有利于调动他们实行耕战的积极性。

第二节　推广县制与初行为市

一、推广县制

土地制度与户籍管理制度的变革,也相应地带动了国家行政制度的变革。县作为基层政区,在中国具有两千多年的历史,至今仍在中国的政治体系中发挥着重要作用。早在春秋时期,秦就在边远地区设县。县之原意为"悬",即"系而有所属"①。也就是在距国都较远的地区设立军事、行政合一的机构,由中央派遣官吏负责一方事务。揆诸"县"字本义,最初颇含权宜之意。不过,由于县官可以任免,从根本上不同于封疆世袭制,有利于中央集权统治。所以学术界有部分观点认为,县的设立是中国官僚制度的开始。

秦是战国时期最早改县的国家之一,但长期以来并未广泛实行。秦献公即位后,这种局面得到了改变。献公把推广县制作为进行农业改革的重要配套措施,并将之推行于重要地区。县这一具有权宜性、军事性的地方行政制度,随着时代的推移发生了较大的改变。县所具有的民政管理、发展农业等功用更加突出,政治性、经济性的意义更加显著,早期显著的军事色彩大为下降。"县"制功用从产生之初到献公、孝公改革时代的变化,可体味到时代发展的意蕴。在献公即位的第六年(前379),秦国集中设置了蒲、蓝田、善明氏等县,即是这种变化的明证。此后,县制迅速推行,其数量也随着秦国疆域的不断扩张而增多,渐成燎原之势。

公元前374年,秦在其首都栎阳设县,更具特殊意义②,值得给予足够重视。县本设于新获土地或边远地区,而栎阳则是献公和孝公时代秦国的都城,既是四

---

①　林剑鸣:《秦史稿》,第43页。

②　林剑鸣:《秦史稿》,第173页。

方交通的要冲,又是征战天下的战略要地。在首都设置县这一军政合一的组织,表明当时的首都栎阳处于军事争夺的要冲,地方行政组织的设置必须适应军事的需要,也为秦国在全国范围内推行县制进一步做了准备。① 更为重要的是,秦设县于栎阳,表明了在中央核心地域设置军政合一的官僚机构,已无权宜、悬系的初义。它是与"初租禾""为户籍相伍"等相呼应的地方政权建设的举措,已具开发农业、发展经济之意。

县作为行政区划,在地方治理中起着重要作用。县的长官为县长或县令,不满一万户的小县长官为县长,满一万户的大县长官为县令,俸禄从三百石到一千石粮食不等。此外,县级政权还设置县丞和县尉,辅佐县长或县令处理日常行政和军事事务。② 县的各级官吏领取国家俸禄,是国家设置的流官,由朝廷任命而不世袭。这与分封制下的地方统治者——各级领主政权相比,具有显著的差异,体现出时代的进步。

县的设置也是生产力发展和社会变革的产物。在分封制条件下,各级领主既是土地的占有者,又是生产的管理者。他们世袭"受民受疆土"③,而且在领土上行使行政、司法、军事权力,不需要在地方上另置官僚机构,便能行使对农奴阶级的统治。相较而言,春秋战国时期,随着铁农具和牛耕的出现、社会生产力的提高,新兴地主阶级和自耕农阶层不断涌现,行政、司法、军事权力从土地所有权中游离出来,国家设置专门的官吏阶层掌握、执行这些权力。这一机构在地方政权上的体现形式,就是由秦、楚诸国最先兴起的郡县制度。

此外,县制的推广更具历史意义,县制成为秦统一后两千多年来中国最基本的政区形制,为后世地方政权的制度设计做了有益探索。献公、孝公推行县制,虽然属于行政体制改革,但它在客观上有利于地主制经济在关中东部的发展壮大。县制的推广也有利于中央加强对地方的控制,是历史的进步。

二、初行为市

随着秦国农业和手工业的发展,大量农业剩余产品和手工业制成品的出现,

---

① 林剑鸣:《秦史稿》,第 173—174 页。
② 林剑鸣:《秦史稿》,第 188—189 页。
③ 西泠印社编:《西泠印社法帖丛编·大盂鼎铭文》,杭州:西泠印社,1996 年,第 25 页。

商业的发展逐渐活跃、发展起来,为加强对商业活动的管理,秦国在献公七年(前378)颁布"初行为市"①的法令。明令允许在国都和全国各地设置市场,在市场内进行商业活动。在当前的秦考古发掘中,有大量带"市"字样的陶文。这些"市"主要有"咸阳市""杜市""栎市""高市""频市""云市""平市""陕市""安陆市亭""许市""吕市""卤市""易市""马邑市"等②,不一而足。市作为交易的场所,在全国各地分布十分广泛,从这些考古发掘来看,秦国不但在名都大邑设市,而且在一般县邑小城也设市。③ 这些"市"的设置,反映出"初行为市"后秦商业有了较大的发展。通过设市,秦国统治者加强了对贸易活动和商业收入的控制。

从出土的带"市"字陶文来看,它的组成方式是县邑名字加上"市"字,反映出县制在秦国推行的情状。此外,从大量秦"市""亭"陶文看,到战国晚期至秦统一时,秦大都城及小县邑都设立了市亭,并在全国县邑推广。秦县邑市亭,除管理市井外,本身亦兼营部分手工业,是陶器、漆器和铁器等贸易的处所。秦代市井通行货币贸易(钱与布),并有严格规定。④

秦国设置市场对商业活动进行管理和控制,与之前"工商食官"⑤情形下的商业活动有着显著的差异。在"工商食官"制度下,对于秦国商业活动的记载,大多反映的是由于不同地域类型的生产差异而形成的物产过境商贸。例如,都城在雍城这个阶段有"隙陇蜀之货"⑥的贸易活动;迁都栎阳后,有"北却戎翟,东通三晋"⑦的商业交流;此外,在秦穆公时期也有向过境盐商抽税的商业管理活动。这些商业交流和管理政策,很少能真正反映出秦国商品经济的发展水平。

这是因为在"工商食官"的条件下,百工产品很少加入市场交易;由国家控制的土地授受过程,使地产本身处于"硬化"状态,不与商品经济发生任何关系,所有这些,抑制了国内商品市场的有效发育。这种局面的结束缘于秦国农业政

---

① 〔西汉〕司马迁:《史记》卷六《秦始皇本纪》附《秦纪》,第289页。

② 后晓荣:《悠悠集·考古文物中的战国秦汉史地》,北京:中国书籍出版社,2015年,第251—266页。

③ 袁仲一:《秦代陶文》,西安:三秦出版社,1987年,第56页。

④ 后晓荣:《悠悠集·考古文物中的战国秦汉史地》,第265页。

⑤ 〔春秋〕左丘明著,〔三国吴〕韦昭注:《国语》卷十《晋语四》,第246页。

⑥⑦ 〔西汉〕司马迁:《史记》卷一百二十九《货殖列传》,第3261页。

策调整,和因之而带来的土地私有制的出现及小农经济的发展。也就是说,当"爰田制"发展到"初租禾"阶段以后,土地逐渐转为农户所有。相当数量的自耕农阶层的存在,为"农有余粟,女有余布"的"通功易事"①(分工合作,互通有无)创造了条件。简言之,随着土地私有制和小农经济的发展,农业剩余的出现为商业活动的开展奠定了基础。此外,由于自耕农经济的不稳定性,促使土地所有权进入"运动"状态,使土地兼并、买卖成为可能,土地也成为商品可以自由交易。凡此种种,都为秦国"初行为市"创造了条件。

"初行为市"反映了土地制度变革对秦商品经济繁荣的巨大促进作用。根据考古资料推测,黄金可能已加入当时商品流通领域。1963 年曾在栎阳城Ⅳ号遗址出土贮金铜釜,内贮金饼八枚,每枚重约半斤(250 克)。同时,在出土陶砖、陶罐上多次发现"栎市"陶文戳印,可为秦设工商管理机构之佐证②。

献公实行的这一系列改革,有力地促进了秦国社会经济的发展,也为秦国带来了军事上的胜利。到献公晚年,秦国在与三晋的军事斗争中已逐渐占了上风。献公十九年(前 366),秦大败韩、魏于洛阳;献公二十一年(前 364),秦越河而东,与魏大战于石门(山西运城西南),斩首六万级。公元前 362 年,秦在少梁(陕西韩城)大败魏军,取得庞城。随着秦国实力的上升,当时的周天子特地向秦献公道贺,封献公为伯爵。

综上所述,秦献公时期的"为户籍相伍"、推广县制与"初行为市"等改革措施,有力地推动了秦国经济、社会的发展,为此后的商鞅变法和秦的迅速崛起奠定了坚实的基础。

第三节　商鞅变法

一、法学西渐

中秦社会经济之发展,与法家学说之推行密切相关。追溯学术渊源,法家思

---

①　[战国]孟轲著,万丽华、蓝旭译注:《孟子》卷六《滕文公下》,第 129 页。

②　陕西省文物管理委员会:《秦都栎阳遗址初步勘探记》,《文物》1966 年第 1 期。

想最初并不产生于秦。然法家学说何以能大行于秦并逐渐取得统治地位？这是一个值得重视而又必须加以深入探讨的问题。

法家是战国时期的一个重要学派，以推行法治、奖励耕战而著称于世。学术界认为，诸子初兴，大都带有一定的地域性特征。如邹鲁是儒、墨的发祥地；荆楚是道家的摇篮；阴阳家出现于燕、齐；法家肇始于三晋。这是不同地区的社会、经济、文化构成作用于学术思想的必然结果。战国时期著名的法家人物大多出生或活动于三晋地区。魏文侯用李悝推行改革，韩昭侯任申不害为相，赵国有"抱法处势"①（将"法"和"势"结合起来，用"势"来保证"法"的推行）的慎到与援法入儒的荀况。吴起、商鞅、韩非等著名法家人物亦原籍三晋，名垂秦、楚。

法家学说起源于三晋，大致是因为晋自立国之始，即无典册文物（周礼）之赐，较之齐鲁诸国较少宗法礼制约束；而"启以夏政，疆以戎索"②（将华夏和戎狄的法令结合起来治理国家），则使夏、戎制度和习俗得以较多保留。同时，三晋所处中原之地，自春秋以来渐成五霸逐鹿之野，七雄折冲之府。错综复杂的政治、军事矛盾纠结于此，冲击了既有的宗法、世禄、分封制度，一批新贵族势力增长，权倾公室，最终导致三家分晋。面对严酷的竞争现实，容不得空言道德伦理、兼爱非攻、避世归隐、五德流转等，于是乎便有"争于气力"③、富国强兵之说应运而生。这便是法家学说起源于三晋的社会、文化背景。

三家分晋以后，魏、韩毗邻于秦。魏文侯在位期间（前445—前396），任用李悝、吴起、西门豹、乐羊等人实行社会改革，"尽地力"④，"善平籴"⑤，著《法经》。魏国由此而跃居为战国初年诸强之首。是时，吴起为西河郡守，开垦土地，增加生产，充实府库，训练武卒，有力地改变了魏同周边国家间的力量对比。据记载，吴起"守西河。与诸侯大战七十六，全胜六十四，余则钧解。辟土四面，拓地千里"。⑥ 在这种形势下，秦国被迫退守洛水，沿河修筑防御工程，建重泉城固守。

与当年秦穆公三置晋君形成明显对照的是，此时秦亦有三公自晋归立。公

① ［战国］韩非著，秦惠彬校点：《韩非子》卷十七《难势》，第155页。
② ［春秋］左丘明著，蒋冀骋标点：《左传》卷十一《定公四年》，第370页。
③ ［战国］韩非著，秦惠彬校点：《韩非子》卷十九《五蠹》，第178页。
④ ［东汉］班固：《汉书》卷二十四《食货志上》，第1124页。
⑤ ［东汉］班固：《汉书》卷二十四《食货志上》，第1125页。
⑥ ［战国］吴起：《吴子兵法》卷一《图国》，参见《吴子兵法注释》，第4页。

元前 428 年,秦躁公死,"怀公从晋来"①;公元前 415 年,秦灵公死,"子献公不得立,(自晋迎)立灵公季父悼子,是为简公"②;公元前 385 年,"庶长改迎灵公之子献公于河西而立之"③。以上三公中,怀公居晋时间不明。简公或是怀公归秦时留晋为质、或是怀公被杀后流亡于晋,居晋时间至少在十余年以上。献公自灵公死后被迫出走,至公元前 385 年归国继位,流亡河西达三十年之久。晋人是否直接参与了秦国君之废立,由于史料缺乏,难以深究。

不过怀公、简公、献公居晋期间,正值李悝辅佐魏文侯推行改革的关键时候,他们经历了魏国富国强兵的变法过程,接受了法家思想的熏陶,这对于他们归秦以后推行改革大有裨益。最早由晋归秦的秦怀公事迹史载不详,但由其被贵族逼杀的情形推测,似乎为主张改革的秦君之一。秦简公与秦献公执政时期,颁布了一系列含有法家思想倾向的改革政令,促使秦政治经济关系发生了深刻的变化,为以后的商鞅变法奠定了坚实的社会基础,被认为是开秦改革变法之先河的人物。基于以上认识,我们认为怀、简、献公时期,是法家学说传入秦国的重要时期。法家思想以由晋归秦的诸公为媒介而得以入秦。而国君作为掌握国家最高权力的统治者,又是法家学说能在秦地得以推行的最大支持者。以后法家思想成为秦之官学,正是秦诸君支持与倡行的结果。

法学西渐,与晋(魏)置秦君有极密切的关系。虽然如此,最具关键性的因素是秦国内部存在着与法家理论相偶合的现实条件。这些条件是在秦国特殊的历史发展过程中逐渐形成的,它影响和制约着法家思想在秦地推行的客观效果。

秦是凭借自身力量发展起来的异姓诸侯。他们由周族的氏族奴隶而分土为附庸;由附庸而晋升为西垂大夫;由大夫而封为诸侯。经历了艰苦卓绝的创业历程。秦人是周王室借以抑制戎狄势力的有生力量,他们在与戎狄的斗争中壮大了自己的力量,以至于能占有宗周旧地,收周余民而有之。秦为诸侯之时,周王室已经衰微,不复有控制诸侯之力。所以秦虽名义上仍尊周为天下共主,但实际上并不存在周初分封诸侯时"以蕃屏周"④的严格隶属关系。

---

① ［西汉］司马迁:《史记》卷六《秦始皇本纪》附《秦纪》,第 287 页。
②③ ［西汉］司马迁《史记》卷五《秦本纪》,第 200 页。
④ ［春秋］左丘明著,蒋冀骋标点:《左传》卷五《僖公二十四年》,第 76 页。

秦襄公始国，即"作西畤用事上帝"①（建立祭所，事奉天帝），虽处于藩臣之位，竟敢举行天子的郊祭，那种越位犯上的迹象已经暴露出来了。以后穆公东服强晋，西霸戎狄，以彰霸功。秦孝公据崤函之固，拥雍州之地，更有"席卷天下、包举宇内、囊括四海之意，并吞八荒之心"。② 这种热衷于霸道，敢于追求帝王之业的进取精神在法家的"法后王"③主张中找到了理论根据。故商鞅以"霸道"游说孝公，孝公"不自知膝之前于席也。语数日不厌"④。刘安《淮南子·要略》篇"孝公欲以虎狼之势而吞诸侯，故商鞅之法生焉"⑤，乃解释法行诸秦的点睛之笔。

就土地制度而言，秦人关中以后实行的爰田制度，淡化了井田封赐过程中的土地等级占有色彩，拉平了国野、都鄙、士庶的身份差别，调动了劳动者的生产积极性。当爰田制渐渐废弛，由"爰土易居"发展到"爰自在其田"（爰田授予百姓之后，不再定期重新分配），并按土地亩数"初租禾"时，秦国已近于完成土地私有化的革命过程。减少了除井田、废分封的制度性阻力。爰田劳动者兵、农兼务的组织形式在客观上符合了秦人富国强兵的现实需要，亦与法家奖励耕战思想相结合，是实现"以农求富，以战求强"目标的最佳结构。在爰田制基础上形成的庶长官制，与郡县制行政职能相似，有利于新型国家管理体制之形成。从根本上符合了法家废井田、行郡县的政治主张。

由于"秦之法未尝以土地予人"⑥，所以秦没有形成与秦君分庭抗礼的贵族世家，在政治统治形式方面形成高度的中央集权。并且通过"置官司"⑦，设郡县，以形成有效的管理体制。这种强调权威，集中控制的管理结构，正是法家孜孜所求的统一集权国家机器之雏形。

---

①　［西汉］司马迁：《史记》卷十五《六国年表》，第 685 页。

②　［西汉］贾谊：《贾谊集》，上海：上海人民出版社，1976 年，第 1 页。

③　［战国］荀况著，［唐］杨倞注，耿芸标校：《荀子》卷四《儒效》，上海：上海古籍出版社2014 年，第 79 页。

④　［西汉］司马迁：《史记》卷六十八《商君列传》，第 2228 页。

⑤　［西汉］刘安著，陈广忠校点：《淮南子》卷二十一《要略》，第 536 页。

⑥　［元］马端临：《四库家藏·文献通考(7)》卷二百六十五《封建考六》，济南：山东画报出版社，2004 年，第 106 页。

⑦　［春秋］左丘明著，蒋冀骋标点：《左传》卷五《僖公十五年》，第 66 页。

　　秦在严酷的生存斗争中,往往"嫡子生,不以名令于四境,择勇猛者而立之(为君)"①,这就是说嫡长子继承制在秦并未形成定制。没有严格的宗法制,就不易形成强大宗族势力。所以秦国长期以来保持着善用客卿的优良传统,这也是许多法家人物能够进入秦国大展宏图的重要原因之一。法学西渐,本属文化传播问题。念及法家理论对秦农业发展的革命性促进作用,并为此后论述商鞅变法作铺垫,故赘述于上。

二、商鞅栎阳变法的战时应用特征

　　公元前361年,开启秦改革先河的献公去世,他的儿子即位,是为秦孝公。秦孝公继续推行由秦献公开创的社会变革,由于这场改革是依靠商鞅变法来完成的,故世称"商鞅变法"。商鞅变法始于公元前359年的"遂出《垦草令》"②,终于公元前338年"车裂商鞅",历时二十一年。商鞅在秦国先后有两次变法:第一次在秦的战时首都栎阳进行了变法,具有战时的应用特征;第二次在咸阳进行变法,充满了制度变革色彩。经过这两次变法秦国实现了富国强兵,为后来秦统一六国打下了坚实的基础。商鞅根据秦国不同时期所面临的主要矛盾,因时因地颁行政令,分期分批实施变法,促进了农业发展,增强了军事实力,重新确立了秦在战国诸雄中的强国地位。

　　商鞅的第一次变法活动,主要以当时的首都栎阳为中心开展的。栎阳地近秦国和魏国的边境地带,处于前线之地,不时笼罩着战争的气氛。栎阳处于秦、魏边界的黄河以西之地附近,河西之地在当时具有重要战略价值。虽然在献公时,夺回了河西部分的城邑,但大部分地区仍在魏国的控制之下。魏国在河西之地筑长城,设置重镇来加强统治,史书记载"魏筑长城,自郑滨洛以北,有上郡"③,这些措施对秦国构成了严重的威胁,对于魏国的西向谋秦策略,秦孝公感到"寝不安席,食不甘味"④,甚至"令于境内,尽堞中为战具,竟为守备,为死士置将,以待魏氏"⑤,也就是在毗邻魏国的边境地带采取一切防御措施来防备魏国

---

①　陈冬冬:《〈春秋公羊传〉通释》,第435页。

②　[战国]商鞅著,章诗同注:《商君书》卷一《更法》,第4页。

③　[西汉]司马迁:《史记》卷五《秦本纪》,第202页。

④⑤　[西汉]刘向著,贺伟、侯仰军点校:《战国策》卷十二《齐策五》,第134页。

的进攻。对于这种形势,商鞅也认为"秦之与魏,譬若人之有腹心疾,非魏并秦,秦即并魏"①,魏国作为秦国的心腹大患,与秦已经到了水火不容的地步。所以收复河西,"据河山之固,东乡(向)以制诸侯"②成为商鞅追求的重要战略目标之一。

栎阳作为都城所在,需要有比较稳定的经济支撑系统;作为战略重地,与魏争地,亦有赖于坚实的物质保障基础。然而,栎阳作为秦国新迁之都,其所处的关中东部的经济发展尚不充分,与处于关中西部的周秦故地之间存在着明显差距。如何促进这一大区的经济发展,做到"此其垦田足以食其民,都邑、遂路足以处其民,山林、薮泽、溪谷足以供其利,薮泽堤防足以畜"③。也就是说,关中东部的耕地要足以供养其民众,都邑道路要足以安顿其民众,山林薮泽溪涧要足以为其民众所利用,湖沼薮泽要蓄积足以使用的水生资源。一言以蔽之,就是开发关中东部地区,使这个地区既能实现自给自足,又能为秦国的进一步发展做出重要支撑。这些同样都是商鞅所面临的严峻现实之一。

以农战为核心的商鞅第一次变法,就是在这样的背景下展开的。商鞅的农战政策具有明显的国民经济军事化倾向。它是秦国迁都栎阳以后,适应新的军事、经济形势而采取的非常措施,所以与这次变法相关的政策法令只有和关中东部的特殊情况相结合,才能理解其虽偏激、严酷,但实用、有效的特征,这有利于从新的视角准确认识和评价商鞅变法。

商鞅变法由颁布《垦草令》开始,反映了秦国对农业发展的极端重视。商鞅多次为秦国"人不称土"④(土地未能得到有效开发,农民和土地结合不充分)而担忧,对这些大量土地尚未被进行农业开发而焦虑,于是,极力推行垦草和徕民的政策,也即多开发土地,招徕民众进行耕种。对于商鞅倡行垦草、徕民,并数言秦之"人不称土"⑤的言行活动,后世学者据此来评价秦农业总体发展水平,往往会引起偏谬。事实上,商鞅极力推行的垦草、徕民的政策,只是在关中东部特殊条件下实行的,缺乏比较普遍的实践意义,并非在全国范围内普遍开展,这是因为,关中西部作为周代王畿之地,长期以来保持了较高的农业发展水平。

---

①②　[西汉]司马迁:《史记》卷六十八《商君列传》,第 2232 页。

③　[战国]商鞅著,章诗同注:《商君书》卷二《算地》,第 25 页。

④⑤　[战国]商鞅著,章诗同注:《商君书》卷四《徕民》,第 48 页。

从《商君书》中《徕民》《算地》等篇中也能看出关中东西部农业发展存在的差距。这些篇章中商鞅推崇的、视为楷模的"制土分民"①（土地和人口之间保持恰当的比例关系）之术、"任地待役"②（兵役、劳役要与农业生产保持协调）之律，正是源于岐、丰宗周故地，推行于周秦的旧制。这些篇章中所规划的土地比例、食夫之数正是商君力图实现的理想目标。

这里的土地开发与农业发展，不会在数百年后反倒有所衰退。关中西北的农牧交错地带，受生产类型之制约，只宜农牧兼营，维持相对较低的农牧负载水平。大规模的垦草、徕民行动，只会破坏既有生产结构，加剧秦戎冲突。秦不会在东进的同时，激化民族矛盾，使自己陷于腹背受敌的被动境地。而关中东部作为秦新占领的地区之一，土地垦殖率相对低于关中西部，有"垦草"③之余地；人口密度相对小于三晋诸邻，有"徕民"④之空间。而且垦草可以富秦，徕民可以损敌。于此行垦草、徕民之术。既为客观条件所允许，又为现实情况所必需。

商鞅结合栎阳前线实际，提出和颁行了一系列旨在促进当地农业发展的政策和法令。商鞅主张以官爵劝农战，他认为农民积极从事农业，国家才可以富；积极从事战争，国家才可以强。因此，朝廷授予官爵，只用来奖励农战，"不以农战，则无官爵"⑤。由于实行"粟爵粟任"（据纳粮多寡授爵任用）"武爵武任"（据军功授爵任用）⑥的政策，从事农业生产和作战有功者，都可获得一定的官爵、田宅，并且可以免除不同数量的徭役。而无军功者，即便是宗室贵族，也不得超越规定的标准占有田宅、姬妾。连穿衣着履都有限制，不得任意铺张。

这种以农战授官爵的办法，显然是一种非常时期的奖励措施。韩非曾指出："商君之法……官爵之迁与斩首之功相称也。……今治官者，智能也；今斩首者，勇力之所加也。以勇力之所加，而治智能之官，是以斩首之功为医、匠也。"⑦

---

① ［战国］商鞅著，章诗同注：《商君书》卷四《徕民》，第48页。
② ［战国］商鞅著，章诗同注：《商君书》卷二《算法》，第25页。
③ ［战国］商鞅著，章诗同注：《商君书》卷一《更法》，第4页。
④ ［战国］商鞅著，章诗同注：《商君书》卷四《徕民》，第48页。
⑤ 注：原文为"皆作一而得官爵，是故不官无爵"。参见［战国］商鞅著，章诗同注：《商君书》卷一《农战》，第10—11页。
⑥ ［战国］商鞅著，章诗同注：《商君书》卷四《去强》，第20页。
⑦ ［战国］韩非：《韩非子》卷十七《定法》，第160页。

把耕战作为加官晋爵的途径,让农夫、武夫参与行政,造成了"上首功"①的世风,故史书中有"是以秦人每战胜,老弱妇人皆死,计功赏至万数"②的记载。秦国民众也养成了"贪狠强力,寡义而趋利"③的风俗,严重影响、干扰了官吏制度的正常发展。但是,它在客观上确实符合了当时富国强兵的现实需要,是行之有效的激励政策。以至于"民之见战也,如饿狼之见肉"④,"民闻战而相贺也,起居饮食所歌谣者,战也"。⑤出现有悖常理的病态文化心态和价值取向。

商鞅注意到了关中东部"人不称土"⑥的现象,但是他并未采用奖励人口自然增殖的办法来增加人口。这是因为人口的自然增殖需要较长时间,而招徕三晋百姓来耕作,则较简单、快捷,有立竿见影的功效。它在客观上缩短了秦土地开发的周期,又削弱了敌国的力量。让秦国民众打仗,让招徕的移民进行生产,可使国家一方面拥有强大的兵力,另一方面又可保证充足的经济供给,实现"富强两成之效也"⑦。

由于栎阳具有"北却戎翟,东通三晋"⑧的地理优势,商贸经济相当发展。这在某种程度上冲击、干扰了农战政策的贯彻执行。在农业劳动生产率还比较低的情况下,当地民众常酣燕荒饱,追求奢华享受,容易造成国力的消耗;货通关市,商品流通,也会造成粟资敌国的不利后果。最严重的是由于商业利益和农业利益的巨大悬殊,容易诱使农民脱离农战政策,追逐商业利润。"民农者寡而游食者众"⑨对秦国构成了严重的威胁。此外,由于"商民善化,技艺之民不用"⑩(商人善变,手工业者派不上用处),一旦国家有事,他们会置国家利益不顾,"挟

①　[西汉]司马迁:《史记》卷八十三《鲁仲连邹阳列传》,第2461页。
②　[西汉]司马迁:《史记》卷八十三《鲁仲连邹阳列传》附《史记集解》引谯周语,第2461页。
③　[西汉]刘安著,陈广忠校点:《淮南子》卷二十一《要略》,第536页。
④　[战国]商鞅著,章诗同注:《商君书》卷四《画策》,第58页。
⑤　[战国]商鞅著,章诗同注:《商君书》卷四《赏刑》,第56页。
⑥　[战国]商鞅著,章诗同注:《商君书》卷四《徕民》,第48页。
⑦　[战国]商鞅著,章诗同注:《商君书》卷四《徕民》,第50页。
⑧　[西汉]司马迁:《史记》卷一百二十九《货殖列传》,第3261页。
⑨　[战国]商鞅著,章诗同注:《商君书》卷一《农战》,第15页。
⑩　[战国]商鞅著,章诗同注:《商君书》卷一《农战》,第13页。

重资归偏家"①(携带重金,归附私家)。

　　为此,商鞅实行了比较严厉的抑商禁末措施,并以此作为大力推行农战政策的重要内容付诸实施。他限制非农业活动,对那些经营商业及因怠惰而贫困的人,要连同妻子儿女一同没入官府为奴。另一方面也采用重税政策来压低商业利润,限制农业以外的行业发展。加重关市之赋,十倍酒肉之租,迫使工商游惰坐食之人从事农业。商鞅主张"一山泽"②,由国家统一管理山林湖泽,其目的是为了堵塞农战以外的谋生之路,使"恶农、慢惰、倍欲之民无所于食"③。禁止商人经营粮食,"商无得籴"④,就不会有商人凭借农作的丰歉来从中渔利;"訾粟而税"⑤,以粮食这种实物作为税收来源,避免农民通过买卖粮食来交换金钱,遭受商贾的中间盘剥。人为地为商贾经营制造困难,如"废逆旅"、禁声服、限制雇工、"贵酒肉之价"⑥、"以商之口数使商,令之厮、舆、徒、重(童)者必当名"⑦(根据家庭人口数量给商人摊派徭役,令其大小仆役均在政府服役名册中)等,其目的是"令商贾、技巧之人无繁"⑧,来促进耕战事业的发展。

　　商鞅采取抑商政策为的是劝农,并非完全否定商业的作用,因为他曾将商看作"国之常官"⑨(国家基本职业)之一。同样,商鞅有谓:"农辟地,商致物,官法民。"⑩也即农业侧重土地垦辟,商业负责货物流通,行政机关职司管理百姓,三者各司其职,不可或缺。虽然如此,商鞅仍能根据现实需要,将抑商禁末实行到偏激的程度。不管后人如何评价商鞅的抑商政策,它在当时对于保证有更多的劳动力投入农业生产,限制工商业对农业生产的分解破坏作用,则是应该予以充分肯定的。

　　商鞅继续推行献公时的户籍管理政策,且较献公时更为严密:把军队的什伍

----

① 　[战国]商鞅著,章诗同注:《商君书》卷二《算地》,第28页。

②③ 　[战国]商鞅著,章诗同注:《商君书》卷一《垦令》,第6页。

④ 　[战国]商鞅著,章诗同注:《商君书》卷一《垦令》,第5页。

⑤ 　[战国]商鞅著,章诗同注:《商君书》卷一《垦令》,第4页。

⑥ 　[战国]商鞅著,章诗同注:《商君书》卷一《垦令》,第6—7页。

⑦ 　[战国]商鞅著,章诗同注:《商君书》卷一《垦令》,第6页。

⑧ 　[战国]商鞅著,章诗同注:《商君书》卷五《外内》,第71页。

⑨ 　[战国]商鞅著,章诗同注:《商君书》卷一《去强》,第16页。

⑩ 　[战国]商鞅著,章诗同注:《商君书》卷五《弱民》,第67页。

编制引入民政领域,以军事化的手段来管理农业、监督农民。具体办法是把五家分为一伍,十家分为一什。五家互相监督,发现"奸人"应向官府告发,"告奸者与斩敌者同赏,匿奸者与降敌同罚"①,这就是什伍连坐法。商鞅用严密的户籍法将农民固定在土地之上,禁止百姓擅自迁徙,驱使百姓投入农业生产,限制一切非农业的经济、文化活动,有效地维护了统治秩序的安定。国家由新的户籍制度掌管"竟(境)内仓、口之数,壮男、壮女之数,老、弱之数,官、士之数,以言说取食者之数,利民之数,马、牛、刍藁之数"②,生者著籍,死者削籍,民不逃粟,野无荒草,保证了租税徭役的征调遣发。据历史记载,孝公二十四年(前338),太子发吏捕商君,商鞅因无验(凭证)而不能留宿客舍,可见商鞅的户籍管理政策是得到认真贯彻的。

商鞅鼓励发展一夫一妇的个体家庭。他在变法令中规定:"民有二男以上不分异者,倍其赋"③。对那些"禄厚而税多,食口众"④的大家庭,商鞅"以其食口之数,贱(赋)而重使之"⑤,迫使民户规模变小,使一夫一妇的个体家庭成为最基本的社会细胞。经济学家认为,一夫一妇的个体农民家庭,是最适合封建主义生产的形式。它把耕、织两大产业结合其中,血缘亲合度最为密切,财产关系最简单,生产积极性最高⑥。

秦的分户政策,在某种程度上满足了某些家庭成员自立自利的欲望。并由此途径形成大批的自耕农阶层,对农业生产的发展无疑是有利的。但这种以夫妻为核心的个体家庭成为户籍的最基本单位后,往昔那种存在于大家庭中的和睦的道德、伦理、亲情关系,也逐渐被冷冰冰的物质利害关系所代替了。贾谊说"商君遗礼义,弃仁恩,并心于进取,行之二岁,秦俗日败"⑦。"秦人家富子壮则出分,家贫子壮则出赘,借父耰鉏,虑有德色;母取箕帚,立而谇语。抱哺其子,与公并倨;妇姑不相说,则反唇而相稽"⑧。长期以来,人们皆以此论证秦文化之落后,殊不知它正是商鞅变法后秦家庭制度变化的结果。后世秦文化功利主义特

---

①　[西汉]司马迁:《史记》卷六十八《商君列传》,第2230页。

②　[战国]商鞅著,章诗同注:《商君书》卷一《去强》,第20页。

③　[西汉]司马迁:《史记》卷六十八《商君列传》,第2230页。

④⑤　[战国]商鞅著,章诗同注:《商君书》卷一《垦令》,第5页。

⑥　张金光:《商鞅变法后秦的家庭制度》,《历史研究》1988年第6期。

⑦⑧　[西汉]贾谊:《贾谊集》,第191页。

色日趋明显,与商鞅变法推行的农战政策有很大关系。

为了适应战时的需要,商鞅主张精简机构,使"官属少而民不劳"①。"官属少,征不烦,民不劳"②,农民务农的时间就会相应的增多,农业因此而得到发展。同时,商鞅要求提高行政效率,凡政事必须克期办竣,不得拖延,使官吏难以作弊,以免妨害农事活动。战国晚期,荀况游访秦国时盛赞秦"百吏肃然",秦朝廷"听决百事不留,恬然如无治者"③。也就是说,荀子眼中的秦国百官恭敬认真,朝廷政事没有遗留积压,国家泰然若无事一般。这说明了商鞅整饬吏治、提高行政效率的遗风仍然得以保留。

商鞅为了实现富国强兵的目标,不惜以暴力推行新法。他主张以刑去刑,轻罪重刑,甚至把炉灰扔弃到路上这样小事,也要处以黥刑,使民众不敢轻易试法。他以"重刑而连其罪"治"五民"④,驱使百姓投入农业,发展生产。即使太子犯法,商君毅然"刑其傅公子虔,黥其师公孙贾"⑤。据说,"一日临渭而论囚七百余人,渭水尽赤"⑥。有了这样的威慑措施,"秦人皆趋令"⑦。商鞅甚至将初言新法不便,但后来转变立场、赞赏新法的人视作"乱化之民"⑧,把他们全都迁到边地,使人"莫敢议令"⑨。商君行严刑峻法以治急世之民,"罚不讳强大,赏不私亲近"⑩。有力地保证了新法的贯彻执行。但也正是由此"积怨畜祸"⑪,导致了商鞅个人的悲剧性结局。商鞅每次出行,必有"后车十数,从车载甲",并使武装卫士"旁车而趋",严加防范,以备不测。⑫ 以至于秦惠王杀商鞅,"而秦人不怜"⑬。

商鞅在秦国推行的法令,"行之十年,秦民大悦,道不拾遗,山无盗贼,家给人足。民勇于公战,怯于私斗,乡邑大治"⑭。在军事方面,也在与魏的斗争中取

①② [战国]商鞅著,章诗同注:《商君书》卷一《垦令》,第9页。

③ [战国]荀况著,[唐]杨倞注,耿芸标校:《荀子》卷十一《强国》,第195页。

④ [战国]商鞅著,章诗同注:《商君书》卷一《垦令》,第7页。

⑤ [西汉]司马迁:《史记》卷六十八《商君列传》,第2231页。

⑥ [西汉]司马迁:《史记》卷六十八《商君列传》附《史记集解》引《新序》语,第2238页。

⑦⑧⑨ [西汉]司马迁:《史记》卷六十八《商君列传》,第2231页。

⑩ [西汉]刘向著,贺伟、侯仰军点校:《战国策》卷三《秦策一》,第21页。

⑪ [西汉]司马迁:《史记》卷六十八《商君列传》,第2234页。

⑫ [西汉]司马迁:《史记》卷六十八《商君列传》,第2235页。

⑬ [西汉]刘向著,贺伟、侯仰军点校:《战国策》卷三《秦策一》,第22页。

⑭ [西汉]司马迁:《史记》卷六十八《商君列传》,第2231页。

得多次胜利,并于公元前 353 年迫使魏由安邑(山西夏县)徙都大梁(河南开封),从根本上缓解了关中东部的军事压力。

纵观商鞅的第一次变法活动,农战政策的贯彻为其核心内容,具有明显的战时应用特征。商鞅所推行的许多政策法令,皆与奖励农战相关。任何社会活动,凡不利于农战的都要受到打击,凡有利于农战的都要鼓励。这些政策法令在当时都曾收到极大的成效,但也显示出其严酷、偏激的一面。在特定的历史条件和时空范围内实行农战总动员,是必要的、有效地。但是如果将它当做普遍真理推而广之,其负面反应也将是灾难性的。因为这里的农战政策并不是以发展农业生产为目的,而是用农业来保证其战争机器的运转。农战政策的畸形与极端发展,会导致农业经济与生产的全面崩溃。秦国通过农战兴起,商鞅以栎阳为中心的变法运动证实了这一点;秦国亦因农战而灭亡,秦统一后的迅速覆灭也证实了这一点。

三、商鞅咸阳变法的制度变革色彩

公元前 353 年魏国迁都到处于东方的大梁,使秦国有了相对安定的外部环境;公元前 352 年商鞅升任大良造,集军政大权于一身,这些都为商鞅进一步深入变法创造了条件。因此,自公元前 350 年始,商鞅又颁布了一系列改革的法令。与栎阳变法相比,这次变法是秦统治者对整个国家进行的顶层设计,具有明显的制度变革色彩。

这次变法集中体现在迁都咸阳、承认土地私有、普遍实行县制、按人口收税、统一度量衡等五个方面,并产生了深远影响。迁都咸阳,是商鞅实施第二次变法的第一步。它标志着秦国的注意力已由东部一隅转向全国,显示出了秦国向更大范围发展的勃勃雄心。

当年献公徙都栎阳,主要是出于在军事上同魏国争雄的考虑。当魏国迁都大梁,秦国收河西部分地区以后,栎阳的国防重要性相对有所下降。此时若仍以栎阳为都,则显得比较偏远,不便于统治和指挥全国。另就农业发展水平而言,秦献公、孝公父子虽着力于关中东部的经营开发,但历史上形成的东、西差异很难在短期内拉平。栎阳东近"泽卤之地"①(低洼而多盐碱之地),农业生产的自

然条件较差。当秦国东部边境的军事压力缓解之后,栎阳的经济环境也不宜继续作为都城。

相较而言,咸阳地处关中腹地,土地肥沃,物产富饶,是周民族较早开发的地区之一。早在周朝初年就在这里分封了毕国。这里处于渭河之北,北山之南,山水俱"阳",昭示出自然环境的优越;有彪池这样的水利工程灌溉稻田,反映出农业的发达。在这里建都,既能凭借岐、丰旧地的农业基础,来保证都市的供给;又便于就近经营河、华新地的垦辟开发,促进东西部共同发展。古人择都标准甚多,但农业发展水平始终是最重要的考虑因素之一。秦人入主关中以后曾数次迁都,然而,自定都咸阳之后再未有移徙。说明它是经过认真比较、选择之后确定的。

此外,从栎阳和咸阳这两处都城的营建规模和用心程度来看,秦国的栎阳故城是在平地起夯,不挖基坑,版筑疏松,缺乏统筹,具有明显的临时都邑性质。而秦国迁都咸阳以后,大筑冀阙宫廷,为建都于此做打算,以此来显现出君权和都畿的威严之感。从近些年考古发掘资料来看,秦都咸阳规模十分宏大,商鞅营筑的"冀阙"遗址上下三重,"木衣绨绣,土被朱紫"①(用彩色的丝绣装饰建筑),结构合理,装潢富丽,居高临下,气势雄伟。这对形成一个强有力的政权中枢来发布政令、督促臣下很有必要,同时,对于商鞅新法的贯彻执行也有推动作用。

迁都咸阳之后,秦国对既有土地制度实行了重大改革,宣布"为田开阡陌封疆"②。即把标志着国有土地的阡陌封疆去掉,承认土地私有。在此之前,秦简公实行了"初租禾"③,从赋税形式上承认了劳动者的土地占有权,但土地国有的外壳依然残留了下来。

商鞅的第一次变法运动,实行"以军功赏田宅"④。但是能得田宅者,仅限于立功获爵之人,并非普遍地给民众赐予田宅。由此途径而产生的军功地主与自耕农阶层毕竟是十分有限的,并不足以从根本上撼动秦国既有土地制度的基础。然而,商鞅第二次变法"为田开阡陌封疆"这一法令,从制度上肯定了土地私有

---

① 何清谷:《三辅黄图校注》卷一《咸阳故城》,西安:三秦出版社,1995 年,第 24 页。

② [西汉]司马迁:《史记》卷六十八《商君列传》,第 2232 页。

③ [西汉]司马迁:《史记》卷六十五《六国年表》,第 708 页。

④ [西汉]司马迁:《史记》卷六十八《商君列传》,第 2230 页。原文为:"宗室非有军功论,不得为属籍。明尊卑爵秩等级,各以差次名田宅。"

形态的合法性,因而在秦国土地制度变革中更具普遍和决定意义。这一改革满足了新兴地主阶级和广大自耕农阶层的土地私有愿望,充分调动了他们的生产积极性,有力地促进了社会生产力的发展,使秦国"民以殷盛,国以富强"①。

广而言之,商鞅"为田开阡陌封疆"的重要作用影响深远,并不局限于秦国,它是中国土地制度史上具有划时代意义的一步。从此以后以地主土地所有制为主体的土地私有形态在中国土地所有关系中占据了支配地位,成为秦以后两千多年的中国封建经济的基础。

同时,商鞅在"为田开阡陌封疆"的同时,以为地利不尽,土地的效用难以充分发挥,于是扩大了"亩"的规模,以二百四十步为亩②。商鞅采用扩大田亩面积的办法,把原来由国家控制的轮耕土地稳定下来,落实到农户。让他们"爱自在其田,不复易居"③。这样,国有土地上的"爱土易居"也就演变成私有土地上的轮换耕作制度了。因此,商鞅"复立爱田"④,已经不是旧的国有土地的简单恢复,而是借此来增加私田的面积,使农民使用土地固定化,并逐渐成为土地的所有者。

普遍实行县制,是商鞅变法另一具有显著影响的法令,它和"为田开阡陌封疆"的土地改革政策同时颁行。需要说明的是,商鞅变法的许多内容是对献公改革政策的继承和发展,普遍实行县制即为其中之一,意义已如前述。献公在关中东部的前线设县,有力地加强了中央集权,适应了战时的需要。商鞅更进一步,将县制推行到全国,使它成为地方政权的基本组织形式,有力地稳定了统治秩序,促进了经济发展。商鞅"集小乡邑聚为县"⑤,摧毁了残存于乡、邑、聚中的地方特权和割据势力,破坏了贵族领主经济赖以存在的社会条件,在客观上有利于新兴地主经济的巩固与发展。这也是商鞅将"为田开阡陌封疆"与普遍实行县制同时颁发的主要原因之一。全面实行县制,建立直属于国君的地方行政组织,能够创造有利于经济发展的社会环境和条件;有利于通过国家力量来组织生产,兴办工程,促进科技文化交流。这一套行政体制,在秦统一后发展为郡县制,

---

① ［西汉］司马迁:《史记》卷六十七《李斯列传》,第 2542 页。

② ［唐］杜佑:《通典》卷一百七十四《州郡四》,长沙:岳麓书社,1995 年,第 2391 页。

③④ ［东汉］班固:《汉书》卷二十八《地理志下》张晏注引孟康说,第 1642 页。

⑤ ［西汉］司马迁:《史记》卷六十八《商君列传》,第 2232 页。

历数千年而不衰,有力地保障了中国古代社会经济的繁荣与发展。

商鞅变法在农业上的另一举措即为"初为赋"①。据《史记·秦本纪》和《史记·六国年表》记载,秦国于孝公十四年(前348)"初为赋"。由于秦国早在简公时代已实行了"初租禾"的田赋制度。因此"初为赋"当是按人口征收的赋税,即人丁税,这是中国历史上最早出现的人头税。人丁税又称口赋,口赋的出现,是当时土地所有制变化的客观反映。在此前分封制下土地"硬化"的所有形态下,人和土地相依附,土地基本不流动,因而,土地是确定赋税征收的主要依据。在土地处于"运动"和私有的情形下,土地兼并造成"富者田连阡伯(陌),贫者亡(无)立锥之地"②。无地之人逃避赋税,势必严重影响国家的财政收入。创设口赋,则无漏税之民。自此以后,田租、口赋并征,像车之两轮,鸟之两翼,成为保障国家财政收入的两种主要赋税制度③。

此外,"初为赋"又是利用税收杠杆调控社会,推行新法的重要措施。征收口赋,有身则有赋,将社会上游食好闲和经营商业而不种田的阶层纳入到征税范围,通过重税政策来限制他们的生存和发展。并且利用"倍其赋"④的办法迫使成年后依然和父母居住在一起的家庭强行分家,以此来发展一家一户的小农经济。这些对于重农抑商政策的贯彻和社会习俗的进步都是大有好处的。

统一度量衡是商鞅第二次变法中的重要内容,也极大地促进了秦国农业的发展。《史记·商君列传》将"平斗桶权衡丈尺"⑤的统一度量衡的法令和"为田开阡陌封疆"进行土地制度改革的法案,同记于孝公十二年(前350)。但据现存的商鞅方升铭文记载,商鞅有关度量衡政令的颁行或在孝公十八年(前344)。该器造于是年十二月乙酉,规定"爰积十六尊(寸)五分尊(寸)一为升"⑥。

统一度量衡,颁行标准器,是秦国建立起集中统一的国家财政体系的重要标志之一。在此之前,民间杂量的使用和乡邑聚落势力的存在相适应。贵族封君

---

① [西汉]司马迁:《史记》卷五《秦本纪》,第203页。

② [东汉]班固:《汉书》卷二十四《食货志上》,第1137页。

③ 林剑鸣:《秦史稿》,第191页。

④ [西汉]司马迁:《史记》卷六十八《商君列传》,第2230页。

⑤ [西汉]司马迁:《史记》卷六十八《商君列传》,第2232页。

⑥ 《商鞅铜方升铭文》,参见唐兰:《唐兰全集(二)》,上海:上海古籍出版社,2015年,第538页。

凭借世袭的租赋特权,自定"家量"①(即大夫私家的度量衡),国君无从过问,度量衡非常混乱,没有统一的标准。只有在废除以前的田界,推行县制以后,才具备了统一度量衡标准的客观条件。这种统一对秦经济的发展和交流是有利的,也为后来秦统一全国的度量衡制度奠定了基础。

著名历史学家金景芳先生在评价商鞅变法时指出:"他的第二次变法的几项措施(包括迁都咸阳在内),项项涉及社会变革的问题"②,准确地把握了第二次变法的显著特征。秦农业正是在这一时期完成了土地制度的变革,确立了新型的生产关系。这些根本性变革把秦国的农业推上了高速发展的快车道。

史称第二次变法颁布以后,"居五年,秦人富强,天子致胙于孝公,诸侯毕贺"③。秦国借助魏国迁都大梁的机会"东地渡洛"④,突破了魏国濒临洛河的长城防线,将秦国领土向东推进。公元前340年,秦国采用商鞅计谋俘虏了魏国公子并袭击、夺取了他的军队。同时,"魏惠王兵数破于齐秦,国内空,日以削,恐,乃使使割河西之地献于秦以和"⑤。至此,秦"东地至河"⑥,基本实现了对关东农区的完全占有。关中农区的充实和扩大是秦国赖以强盛的基础,商鞅把据"河山之固"作为"东乡(向)以制诸侯"⑦的前提,就是充分肯定了关中农区的根据地地位。与第一次变法相比,这次变法过程较为平和;变法地域有所扩展;变法内容侧重于秦政治经济新体制的建立与发展,因而变法效果与影响也远远超过上次。

以上,通过对商鞅两次变法的论述,对变法内容、特点、过程的比较研究,有利于我们准确评价两次变法对秦农业发展的不同影响与作用,有助于促进"商鞅变法"研究的进一步深入。

---

① ［春秋］左丘明著,蒋冀骋标点:《左传》卷十《昭公三年》,第276页。

② 金景芳:《中国奴隶社会史》,上海:上海人民出版社,1983年,第380页。

③ ［西汉］司马迁:《史记》卷六十八《商君列传》,第2232页。

④ ［西汉］司马迁:《史记》卷五《秦本纪》,第203页。

⑤ ［西汉］司马迁:《史记》卷六十八《商君列传》,第2233页。

⑥ ［西汉］司马迁:《史记》卷四十四《魏世家》,第1874页。

⑦ ［西汉］司马迁:《史记》卷六十八《商君列传》,第2232页。

第四节　关中东西部农业的均衡发展

　　以献公迁都栎阳为标志,秦国开始着力于关中东部的农业开发。这对秦国的整体发展具有显著意义,它既适应了秦国东向经营的战略需要,也从客观上促进了关中农区的内在发展,有利于消除关中农区内部的地域性发展差异,并增强关中农区的总体实力。

　　自先周以来,关中西部的农业发展水平即明显高于东部地区。周人由豳地迁到岐地,由岐地迁往沣、镐地区,政治经济重心始终在今西安以西地区。秦国最初受赐"岐以西之地"①。随后进攻占据此地的戎、狄等少数民族,并将他们驱赶出去,逐渐占有了岐山、沣水之间的广大地区。观诸秦人统治区域,其主要活动范围仍在关中西部。

　　虽然在秦武公与秦穆公时,秦人曾"伐彭戏氏,至于华山下"②,"晋河西八城入秦,秦东境至河"③,但是关中东部基本上仍属于秦晋争夺的拉锯地带。随着秦晋间势力的消长,东部某些地区时而归秦,时而属晋,难有定主。此外,秦国和晋国频繁的战争也破坏了这些地区的生产条件和劳动力资源,严重影响了这一带的农业开发与发展。秦国对关中东部地区的统治力也十分有限,史载大荔戎周旋于秦国、晋国之间,竟能在此地占据地盘,筑造王城,形成很大势力。至秦厉公时竟然需要"以兵二万"④来伐之。

　　考古发掘也证明了这一点,关中东部是秦文化较晚涉足的地区之一。有人将关中秦墓分为宝鸡、铜川、西安、大荔四个地区,目前在西安地区还没有发现年代明确属于春秋战国时期的秦墓,大部分秦墓的年代在战国中期以后。由西安向东,地处黄河西岸的大荔地区朝邑墓地已发掘的秦墓年代上限也不会超过战国中期晚段⑤。

---

①　[西汉]司马迁:《史记》卷五《秦本纪》,第 179 页。

②　[西汉]司马迁:《史记》卷五《秦本纪》,第 182 页。

③　[西汉]司马迁:《史记》卷五《秦本纪》,第 189 页。

④　[西汉]司马迁:《史记》卷五《秦本纪》,第 199 页。

⑤　滕铭予:《关中秦墓研究》,第 281—300 页。

这一状况随着秦的逐渐壮大而得到改变,秦国自厉公以后,东向发展的趋势逐渐明显。公元前461年,秦人"堑河旁。以兵二万伐大荔,取其王城"①。据《史记·秦始皇本纪》所附《秦纪》记载,秦灵公曾"居泾阳"②。泾阳地处雍城以东的泾水入渭处,东距三晋之地较近,便于向东发展。灵公时曾数次与魏战于今韩城一带,驻军泾阳有就近指挥之便,更多的缘于征战的需要。秦献公即位后,欲"复缪(穆)公之故地,修缪(穆)公之政令"③,镇抚边境,准备东伐,于是"徙治栎阳"④,秦国的政治经济中心开始正式移居关中东部。

当时关中东部面临严峻形势,魏国将领吴起大举攻秦,占据郑(陕西华县)、繁庞(陕西韩城东南)、临晋(陕西大荔东)、元里(陕西澄城南)、洛阴(陕西大荔西)、郃阳(陕西合阳东南)等,并在此设置了河西郡。魏国跨越黄河统治关中东部,对秦国构成了严重的威胁。面对当时勃兴的魏国,占有与经营关中东部地区成为事关秦国存亡的大事。献公东都,显然是为了同东方的魏国作斗争,同时也由此拉开了秦开发关中东部农区的序幕。秦献公在关中东部推广县制,编制户籍,"初行为市",东收失地。这些政策显然是针对关中东部地区农业、战争实际情形而提出的。开发关中东部农区是商鞅变法的重要内容之一,商鞅发布垦草令,鼓励人们开垦无主之田,同时用优厚的条件招徕三晋百姓进入关中东部从事农业生产,以此来增加秦国的财富。

到秦惠文王即位时,河西之地除个别孤立据点外,秦国基本实现了对关中农区的完全占有。这个过程仅用了数年时间,公元前330年,秦国"并魏河北之地,尽入秦"⑤;公元前328年,"魏纳上郡十五县"⑥,并献少梁之地以谢秦;公元前327年,"县义渠"⑦。至此,河西之地全部归于秦国,秦国的战略地位为之一变。西、北两面没有劲敌;南有秦岭天险隔断巴蜀、楚国;东依黄河、函谷的自然屏障,实现了拒敌于关外的战略目标。秦国随后在关中农区创造一个极为稳定的生产环境。自此以后,秦国进可攻、退可守,不仅非常有利于发展农业生产,而且还可

---

① ［西汉］司马迁:《史记》卷五《秦本纪》,第199页。
② ［西汉］司马迁:《史记》卷六《秦始皇本纪》附《秦纪》,第288页。
③④ ［西汉］司马迁:《史记》卷五《秦本纪》,第202页。
⑤ ［西汉］司马迁:《史记》卷四十四《魏世家》,第1848页。
⑥⑦ ［西汉］司马迁:《史记》卷五《秦本纪》,第206页。

以保证经济迅速增长和政治稳定,使秦立于不败之地。①

夺取魏国河西之地,秦完整地占有了关中农区。关中平原是一个三面环山,自西向东逐渐敞开的河谷盆地。东西长300公里,东部最宽处达百余公里,西至宝鸡则逐渐闭合成峡谷地貌。若以西安、咸阳为界划分东、西,关中东部河谷展开,两岸原间平坦开阔,面积明显大于关中西部地区,具有发展农业的巨大潜力。出于对农业地域拓展的要求,周、秦二族大致都有东向发展的趋势。

周人由岐山之下东迁丰、镐地区,经营东部隰地是其重要目的。周宣王将自己的异母兄弟姬友分封到镐京东部的郑地,姬友即为郑桓公。这一分封历程实为周人开发关中东部地区的较早尝试。秦人东越陇山之后,也是逐步沿渭河而下,始终将"子孙饮马于河"②作为东进的目标之一。自厉共公起,秦国诸公都致力于关中东部农区的占有与开发。厉共公伐大荔,驱逐了盘踞在关中东部的最后一支少数民族势力。灵公居泾阳,"拓地于东北"③。献公、孝公以栎阳为都,通过定都行为来加快关中东部的开发速度。他们以"利其田宅而复之三世"(分配田宅,免其三代人的徭役)④的优厚待遇,吸引三晋百姓移居河西之地,逐步改变了这一地区"人不称土"⑤的落后状态。他们奖励耕战,推广县制,促进了新型生产关系的形成与发展。

经过秦国历代统治者百余年的经营,基本上改变了关中农业偏居西部一隅的局面。使秦国东、西部农业水平逐渐接近,增强了秦国农业的整体实力。关中东部农区的开发与发展,在秦国发展史上具有重大转折意义。秦人由此结束了战略防御阶段,而进入了以蚕食、削弱诸侯为主要目标的战略相持阶段。据《史记·六国年表》记载,公元前332年"魏以阴晋(地在今陕西华阴)为和"⑥,秦立即命名曰"宁秦"⑦,反映了秦人占有关中东部,取得安定的生产环境后的喜悦心

---

①　林剑鸣:《秦史稿》,第237页。

②　[西汉]司马迁:《史记》卷五《秦本纪》,第184页。

③　《秦都邑考》,参见王国维:《王国维学术论著》,杭州:浙江人民出版社,1998年,第120页。

④　[战国]商鞅著,章诗同注:《商君书》卷四《徕民》,第50页。

⑤　[战国]商鞅著,章诗同注:《商君书》卷四《徕民》,第48页。

⑥　[西汉]司马迁:《史记》卷十五《六国年表》,第782页。

⑦　[西汉]司马迁:《史记》卷五《秦本纪》,第205页。

情。自此以后，秦"输毒于敌"①，将战争推向他国。被秦打败的国家常常是"刳腹折颐，首身分离，暴骨草泽，头颅僵仆，相望于境，父子老弱系虏，相随于路"②。韩魏诸国被秦打得"百姓不聊生，族类离散，流亡为臣妾，满海内矣"③。严酷的战争破坏了生产条件、摧残了生产力，使这些国家财物被劫，田园荒芜，正常的农业生产秩序被打断。

　　相比之下，秦国通过对关中之地的全面占有，据河山之固，几乎很少有战争在秦国本土进行，农业生产受战争影响较小④。由于牛耕的推广和先进生产工具的使用，农业科技水平的提高，耕地面积的扩大，关中农区成为战国末期最为富庶的地区之一。《史记·张仪列传》提到，这里"粟如丘山"⑤，到处都是"万石一积"⑥的粮草仓库，如咸阳的粮仓"十万石一积"⑦。关中东部的农业生产水平也迅速提高，栎阳屯聚的粮草仅次于咸阳，达到"二万石一积"⑧。秦国东部农业发展水平由此可见一斑。

　　以秦国统一前的"渠就"⑨（郑国渠完工）为标志，秦国终于实现了"自汧、雍以东至河、华，膏壤沃野千里"⑩的理想，使关中东、西部的农业发展水平基本拉平，奠定了"秦以富强，卒并诸侯"⑪的基础。

第五节　巴蜀农区的开发

　　巴蜀地区幅员辽阔，其地域包括今四川、重庆全境，云南、陕西、甘肃的部分地区；巴蜀地处四川盆地，冬暖夏热，降雨量大，气候潮湿，适宜多种作物生长；地

---

① ［战国］商鞅著，章诗同注：《商君书》卷一《去强》，第 17 页。
②③ ［西汉］刘向著，贺伟、侯仰军点校：《战国策》卷六《秦策四》，第 72—73 页。
④ 林剑鸣：《秦史稿》，第 309 页。
⑤ ［西汉］司马迁：《史记》卷七十《张仪列传》，第 2289 页。
⑥ 睡虎地秦墓竹简整理小组：《睡虎地秦墓竹简》，北京：文物出版社，1978 年，第 35 页。
⑦⑧ 睡虎地秦墓竹简整理小组：《睡虎地秦墓竹简》，第 36 页。
⑨ ［西汉］司马迁：《史记》卷二十九《河渠书》，第 1408 页。
⑩ ［西汉］司马迁：《史记》卷一百二十九《货殖列传》，第 3261 页。
⑪ ［西汉］司马迁：《史记》卷二十九《河渠书》，第 1408 页。

势坡度利于水利灌溉及水路运输；土壤类型多样化，具有良好的农业发展基础。这里自古以来物产丰富，《华阳国志》记载："其宝则有璧玉、金、银、珠、碧、铜、铁、铅、锡、赭、垩、锦、绣、罽、氂、犀、象、毡、眊，丹黄、空青、桑、漆、麻、纻之饶。"①同样，这里手工业产品也种类繁多，有较好的经济发展条件。此外，这里战略位置十分重要，实乃兵家必争之地。

　　此外，巴蜀所在的四川盆地，也是一个开发较早而又具有优越自然条件的农业区。这里多沃野，"地绕卮、姜、丹沙、石、铜、铁、竹木之器"②，物产丰饶，而且"大船积粟"③，多产粮食。巴蜀又是较早与秦发生联系的地区之一，秦与巴蜀之间既存在沟通交流的一面，又存在冲突对峙的一面。秦与巴蜀在经济、文化方面很早即存在交流。春秋前期，秦与巴蜀之间即有农牧产品的贸易活动。如"秦文、(孝)〔德〕、缪(穆)居雍，隙陇蜀之货物多而贾"④，百里奚"发教封内(在境内施行教化)，而巴人致贡"⑤。历史上多次出现蜀人"来赂"⑥"来朝"⑦的记载。与此同时，秦与巴蜀也有过多次冲突。战国初年，秦势力南扩，秦蜀在汉中地区迭相争夺，在战略上秦已十分重视对西南之地的经营。

　　巴蜀地区因其优越的自然条件，成为秦南向发展的首要选择。秦国在商鞅变法以后国富兵强，但东方诸国很快形成同盟以共同对付秦国，秦欲迅速东向扩张殊非易事。当时，秦朝廷内曾有伐韩或伐蜀之议。张仪等力主讨兵弱之韩，认为伐韩产生的影响较大，可以耀武中原，"挟天子以令天下"⑧。司马错则主张伐蜀。他们指出伐韩有"劫天子"⑨之恶名，而且容易招致东方诸国的干预。应该根据秦国"地小民贫"⑩的特点，先行伐蜀。"得其地足以广国，取其财足以富民

①　[东晋]常璩：《华阳国志》卷三《蜀志》，第 26 页。
②　[西汉]司马迁：《史记》卷一百二十九《货殖列传》，第 3261 页。
③　[西汉]司马迁：《史记》卷七十《张仪列传》，第 2290 页。
④　[西汉]司马迁：《史记》卷一百二十九《货殖列传》，第 3261 页。
⑤　[西汉]司马迁：《史记》卷六十八《商君列传》，第 2234 页。
⑥　[西汉]司马迁：《史记》卷五《秦本纪》，第 199 页。
⑦　[西汉]司马迁：《史记》卷五《秦本纪》，第 205 页。
⑧⑨⑩　[西汉]刘向著，贺伟、侯仰军点校：《战国策》卷三《秦策一》，第 32 页。

缮兵"，"利尽西海而天下不以为贪"①。而且"得蜀则得楚，楚亡，则天下并矣"②。伐蜀成功则"富国""广地""强兵"三者俱来。就张仪、司马错之争而言，张仪伐韩注重政治影响；司马错伐蜀侧重于充实国力。惠文王斟酌之后采用了司马错的伐蜀方案。

公元前316年，张仪、司马错、都尉墨等率兵从石牛道入蜀，与蜀军在葭萌关大战，秦军大胜，蜀王被杀。蜀亡后，秦又挥师灭掉苴、巴。秦国西南秦岭以外的广大地区，遂归秦国所有。公元前312年，秦"又攻楚汉中，取地六百里，置汉中郡"③。这样就使得秦本土与巴蜀连成一片，不仅清除了楚国从南方来的威胁，而且使巴蜀丰富的物资资源畅通无阻地运向关中，这对秦国迅速壮大起了重要作用。

秦灭巴蜀之后，采取了一系列措施来巩固对新拓土地的统治。灭巴蜀之后，秦曾三置蜀侯，也就是说在建蜀郡的同时仍保留了原统治者的"侯"位。《后汉书·南蛮西南夷列传》所载"秦惠王并巴中，以巴氏为蛮夷君长，世尚秦女，其民爵比不更（为秦二十等爵中的第四级），有罪得以爵除"④；秦昭王时与板楯蛮刻石立盟："复夷人顷田不租，十妻不算"⑤，即一户板楯蛮免去一顷田的赋税，即使一位板楯蛮有十位妻子，也不用交赋税。这种对巴蜀地区实行分封、郡县并行的统治方式是符合当时社会现实的。此时，秦处于统治巴蜀之初，统治尚未稳固，在建设蜀郡的同时仍保留了原统治者的"侯"位，这一方面是因为"戎伯尚强"⑥而采取的羁縻性措施；另一方面也体现了因地制宜、疆以戎索的安定生产原则。以后随着秦势力的增强，"但置蜀守"⑦，不复封侯，将巴蜀、汉中之地都置于秦的郡县制度统治之下。

移民是秦开发巴蜀的重大措施之一。秦初占巴蜀，以"戎伯尚强，乃移秦民万家实之"⑧。《华阳国志·蜀志》说："秦惠文、始皇克定六国，辄徙其豪杰于蜀，

① ［西汉］司马迁：《史记》卷七十《张仪列传》，第2283页。
② ［东晋］常璩：《华阳国志》卷三《蜀志》，第29页。
③ ［西汉］司马迁：《史记》卷五《秦本纪》，第205页。
④⑤ ［南朝宋］范晔：《后汉书》卷七十六《南蛮西南夷列传》，第2841页。
⑥ ［东晋］常璩：《华阳国志》卷三《蜀志》，第29页。
⑦ ［东晋］常璩：《华阳国志》卷三《蜀志》，第30页。
⑧ ［东晋］常璩：《华阳国志》卷三《蜀志》，第29页。

资我丰土"①。大量的移民进入巴蜀,使当地"民始能秦言"②,放弃了原来的民族语言。这些移民"家有盐铜之利,户专山川之材,居给人足,以富相尚"③,极大地促进了巴蜀经济的繁荣。

四川地区已发掘的战国至秦代的墓葬可以分为巴蜀文化和中原文化两大系统。中原文化系统应该是在秦移民及其影响下发展起来的。这类墓葬使用棺椁、随葬器物带有明显的中原文化特色④。出土了著名的《为田律》的青川战国墓群,其墓葬形式、出土文物等都说明此处应是移民葬区⑤,多数很可能与"秦民移川"有关。秦移民大量入川,带去了秦既有的社会经济关系,推动了秦政令在巴蜀地区的施行。

青川、荥经两墓地出土漆器上的"成亭"⑥印记,是秦人在成都设立市亭机构的历史见证。而青川 M50 出土的秦武王二年(前 309)更修田律木牍,则全面反映了秦在巴蜀实施"开阡陌"制度的详细规定。《为田律》是丞相(甘)茂,内史匽参照秦律而更修为蜀地田律的。该律规定行大亩(240 方步),百亩为顷。并且根据南方水田的特点,强调亩上筑畛以便溉浸。《为田律》十分重视封埒标志的设立,以确保农户的土地所有权不受侵犯。《为田律》还对农田基本建设作出一些具体的规定,如正疆畔、除浍、为桥、修陂堤、利津梁、除道等。以上活动在北方农区一般皆在春三月进行,而青川《为田律》却规定在秋八、九、十月进行,大概也是适应地区农事特点而采取的变通措施。在巴蜀文化系统的晚期墓葬中出土秦半两钱、铁器等,并且开始采用棺椁葬制,反映了秦对巴蜀既有文化的深刻影响。

秦在巴蜀筑城防、兴水利、修栈道,促进了当地经济的发展。据记载,当时修

---

① [东晋]常璩:《华阳国志》卷三《蜀志》,第 32—33 页。

② 沙铭璞:《辑佚唐代卢求〈成都记〉》,参见王嘉陵等:《四川省图书馆、成都图书馆百年同人文集》,成都:四川大学出版社,2013 年,第 275 页。

③ [东晋]常璩:《华阳国志》卷三《蜀志》,第 33 页。

④ 王学理:《秦物质文化史》,第 313—314 页。

⑤ 罗开玉:《青川秦牍〈为田律〉所规定的"为田制"》,《考古》1988 年第 8 期。

⑥ 罗开玉:《秦在巴蜀的经济管理制度试析——说青川秦牍、"成亭"漆器印文和蜀戈铭文》,《四川师院学报》(社会科学版)1982 年第 4 期。

筑的成都城"与咸阳同制"①,设置"盐、铁、市官并长丞"②,秦惠文王时期蜀郡的
地方官张若还设置了专门制造丝织品的机关——锦官。使巴蜀地区的丝织、冶
铁、煮盐业很快形成特色并著称于世。秦占有巴蜀以后,总结当地治水经验,兴
修了著名的都江堰工程,疏浚了郫、检二江,导理了洛水、绵水(皆沱江上游),灌
溉三郡之田百余万亩。使郫繁曰膏腴;绵洛为浸沃,自此"水旱从人,不知饥馑。
时无荒年,天下谓之'天府'也"③。《汉书·地理志》曰"昭王开巴蜀"④,修筑栈
道千里于蜀汉,进一步加强了巴蜀和关中之间的联系,巴蜀地区成为向秦提供粮
饷兵源的重要基地。以至于人们在论述战国秦汉间经济发展时,将巴蜀与关中、
陇西、北地、上郡相提并论,共同划归于山西(崤山以西)经济区范围以内,甚至
认为"巴、蜀亦关中地也"⑤。

　　经过惠、昭诸王的几代经营,巴蜀农区不仅成为秦统一六国的后方基础,同
时也是向周边民族地区发展的前沿阵地。秦与楚争夺黔中的几次战役都是以巴
蜀为根据地的。公元前308年的伐楚之役,"司马错率巴、蜀众十万,大舶船万
艘,米六百万斛"⑥,由于兵多粮足,秦军取得了胜利。秦取得蜀,又取黔中,如断
楚人右臂。秦人向楚国的进攻常常是分兵两路,东西夹击,使其首尾不能相顾,
陷于被动地位。

　　历史证明,"蜀既属秦,秦日益强富厚而制诸侯"⑦,"秦并六国,自得蜀
始"⑧。这其中起着决定作用的经济因素是秦"擅巴、蜀之饶"⑨,巴蜀农区归秦
是秦形成强大的政治军事实力的物质基础。

----

①　[东晋]常璩:《华阳国志》卷三《蜀志》,第29页。

②　[东晋]常璩:《华阳国志》卷三《蜀志》,第29页。

③　[东晋]常璩:《华阳国志》卷三《蜀志》,第30页。

④　[东汉]班固:《汉书》卷二十八《地理志下》,第1641页。

⑤　[西汉]司马迁:《史记》卷七《项羽本纪》,第316页。

⑥　[东晋]常璩:《华阳国志》卷三《蜀志》,第29页。

⑦　[西汉]刘向著,卢元骏注译:《新序》卷九《善谋》,天津:天津古籍出版社,1987年,第
303页。

⑧　[南宋]郭允蹈:《蜀鉴》卷一《秦人自蜀伐楚》,台北:中华书局,1968年,第3页。

⑨　[西汉]司马迁:《史记》卷八十六《刺客列传》,第2528页。

第六节　秦对中原农区的占有与经营

　　秦在占有巴蜀农区以后,即挥师东向,朝函谷关以外发展,开始了对中原农区的占有与经营。

　　中原农区基本上是按《史记·货殖列传》中的山东经济区范围划定的,其中燕、赵二国基本上归于龙门、碣石以北范围,且"道远险狭"①,属边远险要之地。在公元前260年长平之战以前,秦与赵、燕之间几乎无争夺土地之战。秦、楚毗邻,楚国势力亦北及中原,但其基本经济区仍在江汉之间,属于司马迁所谓江南经济区类型。秦、齐分处东西两端,相距较远,"越韩、魏而伐齐"②被看作舍近求远,犯了军事大忌。在公元前221年灭齐之前,除了于公元前284年借赵、楚、韩、魏、燕五国攻齐之机夺取定陶之外,秦基本上没有涉足齐国本土。所以,秦"蚕食"中原行动基本上是以韩、魏二国为目标进行的。

　　韩、魏两国地当秦国东门,秦欲兼并天下,韩、魏首当其冲。同时韩、魏所在的中原农区之富庶,也是秦觊觎已久的。中原农区是我国古代开发最早的经济区之一。这里地处黄河中下游冲积平原,土质肥沃,结构疏松,具有宜于农耕的优越地理条件。原始农业的较早发展,孕育了这一地区光辉灿烂的古代文明。司马迁《史记·货殖列传》曰:"昔唐人都河东,殷人都河内,周人都河南。夫三河在天下之中,若鼎足,王者所更居也,建国各数百千岁。"③政治经济中心所在,进一步促进了土地的垦辟、人口的增长、城邑的崛起,使这里很早就显示出"土地小狭,民人众,都国诸侯所聚会"④的繁荣景象。

　　战国初年,魏文侯任用李悝、吴起、西门豹等人,实行社会改革,使魏国成为

---

　　① 　[西汉]司马迁:《史记》卷八十一《廉颇蔺相如列传》,第2445页。

　　② 　[西汉]司马迁:《史记》卷七十八《范雎蔡泽列传》,第2404页。

　　③ 　[西汉]司马迁:《史记》卷一百二十九《货殖列传》,第3262—3263页。

　　④ 　[西汉]司马迁:《史记》卷一百二十九《货殖列传》,第3263页。

当时最为强盛的诸侯国。李悝倡行"尽地力之教"①的思想,派农官督责农民加紧发展生产,增产者赏,减产者罚,通过提高农业经营集约度以增加粮食生产,使魏国的粮食亩产在好的年成里能增长四倍左右。西门豹"引漳水溉邺"②,兴修水利,发展生产。在他的主持和规划下,修渠十二道灌溉邺田,使这个水旱为害、盐碱严重的落后之区,变成魏国的富庶之地。魏国还引黄河水入圃田泽(地在今河南中牟西),灌溉农区;又由圃田经都城大梁北郊引水入淮,以通航运、灌农田。

此外,魏国铁农具的使用已相当普遍,在河南辉县固围村魏墓中曾发现58件犁铧、镢、锄、锸、镰、斧、五齿耙等铁制农具。苏秦游说魏襄王,竭力称道魏国庐田庑舍的众多,农业经营的普遍,甚至没有刍牧牛马之空地,反映了魏国之富庶。韩虽不及魏富,但仍不乏繁华之地。韩境包围二周(西周国、东周国),这一带本为东周王都,由于周室衰微,强国称霸,洛阳已失却政治都会意义。但是洛阳一带的农业生产并未萧条下去。农业生产向精细化发展,收益可观。纵横家苏秦说,如果自己有洛阳"负郭田"二百亩,就不打算游说诸国了。③ 当然,战国时期洛阳附近农业的发展水平,亦代表了韩国农业所应有的高度。

同时洛阳"东贾齐、鲁,南贾梁、楚"④,作为伊、洛流域城市群的中心城市,西有宜阳;南有新城、阳翟、宛;东有郑、成皋、荥阳;北有温、轵、武遂,形成都市网络。"就目前发现这一带城市群体中单体城市的距离,只有30—50公里,更有的是10—20公里……而且这些都是城垣残留至今被发现的较大的城市,其间也一定有未被发现的城市(邑)"⑤。据统计,迄今为止,河南省内发现战国时代城邑(包括军事城堡)达150处以上⑥,密度相当大。它一方面反映了当时商品经济

---

① [东汉]班固:《汉书》卷二十四《食货志上》,第1124页。"尽地力之教"意即制定鼓励农耕、发挥地力的政策。参见张岱年:《中国哲学大辞典》,上海:上海辞书出版社,2010年,第417页。

② [西汉]司马迁:《史记》卷二十九《河渠书》,第1408页。

③ [西汉]司马迁:《史记》卷六十九《苏秦列传》,第2262页。

④ [西汉]司马迁:《史记》卷一百二十九《货殖列传》,第3265页。

⑤ 张鸿雁:《春秋战国城市经济发展史论》,沈阳:辽宁大学出版社,1988年,第220页。

⑥ 宁越敏:《中国城市发展史》,合肥:安徽科学技术出版社,1994年,第109页。另参见黄以柱:《河南城镇历史地理初探》,《史学月刊》1981年第1期。

的发达，另一方面非有相当的农业基础则难以维系如此庞大的城市群的存在。这皆有赖于韩国及其周边农业的发展。

战国时期，韩国西境内宜阳城之富庶与南境内宛、新城、棠溪等地冶铁业的盛况，也体现出韩国农业的发达。宜阳是与秦国相接壤的最大城池，渑池、二崤（东崤山、西崤山）皆在宜阳境内，作为控扼之要地，反映了宜阳在军事上的重要地位。同时宜阳又是韩国的重要经济都会，"宜阳城方八里，材士十万，粟支数年"①，秦国左丞相甘茂曾说："宜阳，大县也，上党、南阳积之久矣。名曰县，其实郡也"②。此外，原属楚国后归韩国的宛、新城、棠溪等地皆为战国时代冶铁炼钢的著名地区，"天下之强弓劲弩皆从韩出"③。铁农具的普遍使用，对于深耕和生产技术的进步，具有十分重要的意义。

秦武王"欲车通三川，以窥周室"④，除了显威王畿之地以外，对于中原经济、人文之向往亦应是重要因素之一。吕不韦帮助秦公子异人争取嫡嗣地位，异人以"请得分秦国与君共之"⑤为诺。异人后来成为秦国之君，即庄襄王。庄襄王即位后即以吕不韦为丞相，"食河南、雒阳十万户"⑥。以吕不韦之功，食邑封地当是最为富庶的地区之一。同样，齐地定陶有"天下之中"之谓，是春秋战国时期新兴的经济都会。鸿沟、菏水的开凿，在济、汝、淮、泗之间构成了一套水道交通网，而陶地处水网中间，为物产集散中心。"陶的附近是一片盛产五谷的地区"，水利灌溉发达，百姓享其利。⑦ 陶为秦国权臣穰侯魏冉的封邑，"秦客卿造谓穰侯曰：'秦封君以陶，藉君天下数年矣。攻齐之事成，陶为万乘，长小国，率

---

① ［西汉］刘向著，贺伟、侯仰军点校：《战国策》卷一《东周策》，第2页。
② ［西汉］司马迁：《史记》卷七十一《樗里子甘茂列传》，第2311页。
③ ［西汉］司马迁：《战国策》卷六十九《苏秦列传》，第2250页。
④ ［西汉］刘向著，贺伟、侯仰军点校：《战国策》卷四《秦策二》，第42页。
⑤ ［西汉］司马迁：《史记》卷八十五《吕不韦列传》，第2506页。
⑥ ［西汉］司马迁：《史记》卷八十五《吕不韦列传》，第2509页。
⑦ 史念海：《释〈史记·货殖列传〉所说的"陶为天下之中"兼论战国时代的经济都会》，《人文杂志》1958年第2期。

以朝天子,天下必听,五伯之事也。'"①有人对魏冉说,"为君虑封,莫若于陶"②,看来陶地是穰侯经过比较后选择的富庶地区。魏冉执政时期"私家富重于王室"③,与他们食封于中原农区大有关系。雒阳与陶之繁盛,反映了中原地区农业之发达。

中原农区之发展,是建立在先进的农业科技与文化基础上的。这里的韩、魏二国地少人多,缺乏扩大耕地面积的客观条件,因此较早地形成了相对精细的生产技术;这里较早地实行了改革变法运动,形成了比较先进的生产关系;这里作为我国古代文明的核心地带,人们的整体文化素质明显高于周边地区。因此,这里的农业始终具有较好的基础与较高的水平。当秦完成对中原农区的"蚕食"目标以后,关中农区与中原农区连成一线。这一"以渭水、黄河的一段和济水连成的一条东西的线为轴心"的袋形地带,"是我国最早的农业中心"。④ 占有这一中心,秦农业综合实力已超过六国总和,秦"灭诸侯"⑤"并吞战国"⑥已成不可逆转之势。

秦占有中原农区的过程,史书付之阙如。但我们转换一下思路,问题遂迎刃而解。韩、魏两国的国土涵盖了中原农区的最主要部分,秦对韩、魏二国征伐及并吞的过程,换言之即是秦对中原农区占有与经营的过程。以下试做公元前315 年—公元前251 年间秦与韩、魏战争年表,从中可见秦地扩展范围与过程,亦可窥得秦对中原农区占有的广度与深度。

①　[西汉]刘向著,贺伟、侯仰军点校:《战国策》卷五《秦策三》,第 49—50 页。

②　[西汉]刘向著,贺伟、侯仰军点校:《战国策》卷五《秦策三》。该引文原文为:"谓穰侯曰:为君虑封,若于除宋罪,重齐怒;须残伐乱宋。"不通。杨宽指出:"谓穰侯曰:为君虑封,莫若于陶('若'上原无'莫'字,'陶'误作'除',从王念孙改正),宋罪重,齐怒深('深'原误作'须',今从黄丕烈、王念孙改正),残伐乱宋。"今从杨氏观点,参见杨宽:《战国史料编年辑证(下)》,上海:上海人民出版社,2016 年,第 855 页。

③　[西汉]司马迁:《史记》卷七十九《范雎蔡泽列传》,第 2404 页。

④　王毓瑚:《我国历史上农业地理的一些特点和问题》。

⑤　[西汉]司马迁:《史记》卷八十七《李斯列传》,第 2540 页。

⑥　[东汉]班固:《汉书》卷六十四《严朱吾丘主父徐严终王贾传上·主父偃》,第 2799 页。

表1 （前315年—前251年）秦、韩、魏战争年表

占地年代（公元前）＼国别	韩		魏		说明
	古地	今地	古地	今地	
315	石章	（不详）			韩太子质秦
314	岸门		焦,曲沃	河南陕县南	次年秦立（魏）公子政为太子
307	宜阳	河南宜阳西			
306			皮氏	山西河津	
303	武遂	山西垣曲南	蒲阪、晋阳、封陵	山西永济、太原、芮城	
301	穰	河南邓州			
294	武始、新城	河南武安、伊川			
293	伊阙	河南洛阳龙门			斩首二十四万，拔五城。涉河取安邑以东。
292			垣	山西垣曲东南	
291	宛	河南南阳	轵、邓	河南济源、邓州	
290	武遂地二百里		河东地方四百里		
289			河雍,向	河南孟县西	击魏至轵,取城大小六十一。
287			新垣,曲阳	河南济源西	

占地　国别 年代 （公元前）	韩		魏		说明
	古地	今地	古地	今地	
286	夏山	（不详）	安邑	山西夏县	魏纳安邑及 河内
284					夺齐定陶
283			安城、林	河南原阳西 河南尉氏西	
276					白起取魏 两城
275			启封、温	河南开封南、 温县	兵至大梁斩 首四十万,魏 入三县请和。
274			蔡、中阳	河南上蔡、 郑州东	
273			华阳、长社, 卷,蔡阳	河南郑州南、 原阳西、 上蔡北	杀十五万人, 予秦南阳（山 西析城、王屋二 山一带）以和。
268			怀	河南武陟 西南	
266			邢丘	河南温县南	
265	少曲、高平	河南孟县、 济源			
264	陉城	山西曲沃北			拔五城,斩首 五万。

续表

占地 年代 （公元前）	国别 韩		魏		说明
	古地	今地	古地	今地	
263					白起攻南阳太行道,绝之。
262	野王	河南沁阳			攻韩取十城
261	缑氏	河南偃师南			
260					长平之战,坑赵卒四十五万。
259	垣雍	河南原阳西			
257	郑、安阳	河南新郑、安阳			
256	阳城,负黍	河南登封			将军攻西周,西周君献邑三十六,口三万。
254			吴城	山西平陆北	韩王入朝,魏委国听令。

通过以上诸战,秦取得中原地区的大批土地。宜阳、伊阙之战,是对韩国最沉重的打击,从此韩国无险可守,几乎成为秦国的附庸。自公元前283年的林之战以后,"秦七攻魏,五入围中,边城尽拔,文台堕,垂都焚,林木伐,麋鹿尽,而国继以围。又长驱梁北,东至陶卫之郊,北至平、监。所亡于秦者,山南山北,河外河内,大县数十,名都数百"[①]。由于在秦昭王后期推行范雎"远交近攻"[②]之政,"蚕食"韩、魏之战事几乎连年不断,并吞步伐明显加快。韩、魏几座孤城,赖燕、

---

① ［西汉］司马迁:《史记》卷四十四《魏世家》,第1860页。
② ［西汉］刘向著,贺伟、侯仰军点校:《战国策》卷五《秦策二》,第55页。

赵相救才得以残存。

由"蚕食"韩地引起的秦、赵长平大战,坑杀赵卒四十五万,"赵卒之死于长平者已十七、八"①。白起分析长平之战胜利原因时指出:秦民之死者厚葬,伤者厚养,"劳者相飨,饮者铺馈(同馈),以靡其财"②(有功劳的设宴款待,赠送饮品食物,为此不吝耗费财物),而赵人之死者不得收,伤者不得疗,只有依靠生死存亡关头的"勠力同忧,耕田疾作"③以维持生存。长平之战后秦昭王欲伐邯郸,认为秦"息民以养士,蓄积粮食,三军之俸倍于前","人数倍于赵国之众",仍保持了雄厚的经济、军事实力。所有这些,在很大程度上得益于对中原农区之占有。否则单凭秦本土供应,"远绝河山而争人国都"④,难能富厚如此。毕竟,远赴千里跨河越山争夺别人的国都,需有丰厚的粮食草秣来支撑,粮食草秣的充足供应又离不开农业的发展,后世蜀汉诸葛亮数次北伐以失败告终,即是明证。

秦占有中原农区以后,比较注重当地社会经济之发展。公元前307年秦拔宜阳,次年即有"秦使向寿平宜阳"⑤的记载。《资治通鉴》胡三省注谓:"平,正也,积也。正宜阳之疆界而和其民人也。"正疆田、和民人之目的在于迅速恢复正常的农业生产秩序,促进生产发展。公元前286年,"魏纳安邑及河内"⑥。秦出其人,而招募秦民实之,有罪者赦罪,无罪者赐爵。以后又有迁民穰、邓、南阳的记载。迁民是秦控制新占农区、加强统治、贯彻政令的重要措施,在客观上也加速了农业科技文化的交流与传播,具有重要的经济开发意义。

第七节 秦农田水利工程与技术的进步

《中国水利史稿》曰:"在春秋战国时期分裂割据的局面下,就一个诸侯国的水利建设成就来说,首屈一指的要算是秦国了。在不长的历史时期里,秦国接连兴建了我国古代最著名的都江堰、郑国渠两项大型灌溉工程。秦统一以后,很快

---

① [西汉]刘向著,贺伟、侯仰军点校:《战国策》卷三十三《中山策》,第377页。

②③ [西汉]刘向著,贺伟、侯仰军点校:《战国策》卷三十三《中山策》,第376页。

④ [西汉]司马迁:《史记》卷七十三《白起王翦列传》,第2337页。

⑤ [西汉]司马迁:《史记》卷七十一《樗里子甘茂列传》,第2313页。

⑥ [西汉]司马迁:《史记》卷十五《六国年表》,第740页。

又开凿了沟通长江与珠江两大水系的人工运河——灵渠,这三项工程不但以其巨大的政治、经济意义,而且以其巧妙的设计和高超的施工技术而卓卓称著。"①秦水利建设高潮的兴起,是诸多因素促成的。铁器的广泛使用,水利知识的积累和水工技术的提高,为它的出现提供了物质和技术的基础。

一、秦非农水工技术的积累与发展

长期以来,人们在称道秦水利成就的同时,却忽略了秦水利知识和水工技术何以在战国末期迅速积累提高的直接原因。农田水利作为重要的农业基本设施,固然会得到国家的重视,但具有投资周期长,效益要经过较长时期才会逐渐显示的特点。在某种程度上,统治阶级并不能立即感受其必要性与紧迫性。而战争之进行、陵寝之兴筑,则迫在眉睫,常被视为国之大政立刻付诸实施。

具有讽刺意味的是,秦水利技术之进步正是在战争工事与陵寝工程的兴筑过程中发展起来的。初秦末期,随着秦国势力东扩,秦与晋、魏间的军事行动逐渐增多。为了防御敌方进攻,秦利用自然地形、河道以筑防御工事。其中加固增高河堤等,被称为"堑"或"城堑"。秦厉共公十六年(前461)"堑河旁"②;秦灵公八年(前417)在湍急的黄河岸边筑防御堤,即所谓"城堑河濒"③;秦简公七年(前408)在洛水旁建防御堤筑重泉城,即史载"堑洛。城重泉"④。这些工程积累了建筑堤防的经验和技术。至公元前279年,白起率军攻鄢,楚军在此集中主力与秦决战,相持不下。白起下令在鄢城外百里许的地方立堨(以土障水)壅西山长谷水,并凿渠(后代称为长渠,亦名白起渠),下面陂地泄水以灌鄢城,结果使鄢城一片汪洋,楚军死者数十万。白起灌鄢,堨、渠、陂配套,水利技术已渐成熟。

秦早期国君陵寝分布在关中西部渭北比较宽平的雍岭塬上。这里海拔较高,黄土深厚,水位较深。秦公一号大墓深达24米,但是仍未穿透地下水层。故秦雍城陵园区虽然工程规模宏大,仍属土木工程范畴,暂与水利无涉。自秦昭襄

---

① 武汉水利电力学院、水利水电科学研究院《中国水利史稿》编写组:《中国水利史稿(上)》,北京:水利电力出版社,1979年,第27页。

② [西汉]司马迁:《史记》卷五《秦本纪》,第199页。

③ [西汉]司马迁:《史记》卷十五《六国年表》,第705页。

④ [西汉]司马迁:《史记》卷五《秦本纪》,第200页。

王起,开始营建芷阳陵区,史称东陵。这里地处渭水南岸,骊山西麓。由于山前冲积扇地形和秦岭北麓湍急的溪流、丰富的地下水,使筑陵工程水利问题渐受重视,上升到主要矛盾之一。

据考古发掘证明,雍城墓地陵园外围之兆沟都是人工开挖的壕沟,而芷陵陵区除设置人工兆沟而外,多数是利用诸溪所成天然沟堑来划分每座陵园之兆域。兆沟由最初之防御、维护作用逐渐兼具防洪排水功能。秦东陵一号陵园的西、南两条兆沟皆借用小峪沟河道所成。该峪沟之流向,本应随君王岭之走向呈西北向流出。但值得注意的是,小峪河至范村西后即西向直流,构成陵园的南北沟;沟水流至洞北村后又改为北流,"北流的小河峪即为一号陵园的西隍壕(即兆沟)"①。根据河流发育规律,自然河道呈90°直折改变流向者甚为罕见。小峪沟在短距离内连续出现几次直折现象,据推测或与筑陵时"人工整修"②河道相关。

秦东陵发现的"亞"字形墓葬是帝王级别的陵墓形式。其墓室顶部面积、墓深、总体积均超过雍城秦公一号大墓。据有关资料分析,关中盆地的秦岭北麓属于地下水强富水带,在地下十余米深度时即遇浅部潜流。东陵一号墓深26米,如何排、防地下水,想必是东陵施工的重要环节之一。秦大型水利工程始兴于昭襄王、孝文之间,这一时间恰在秦营东陵之后不久,这绝非巧合,而是具有某种必然的渊源关系。

秦水利技术以始皇陵之兴筑而达顶峰。它的某些技术方法或推行于郑国渠、灵渠工程。秦始皇陵位于骊山北麓的冲积扇上,和骊山的大水沟南北相对,为防止山洪暴发把陵冲垮,专门修筑了防洪大堤,使"水过而曲行,东注北转"③流入渭河。防洪堤从骊山北麓的大水沟西边山脚起,至王俭与三任之间止,全长约3500米,现残存部分长约1000米,宽约40米,残高2至8米,以土和砂石筑成。此堤把始皇陵及各个陪葬坑,包括兵马俑坑,均包围在内,起到防洪的作

---

① 陕西省考古研究所、临潼县文管会:《秦东陵第一号陵园勘察记》,《考古与文物》1987年第4期。

② 陕西省考古研究所、临潼县文管会:《秦东陵第一号陵园勘察记》。

③ 〔北魏〕郦道元著,陈桥驿点校:《水经注》卷十九《渭水》,上海:上海古籍出版社,1990年,第376—377页。

用①。现仅以残存的最高点 8 米计算，土方量 110 余万立方米，运土和夯筑两项工程约需 340 万个工作日②，工程极其浩大。这一工程改变了陵区原有水系的基本流向；防止了地表径流对陵区的侵袭；同时"对较低陵区的地下水位和浅部潜水流量起了一定的控制作用"③。

《史记》中有始皇陵"穿三泉"④的记载，秦始皇陵附近的水文资料表明距地表十余米即见地下水，目前地宫已钻探至 26 米深，仍为人工夯筑土层，证明地宫或已深及承压水层。有人认为陵区地下水单孔日流量为 500 吨至 2500 吨，没有行之有效的排水方案是难以施工的⑤。在工期达三十余年的秦陵工程中，"完全有可能依靠一个庞大的井渠系统来解决"⑥排水问题。"考古工作者在陵冢以北发现的形体很大的五角陶管和直径达一米的陶井圈，以及在吴东村一带发现的圆形陶管，都可能是井渠工程剩余的建材遗物"⑦。而陵区东北 2.5 公里的鱼池遗址，其功能则是用以蓄积陵坑排水的。1992 年 1 月 25 日《陕西日报》（周末版）报道："在秦陵地下宫墙东南角和西北角的覆盖层下，发现两处排水沟，一处流向东南，一处流向西北。其分布特征，一是排水沟走向与潜流流动方向一致，二是排水沟从墓穴上口伸向地下宫墙之外，这两条排水沟不仅反映了地宫工程确实穿过了地下的上、中潜水层，还表明地宫规模宏大，需要搞两处排水沟，向两个方向排。"⑧

关于《史记》所载"以水银为百川江河大海，机相灌输"⑨之动力，地学界认为可能来自地宫地下水势能。他们指出，陵区地下水遇到地宫工程断面时，"将呈骤然下跌的紊流运动状态。蓄积流量颇大的中上部地下水，保持一定的水流落差，利用流水的势能来驱动水车轮式的机械传动设施，就一定能达到'机相灌

　　① 袁仲一：《秦始皇陵考古纪要》，《考古与文物》1988 年第 5—6 期。另见秦始皇兵马俑博物馆编：《秦俑学研究》，西安：陕西人民教育出版社，1996 年，第 165—180 页。

　　② 袁仲一：《秦始皇陵兵马俑博物馆论文选》，西安：西北大学出版社，1989 年，第 52 页。

　　③ 孙嘉春：《秦始皇陵之谜地学考辨》，《文博》1989 年 5 期。

　　④ ［西汉］司马迁：《史记》卷六《秦始皇本纪》，第 265 页。

　　⑤⑥⑦ 孙嘉春：《秦始皇陵之谜地学考辨》。

　　⑧ 《秦始皇陵探秘》，《陕西日报》1992 年 1 月 25 日（周末版）。参见赵志远、刘华明：《中华辞海》（第 3 册），北京：印刷工业出版社，2001 年，第 3570 页。

　　⑨ ［西汉］司马迁：《史记》卷六《秦始皇本纪》，第 265 页。

输'的效果"①。

《史记·秦始皇本纪》曰,"下铜而致椁"②,向我们透露了堵塞地下水以安置棺椁、奇器珍怪的信息。《史记集解》引徐广解释认为,"铜"一作锢,含铸塞义,是采用冶铜铸堵渗水。《汉旧仪》载,"锢水泉绝之,塞以文石,致以丹漆"③;《汉书·贾山传》,"合采金石,冶铜锢其内,枲(漆)涂其外"④等记载说明始皇陵经冶铜、文石堵塞基本防止了地下水渗漏问题,然后再涂以丹、漆,目的在于防潮⑤。

20世纪80年代中叶,新闻界向国内外发布了陕西一些考古工作者在泾阳县秦郑国渠首地带发现了拦河坝遗址的消息,引起轰动⑥。考古界与水利史界曾为此展开争论。郑国渠首为有坝引水还是无坝引水?筑坝引水工程是否用诸农田水利事业?尚有必要深入探索。但就秦之水利工程技术而言当已具备了这一能力则是无可置疑的。白起灌鄢时的立堨障水之举,始皇陵南长达数里,土方量过百万的改流、防洪大堤,皆为秦拥有先进的拦河筑坝技术提供了证据。

二、秦大型水利工程技术

著名的都江堰水利工程,兴筑于秦昭公晚年。关于都江堰在科学技术史上的价值,首先应予重视的是蕴含其中的综合开发、总体规划的思想。李冰之前,古蜀国即有鳖灵治水事迹,但基本上属于宣泄洪水的防洪排涝工程。至李冰时始将消除水患与水资源开发(溉田、行舟、漂木)等兴利项目并举。并且根据地理和经济条件,精心规划,合理布局,设计出多功能的渠首枢纽工程体系。分水鱼嘴、金刚堤、飞沙堰、人字堤、宝瓶口诸工程设施有机结合,协同发挥作用,比较完满地完成了分水、溢洪、排沙任务。都江堰历两千余年而不废,效益有增无减,

---

① 孙嘉春:《秦始皇陵之谜地学考辨》。

② [西汉]司马迁:《史记》卷六《秦始皇本纪》,第265页。

③ [东汉]卫宏:《汉旧仪》,转引自[元]马端临:《文献通考》,杭州:浙江古籍出版社,1988年,第1115页。

④ [东汉]班固:《汉书》卷五十一《贾邹枚路传·贾山》,第2328页。

⑤ 刘去辉:《秦始皇陵之谜》,西安:西北大学出版社,1987年,第37页。

⑥ 新华社西安1986年7月2日电,见张应吾主编:《中华人民共和国科学技术大事记(1949—1988)》,北京:科学技术文献出版社,1989年,第608页。

其地点选择优越,工程布设合理,维护简便易行,显示出极高的总体设计水平。综合地反映了秦水利勘测、规划、设计、施工以及水利理论方面的伟大成就。

都江堰渠首枢纽工程没有采取筑堤坝、立水门的方法拦控水流,而是创造了无坝自流引水的新技术。李冰"壅江作堋"①,形成一个迎向岷江上游的鱼嘴,把岷江分为内外二江,分支灌溉下游各县。堋筑于江心卵石沉积的天然浅洲之上,以竹笼盛石垒成鱼嘴状,其优点是就地取材,施工简易,费省效宏。这一设计是根据岷江峡口河床沙卵石覆盖层深厚,一时无法接触基岩,不易筑坝的特点决定的。采用鱼嘴分水解决了岷江上游夏秋洪峰的正面冲袭力,又能达到引水、分洪之目的。飞沙堰是一座堰顶高出内江河床两米左右的溢洪堰。将它设于岷江凸岸,利用弯道环流中河底泥沙移向凸岸的原理,有助于在排泄内江多余水流时挟带大量泥沙进入外江,减少内江灌区的泥沙淤积,使水畅其流。宝瓶口为凿断玉垒山所成,具有天然节制闸的作用。秦在都江堰设立三石人以为水则,测定进入灌区之水位流量。而"竭不至足,盛不没肩"②的记录表明,当时已经认识到堰上游某处的水位和堰的过流量之间存在着特定的关联。对灌区最低需水量和保护灌区安全的最高引水量有了量化的指标。

秦本土大型水利灌溉工程,始兴于关中东部。秦人入主关中时,初居于岐西之地。随着国力增强,秦东进趋势日渐明显,着力于关中东部渭北旱原的农业经营。根据现代科学测定,关中东部年蒸发量超过900毫米,干燥度接近或超过1.5,降水量较少,干旱状况频繁。潼关作为敞口气流通道,风速约3—4米/秒,植物的物理干旱非常强烈。其低地潜水沿土壤毛细管上升,水分蒸发,盐分浓缩聚积,形成盐碱土壤,不宜作物生长;其高仰旱原,作物生长几乎完全依赖天然降水③。秦早期的"堑河"④"堑洛"⑤工程,其本意虽在于军事目的,但在某种程度上亦有改善局部地区农业生产景观之效。

关中东部的农业生产条件因郑国渠之兴修而得到根本改善。郑国渠长300余里,是我国古代最长的人工灌溉渠道,规模之大超过漳水渠、都江堰数倍。郑

① [东晋]常璩:《华阳国志》卷三《蜀志》,第30页。
② [东晋]常璩:《华阳国志》卷三《蜀志》,第30页。
③ 樊志民、冯风:《关于历史上的旱灾与农业问题研究》,《中国农史》1988年第1期。
④ [西汉]司马迁:《史记》卷十五《六国年表》,第705页。
⑤ [西汉]司马迁:《史记》卷五《秦本纪》,第200页。

国渠渠首段起自云阳西15里的仲山、瓠口间。这里为泾河北山出口,河高地低,可以大量引水;山岩坚固,较耐冲切;河身狭窄,便于引流,实属泾渠渠首的最佳选择。自秦汉以来乃至今日之泾惠渠,泾水渠首始终在这一带移动,充分显示出泾渠的科学性。

郑国渠在泾水凹岸稍偏下游之处引水,可以利用弯道环流所产生的离心作用就引最高水位,减少入渠含沙量,延缓渠道淤积速度。郑国渠干渠渠线布置在渭北平原二级阶地的最高线上,干渠自西向东,利用了关中地形的自然坡降,保证了整个渠系的自流引水,从而涵盖了尽可能大的灌溉面积。郑国渠在供水输水上,采取了川泽结合和利用客水的措施,保证了水源的供给。郑国渠以瓠口(焦获泽)为蓄泄工具,沉沙分流,发挥了调节作用。

郑国渠"横绝"冶峪、清峪诸水[1];对于同向顺流的浊峪、频水等则采用假道措施,利用其原有河道,汇纳客水水源,开创了我国最早的渠、河渡交技术,为河网地带渠线布设积累了宝贵经验。这种横绝技术在郑国渠以后的引泾工程上,代有应用,留下"石棚""透槽""暗桥"等名异实同的工程记录。它们或陷木为柱,密布如椓;或埋石河床,中空如棚,旱时收纳沿途溪水,不舍涓流;涝时不碍洪沙宣泄,避免川流夺渠造成滥灌,成为保证泾渠正常运行的关键性措施之一[2]。

郑国渠所引泾水为多泥沙河流,"用注填阏之水,溉泽卤之地"[3]涉及一系列复杂的技术问题,泾水挟带的大量泥沙,其粗沙入渠,易生沉积,淤塞渠系,为害甚巨。而悬浮质泥水却富含有机质,用于淤灌则足以压碱肥田、改善土壤。郑国渠渠首利用焦获泽减缓流速,沉其粗沙;又于凹岸引水,取其上流。有效地阻止了粗沙入渠。在输水过程中,又通过渠道比降、断面流量控制等综合措施加大渠水流速,使郑国渠沿用较久而没有出现淤塞,为黄土地带多泥沙河流水利工程之兴筑积累了宝贵经验。据《管子·度地》和《考工记·匠人》记载,先秦渠道坡降大约为千分之一。目前的泾惠渠平均坡降约为千分之零点五。而调查推算结果

①　[北魏]郦道元著,陈桥驿点校:《水经注》卷十六《沮水》,第271页。

②　李凤岐、樊志民:《陕西古代农业科技》,西安:陕西人民出版社,1992年,第44—46页。

③　[西汉]司马迁:《史记》卷二十九《河渠书》,第1408页。

表明,郑国渠干渠平均坡降为千分之零点六四①,介乎二者之间。这一比降既避免了渠水流速过快,冲刷渠身;又不会因流速过缓,造成淤塞,是无砌衬古渠的最佳坡降选择之一。郑国渠之淤灌压碱作用为时人称道,其实最能反映其技术特色者,当推高泥沙含量渠水的综合输、引措施。

秦统一后兴修的灵渠工程,其初意在于沟通岭南运道,以通粮草。但是灵渠的某些水工技术对后世农田水利科技之发展产生过深远影响,故亦叙其一二。"灵渠是我国最早的有坝取水工程之一"②,这是因为湘江分水处低于漓江支流始安水6米左右,不筑坝拦水,就无法沟通二江。有学者认为拦截湘江之大坝,即保留至今的大小天平。该坝体呈人字形布置,折线总长470.3米,轴线夹角95°,坝顶可以溢流,以控制引水入渠水位。该坝设计近似拱形,既具分水功能,又有分散坝体迎水面压力的作用,"结构上是较优越合理的"③。范成大《桂海虞衡录》中谓灵渠置斗门三十六,"舟入一斗,则复开闸斗,伺水积渐进。故能循崖而上,建瓴而下,千斛之舟,亦可往来"④。在渠道中设立斗门,以调整航深和流速,颇类后世多级船闸工程。灵渠船闸的记载,最早见于唐代,但秦时或已出现了临时性的多级壅水工程,否则在坡降较大、水深较浅的渠道中难行千斛之舟。原始斗门技术之萌芽,是渠低地仰之田能得水浇灌之前提。

三、秦凿井及井灌技术

秦代水井,考古工作者在咸阳、临潼等地皆有发现。其中在咸阳长陵车站附近东西4125米、南北1750米范围内发现81口水井(已毁部分数目不详)⑤。这批水井类型较多,结构不同,可归纳为陶圈井、瓦井和上瓦下陶圈等三类六种,可集中反映秦地下水开采、利用的技术水准。

陶圈井分通体单圈和上单下双两种。J14九节陶圈(节高35厘米)全入沙

---

①　李健超:《秦始皇的农战政策与郑国渠的修凿》,《西北大学学报》(自然科学版)1975年第1期。

②　郑连第:《灵渠工程史述略》,北京:水利水电出版社,1986年,第65页。

③　郑连第:《灵渠工程史述略》,第17—18页。

④　[南宋]范成大:《桂海虞衡录》,参见姚汉源:《中国水利发展史》,上海:上海人民出版社,2005年。

⑤　陈国英:《咸阳长陵车站一带考古调查》,《考古与文物》1985年第3期。

层,井底铺垫 13 厘米粗沙,构成滤层,以保护井壁,并防止含水层细小颗粒入井造成淤塞。上单下双圈井,其双圈段内、外圈装接上下错开,密闭性能良好,具有减轻井圈内壁压力的作用。瓦井,井框直径达 2.1 米,属于巨口大水量类型的用井。上瓦下陶圈井又有上筒瓦下陶圈、上板瓦下陶圈和上瓦中单圈下双圈三种类型,其中 J59 上部砌垒之瓦逐渐收缩形成小口,和今日关中农用井形状相近。据统计,这 81 口井中有一半以上凿井深度进入沙层,在地下水丰沛的情况下深入沙层施工,需要极高的固沙防坍技术。这批井集中分布于长陵车站周围的三个较小范围内,有的井口相距仅 1 米左右。数井集中一处,或与大量集中用水有关。值得注意的是,在采集的 31 节陶圈井中有的戳印"咸里卫沙""咸里□沙""咸阳巨戏"印记,表明陶井圈已进入作坊化批量生产,从另一侧面反映了秦凿井业的发达。① 在临潼秦始皇陵西侧"丽山飤宫"建筑遗址 T4、T5 交界处偏西清理出的水井,"井台用方砖铺砌,井内壁从上至深部层层垒设有硬陶大井圈,设计施工都非常考究"②。

考古发掘过程中清理深至 11.6 米时因地下水上涨很快,未及其底,被迫辍工。另两口井也因清理过程中发现壁面有塌陷危险而未敢继续下挖。秦人运用什么技术在水源丰沛的地段凿成深井,尚为未解之谜。在该遗址中大量出现"左水"(99 件)"宫水"(28 件)"大水"(24 件)"夺水"(15 件)"右水"(1 件)陶文③,这些官署职掌由于在考古发掘中第一次发现,又不见诸文献记载,故大有深入研究之必要。井灌"可济江河渊泉之乏"④,是宜于小农集约经营的重要灌溉形式,后世关中井灌事业的发展或与秦凿井技术之进步密切相关。

《吕氏春秋·尊师》曰"治唐圃,疾灌浸"⑤,即菜园需及时浇灌,其把灌溉看作园圃集约化经营的重要因素之一。浸、灌二字并列,或含灌溉方式不同之义。浸缓灌急,前者当今之渗灌,细流浸润土壤;后者当今之漫灌,大水漫流田面。《吕氏春秋》总结先秦垄作经验,对畎亩规格做出了比较明确的技术要求,为提

① 　陈国英:《咸阳长陵车站一带考古调查》。

②③ 　王玉清:《秦始皇陵西侧"丽山飤宫"建筑遗址清理简报》,《文博》1987 年第 6 期。

④ 　[清]王心敬:《井利说》,载于[清]魏源:《皇朝经世文编》卷三十八《户政十三·农政下》,参见《魏源全集》(第 15 册),长沙:岳麓书社,2004 年,第 183 页。

⑤ 　[秦]吕不韦著,[东汉]高诱注,徐小蛮标点:《吕氏春秋》卷四《孟夏纪·尊师》,第77 页。

高地面灌水质量、效率和节约用水奠定了基础。《吕氏春秋》把"甽浴土"①列为农业生产的十大技术问题之一。这一思想在郑国渠开修之后得以实施。秦人利用泾水含泥沙量大的特点,以肥泥覆盖地表盐碱;以渗水冲溶地下盐碱,通过灌溉措施使"泽卤之地"成为"亩钟之田"②,开关中淤灌洗碱技术之先河。

第八节　秦富天下十倍

一、立国环境与文化特色

秦农业生产、科技的快速发展与进步,是与秦特殊的立国环境、文化承袭、价值观念、发展模式相联系的。秦历经迁播后,立国关中,使秦农业跨越了某些初始阶段,而在较高基点上获得进一步发展。这就从根本上缩短了秦与中原农业的历史差距,为秦农业的快速发展奠定了基础。而秦霸西戎,实现了农牧结构的合理配置与协调发展;巴蜀归秦,进一步密切了秦同南方稻作农业的联系与交流。秦农业由南向北依次包含稻作、旱作以及农牧交错等不同生产类型,与山东六国相比更具典型与代表意义。秦历史上形成的重农时尚与秦文化的功利特色,使秦人更注重牛羊马犬,耕耘稼穑,屋室仓廪,农战垦荒,开塞徕民,重本抑末等直接关系到国计民生的现实问题。秦民族的多源"复合基因",使他们充满生机,奋发向上。他们不满足于"邑邑待数十百年"③的常规性发展,而常谋出"奇计强秦"④,促进经济、军事的飞跃发展。

二、耕战理论与农业科技强化发展

商鞅变法使耕战理论成为秦的基本国策,农业由衣食之源的生活需要上升为富国强兵的国家需要。由于法家学派把农业看作实现国家富强的物质基础,

---

① [秦]吕不韦著,[东汉]高诱注,徐小蛮标点:《吕氏春秋》卷二十六《士容论·任地》,第614页。

② [西汉]司马迁:《史记》卷二十九《河渠书》,第1408页。

③ [西汉]司马迁:《史记》卷六十八《商君列传》,第2228页。

④ [西汉]司马迁:《史记》卷五《秦本纪》,第202页。

"不惜采取一切可能采取的措施鼓励农业生产"①,这其中也包含了对农业科技的强化发展措施。《商君书》作为一部政治著作,集中论述了奖励农业的政治、经济措施,未能就有关科技措施展开论述。不过,在《算地》《徕民》诸篇中都规定了比较高的土地垦殖指数,要求农垦耕地面积(良田、恶田面积之和)达到土地面积的十分之六。垦殖指数所反映的土地资源开发利用程度,是综合判断农业科技能力的重要标志之一。在现代农业生产条件下,也并不是所有的农区都能达到60%的垦殖指标。秦是较早改周亩为大亩的国家之一,其背景是商鞅认为"一夫力余,地利不尽",人和土地的生产能力没有充分发挥利用,"于是改制,二百四十步为亩,百亩给一夫矣"②。"秦田二百四十步为亩",意味着一夫垦田能力的提高。这其中除了强制性劳役外,主要应归诸农业科技的进步。

稍后入秦的著名法家人物韩非,认为农业发展取决于"人事"和"天功"③。要达到"入到"(增加收入)的目标,必须具备以下措施:第一,要掌握好天时,"举事慎阴阳之和,种树节四时之适,无早晚之失、寒温之灾";④第二,要努力劳动,合理分工,"丈夫尽于耕农,妇人力于织纤";⑤第三,要懂得农牧知识,"务于畜养之理,察于土地之宜,六畜遂、五谷殖";⑥第四,运用先进工具,"明于权计,审于地形、舟车、机械之利,用力少,致功大";⑦第五,按客观规律办事,"缘道理以从事者,无不能成"。⑧ 以上诸点⑨反映了韩非等法家学派极高的农事见识。法家的耕战理论是行诸非常时期的经济专化发展政策。它依靠国家政权的力量建立了一个一切以农战为核心的利益导向结构,以驱民归农。这种强化的农业发展措施,在客观上有利于以农业为主体的传统科技体系的形成与发展。在战国七雄中,唯秦最彻底地贯彻执行了耕战政策,因而也就极大地促进了秦农业科技的进步。

把整个社会经济运行纳入农业一途,也促使其他学科向农业靠拢,带动了与农相关科学的发展。秦人积累的天文、历法、物候知识,因与农业生产联系密切,在长期的农业生产实践中不断发展完善,已经成为秦传统农业科技体系的有机组成部分,广泛用于指导农事,安排农时。据近人朱文鑫、日人新城新藏推定:历

①　胡寄窗:《中国经济思想史(上)》,上海:上海人民出版社,1962 年,第 397 页。

②　[唐]杜佑:《通典(下)》卷一百七十四《州郡四》,第 2391 页。

③④⑤⑥⑦　[战国]韩非著,秦惠彬校点:《韩非子》卷十五《难二》,第 145 页。

⑧　[战国]韩非著,秦惠彬校点:《韩非子》卷六《解老》,第 49 页。

⑨　赵靖、石世奇:《中国经济思想通史》,北京:北京大学出版社,1991 年,第 416 页。

之制定约在公元前 370 年。此时正是秦国开始变法图强时期,"其国内不断施行各种政治、经济及社会改革。秦在此时期实行历法改革,采用新历法,于理亦甚符合"①。颛顼历行诸秦,并且是后来第一个颁行全国的历法,在中国历法史上占有十分重要的地位。它用四分法,以一个回归年为 $365\frac{1}{4}$ 日,一朔望月为 $29\frac{494}{940}$ 日,以立春为一年节气计算起点。汉人认为"用颛顼历,比于六历,疏阔中最为微近"②。

农业的发展提出了不少急需解决的计算、测量问题,使数学也打上了明显的农事烙印。学术界认为,"《九章算术》中方田、粟米、衰分、少广、商功等章内容,绝大部分是产生于秦以前的"③。其中反映的粟米加工比率,爵级、算赋、亩制等问题,与战国时代秦国特点最为接近,基本上可以反映商鞅变法后秦应用数学的发展。数学应用于农业,促进了农业科技向精审方向发展,秦在这方面也走在了各国前头。

三、重视农业生产条件之改善

秦在基本占有当时的核心农区以后,着力于农业基本生产条件的改善,促进了既有农区的深度开发,极大地提高了秦的农业生产水平,在战事倥偬的动乱时代继续推动着中国农业向前发展。

秦人在统一六国前夕,不惜花费巨大的人力、物力、财力,兴修了都江堰、郑国渠两大水利工程。通过工程措施从根本上改变关中、巴蜀农区的生产条件。秦的成都、关中平原农业生产条件相对较好,但是仍然存在着一些不利的自然因素,经常发生旱、涝灾害。四川盆地高山环绕,中间低洼,江水进入成都平原后水流减速、淤塞河道。水灾频仍成为农业发展的制约因素。关中年降雨量一般只有 600 毫米左右,而且雨量分布很不均匀,春旱严重,迫切需要发展人工灌溉。尤其是东部地区地形敞开、气候干燥,地处诸河下游容易造成土壤盐碱化,严重危害农作物生长。

---

① 　马非百:《秦集史(下)》,第 777 页。
② 　[东汉]班固:《汉书》卷二十一《律历志上》,第 974 页。
③ 　杜石然:《中国科学技术史稿(上)》,北京:科学出版社,1982 年,第 133 页。

　　主持蜀中治水的李冰父子,《史记正义》《风俗通》认为是秦昭王末年人,而《华阳国志·蜀志》则认为是秦孝文王时代人。李冰在蜀治水并非仅修一都江堰,他导沫水,疏绵、洛,穿郫、检,皆为事关航运、灌溉的大型工程,非一时所能完成。故需父子相继,时亘昭襄、孝文二代。由于四川水利事业的发展,使成都平原约三百多万亩土地得到灌溉,那些常遭水旱之灾的土地变成肥沃的良田。《华阳国志·蜀志》形容都江堰修筑以后,"蜀沃野千里,号为陆海。旱则引水浸润,雨则杜塞水门……水旱从人,不知饥馑。时无荒年,天下谓之'天府'也"①。

　　郑国渠,始作于始皇元年,至始皇十年(前237)发现郑国"间秦"②时,工程似乎还在进行中。郑国渠"凿泾水自中山西邸瓠口为渠,并北山东注洛三百余里"③,解决了关中东部渭北旱塬的灌溉问题。合理利用泥沙,改良了大面积的低洼易涝沼泽盐碱地。以郑国渠为标志,关中东西部的农业发展水平基本拉平。"关中自汧、雍以东至河、华,膏壤沃野千里"④,成为衣食京师、卒并诸侯的重要农业基地。

　　发生在郑国渠修筑过程中的一段插曲,反映了秦人对农田水利建设事业的基本认识。韩以疲秦为目的,使水工郑国游说秦国凿引泾水溉田。后来秦国识破这一阴谋,"欲杀郑国"⑤。郑国坦然对曰,秦兴水利虽然暂时减轻了对东方各国的军事压力,"为韩延数岁之命"⑥;但是渠成之后"亦秦之利也"⑦,为秦建万代之功。秦经过斟酌、比较以后,仍以长远经济利益为重,决定不杀郑国,而让他继续主持修完预定的水利工程。渠就以后,秦并不以郑国"始为间"⑧而贬低他为改善农业生产条件而做出的巨大贡献,毅然以"郑国"命名此渠,以为永久纪念。

　　农田水利事业作为改造农业自然条件的工程性基本建设,一般具有投资较大、建设时间较长,投资回报缓慢等特点,所以在中国历史上虽然始终将兴修水利看作国家政权的重要职能之一,但是权衡比较效益,并不是所有的王朝都重视

---

①　[东晋]常璩:《华阳国志》卷三《蜀志》,第30页

②　[西汉]司马迁:《史记》卷八十七《李斯列传》,第2541页。

③　[西汉]司马迁:《史记》卷二十九《河渠书》,第1408页。

④　[西汉]司马迁:《史记》卷一百二十九《货殖列传》,第3261页。

⑤　[西汉]司马迁:《史记》卷二十九《河渠书》,第1408页。

⑥　[东汉]班固:《汉书》卷二十九《沟洫志》,第1678页。

⑦⑧　[西汉]司马迁:《史记》卷二十九《河渠书》,第1408页。

水利事业。秦在统一战争需要巨量给养、兵源的非常时期,能下决心先后兴修两项举世闻名的大型工程,说明他们对农田水利建设在农业发展中的长期作用已经有了比较明确的认识。

史实证明,都江堰、郑国渠的兴修,在客观上并没有影响秦的"东伐"进程。这两项大型骨干工程极大地扩展了秦的农地范围,提高了农地质量,增强了农业抗御自然灾害的能力,保证了秦农业的稳产高产持续发展。有人做过统计,仅郑国渠灌区,四万顷亩钟之田即可产粮 260 万斛(石),大约能供应近 15 万人口的一年用粮,其数额大致接近于汉唐时期年输入关中的漕粮总量。① 巴蜀的"方船积粟"②,不仅支持了秦的统一事业,而且收效于数十年后之汉代,"高祖因之以成帝业"③。

大型水利工程的兴修,从根本上改变了秦农业生产的宏观条件;而铁农具的广泛使用和农业科技的进步,则促使秦农业向集约、精细化方向发展,创造出更宜于作物生长的微环境。秦自商鞅变法之后,"颛川泽之利,管山林之饶"④,官营冶铁业相当发展。秦"盐铁之利,二十倍于古"⑤。盐乃生活之必需,铁乃生产之利器。盐铁并提,皆获巨利,说明秦铁器已取代木石成为主要生产工具。铁器的广泛使用,增强了人类开发山林,兴修水利,精耕细作的生产能力,对于促进农耕技术进步,推动农业生产发展,皆具革命性意义。

秦的统辖疆域是我国古代重要的产铁地区之一,而楚、蜀、韩诸著名产铁地区相继归秦,"对秦的冶铁炼钢发展无疑有着重要的作用"⑥。战国末期,随着冶铁业的发展,秦在政府中专门设置管理铁器生产与使用的机构和官吏。司马迁的四世祖司马昌就曾为秦"铁官"⑦。《秦律杂抄》中有"右采铁""左采铁"⑧等管理官营铁业的官吏。《厩苑律》规定国家以优惠条件向生产者"叚(假)铁器"⑨,

①　葛剑雄:《论秦汉统一的地理基础》。

②　[西汉]刘向著,贺伟、侯仰军点校:《战国策》卷十四《楚策一》,第 155 页。

③　[西晋]陈寿:《三国志》卷三十五《蜀书·诸葛亮传》,第 912—913 页。

④⑤　[东汉]班固:《汉书》卷二十四《食货志上》,第 1137 页。

⑥　林剑鸣:《秦史稿》,第 286 页。

⑦　[西汉]司马迁:《史记》卷一百三十《太史公自序》,第 3286 页。

⑧　睡虎地秦墓竹简整理小组:《睡虎地秦墓竹简》,第 138 页。

⑨　睡虎地秦墓竹简整理小组:《睡虎地秦墓竹简》,第 32 页。

并且在《金布律》《司空律》中分别对铁器的损毁、收缴、保管做了比较详尽的处理规定①，显示出对铁农具的重视。

牛耕的发展一般是和铁犁的推广相联系的，秦的冶铁业促使秦较早使用牛耕。历史上曾有过"秦以牛田，水通粮"②的记载，因为断句、释义存在歧异，无法确定"牛田"的真正含义。1975 年湖北云梦睡虎地秦简的出土，提出了与此相关的史料。秦简《厩苑律》中称耕牛为"田牛"、称牛耕为"牛田"，并且对耕牛的饲养、役使、评比进行考核，规定了相应的奖惩办法。③ 说明"牛田"是当时牛耕的通语，是秦行犁耕的确证之一。云梦由楚归秦不久，秦即依法推广"牛田"。由此推论，秦之本土牛耕当已比较普遍。铁犁与畜力牵引相结合，是农耕动力史上的一场革命。犁耕增强了人们的生产能力，为个体家庭劳动创造了比较充分的条件；犁耕提高农田的耕作质量，并且"使更大面积的农田耕作"④成为可能。所以赵豹曾将"牛耕积粟"⑤视为赵不可与秦抗争的重要原因之一。

在冷兵器时代，铁是重要的武器材料。尤其是战争年代，以铁铸剑还是以铁铸犁，是颇费斟酌的事情。就当时社会发展水平而言，秦与东方六国皆有使用铁农具、推广牛耕的条件。然大敌当前，人们本能地会以剑戟护身为首务，而置铁器牛耕于脑后。战国末有关韩、魏、楚武器精良、甲胄坚固之载不绝于书。所见"强弓劲弩，皆从韩出"⑥，"天下之宝剑，韩为众"⑦；魏之武卒"衣三属之甲……冠軸（胄）带剑"⑧；"楚之铁剑利而倡优拙"⑨，"宛钜铁鈹，惨如蜂虿"⑩，皆此之谓也。由于将大量铁器用诸战争，相形之下有关铁器牛耕之言也就稀见了。秦于此时能不忘铁器牛耕，令人钦佩。

---

① 睡虎地秦墓竹简整理小组：《睡虎地秦墓竹简》，第 64、82 页。

② ［西汉］刘向著，贺伟、侯仰军点校：《战国策》卷十八《赵策一》，第 193 页。

③ 睡虎地秦墓竹简整理小组：《睡虎地秦墓竹简》，第 30—33 页。

④ 〔德国〕马克思、恩格斯：《马克思恩格斯全集》（第二十一卷），第 186 页。

⑤ ［西汉］刘向著，贺伟、侯仰军点校：《战国策》卷十八《赵策一》，第 193 页。注：原文为："秦以牛田，水通粮……不可与战。"

⑥ ［西汉］司马迁：《史记》卷六十九《苏秦列传》，第 2250 页。

⑦ ［西汉］司马迁：《史记》卷六十九《苏秦列传》附《索隐》，第 2252 页。

⑧ ［战国］荀况著，［唐］杨倞注，耿芸标校：《荀子》卷十《议兵》，第 170 页。

⑨ ［西汉］司马迁：《史记》卷七十九《范雎蔡泽列传》，第 2418 页。

⑩ ［战国］荀况著，［唐］杨倞注，耿芸标校：《荀子》卷十《议兵》，第 180 页。

农田水利工程之兴修、铁器牛耕之推广，使秦国农业的整体与局部环境都得到了极大改善，从而为秦农业超过六国农业总和而"富天下十倍"奠定了坚实基础。《吕氏春秋·上农》篇"一人治之，十人食之，六畜皆在其中"①的记载，或能反映秦农业生产条件改善后的高额生产水平。

四、六国农业的相对滞后发展

公元前 221 年，秦完成了统一大业。贾谊说，秦自穆公以来，至于秦王二十余君，常为诸侯雄。秦孝公有席卷天下、包举宇内、囊括四海之意，并吞八荒之心。乃至秦王，"奋六世之余烈，振长策而御宇内"②，由秦来完成"吞二周而亡诸侯，履至尊而制六合"③的统一事业，乃历史发展之必然。但是，贾谊未能揭示这一必然趋势的深层原因，以至于后来在秦何以能灭六国问题上众说纷纭。或云秦得地利，或云秦善用兵，更有甚者，以游牧族入主中原取譬秦灭六国，皆未得精要。唯魏武帝曹操"秦人以急农兼天下"④一言，从根本上回答了秦得天下的基本原因。

有人认为，战国七雄除"韩、燕弱小，置不足论"⑤外，其余五国皆有统一天下之可能。"当是时，齐有孟尝，赵有平原，楚有春申，魏有信陵。此四君者，皆明知而忠信，宽厚而爱人，尊贤重士，约从离衡，并韩、魏、燕、楚、齐、赵、宋、卫、中山之众。于是六国之士有宁越、徐尚、苏秦、杜赫之属为之谋，齐明、周最、陈轸、召滑、楼缓、翟景、苏厉、乐毅之徒通其意，吴起、孙膑、带佗、兒（倪）良、王廖、田忌、廉颇、赵奢之朋制其兵"⑥。六国国力初始并不弱于秦。秦甚至为魏之"拥土千里，带甲三十六万"而"寝不安席，食不甘味"⑦；秦昭襄王在称西帝的同时还要致齐东帝；张仪说，"凡天下强国，非秦而楚，非楚而秦。两国敌侔交争，其势不两

---

① ［秦］吕不韦著，［东汉］高诱注，徐小蛮标点：《吕氏春秋》卷二十六《士容论·上农》，第 612 页。

② ［西汉］贾谊：《贾谊集》，第 2 页。

③ ［西汉］贾谊：《贾谊集》，第 2 页。

④ ［唐］房玄龄：《晋书》卷二十六《食货志》，北京：中华书局，1974 年，第 783—784 页。

⑤ ［宋］洪迈著，穆公校点：《容斋随笔》，上海：上海古籍出版社，2015 年，第 91 页。

⑥ ［西汉］司马迁：《史记》卷六《秦始皇本纪》，第 279 页。

⑦ ［西汉］刘向著，贺伟、侯仰军点校：《战国策》卷十二《齐策五》，第 134 页。

立"①;苏秦曰,"当今之时,山东之建国莫强于赵"②。

但是,比较农业发展,六国则稍逊于秦。三晋立国中原逐鹿之地,频繁的战争破坏了既有农业生产进程。三晋除初立诸君尚能行耕战之策,尽地力之教,着意于农业生产外,后来者皆忙于一城一地之争,无暇顾及农业生产。魏"惠王数伐韩赵,志吞邯郸,挫败于齐,军覆子死,卒之为秦所困,国且以蹙、失河西七百里,去安邑而都大梁,数世不振";"赵以上党之地,代韩受兵,利令智昏,轻用民死,同日坑于长平者过四十万,几于社稷为墟"。③

齐桓公、管仲统治之前,齐国尚为粮食输入国。史有"馈食之都"④"托食之主"⑤的记载,以致葵丘之盟时,齐国坚持把"毋讫籴"⑥"无遏籴"⑦写入盟约条款之中。桓公、管子时代,齐"相地而衰征"⑧(据土地肥瘠程度,征收不同的农业税),实行了一系列改革措施,农业生产获得一定发展。但是齐国的奢侈之风滋盛,临淄城中"其民无不吹竽、鼓瑟、击筑、弹琴、斗鸡、走犬、六博、蹹踘者"⑨。受邹衍阴阳五行学说之影响,"燕、齐之士,释锄耒,争言神仙"⑩;渔盐之利高于农业经济效益,在某种程度上冲击了农业生产。朝野上下,形成追名逐利之风。"好利之民,莫不愿以齐为归";"众庶百姓,皆以贪利争夺为俗"⑪。这与荀子入秦所见之质朴民风对比十分强烈。

---

① [西汉]刘向著,贺伟、侯仰军点校:《战国策》卷十四《楚策一》,第154页。
② [西汉]司马迁:《史记》卷六十九《苏秦列传》,第2247页。
③ [南宋]洪迈:《容斋随笔》,第91页。
④ [春秋]管仲著,刘晓艺校点:《管子》卷二十三《轻重甲》,第451页。
⑤ [春秋]管仲著,刘晓艺校点:《管子》卷二十四《轻重丁》,第469页。
⑥ 承载:《春秋穀梁传译注(上)》,第297页。
⑦ [战国]孟轲著,万丽华、蓝旭译注:《孟子》卷十二《告子下》,第275页。
⑧ [春秋]左丘明著,[三国吴]韦昭注:《国语》卷六《齐语》,第156页。
⑨ [西汉]刘向著,贺伟、侯仰军点校:《战国策》卷八《齐策一》,第100页。
⑩ [西汉]桓宽著,王利器校注:《盐铁论校注》,天津:天津古籍出版社,1983年,第357页。
⑪ [战国]荀况著,[唐]杨倞注,耿芸标校:《荀子》卷十一《强国》,第190页。

齐宣王时"齐之强,天下不能当"①。但是齐国连年发动战争,"南攻楚五年,蓄积散。西困秦三年,民憔悴,士罢弊。北与燕战,覆三军,获二将。而又以其余兵南面而举五千乘之劲宋,而包十二诸侯"②。其目标虽然实现了,然而"数战则民劳,久师则兵弊"③,齐国的民力也被耗尽了。民力穷弊,虽有河济天险、长城设防皆不足以为固。公元前284年,燕昭王起倾国之师,会同秦、韩、魏、赵伐齐。六月之内,下齐七十余城,齐仅余莒、即墨两处弹丸之地。后田单虽破燕军,复齐故地,但齐因此衰弱,"事秦谨"④,终至束手为虏。

楚惠王与简王时代,楚在七雄中疆域最大。占有今湖北、湖南、安徽全部及贵州、陕西、河南、山东、江苏等省的部分地区。楚悼王用吴起为令尹,吴起"明法审令,捐不急之官,废公族疏远者,以抚养战斗之士"⑤。吴起认为楚地广人稀,"于是令贵人往实广虚之地"⑥,引起旧贵族反对。新法行之期年而悼王薨,吴起被肢解处死,包含开地强兵内容的吴起变法以失败而告终。

楚国虽号广大,但农业比较发达的基本上是毗邻中原农区的北部地区。而这一地带正是楚与韩、魏、秦、齐交战争夺之地。如战国时代冶铁炼钢最为著名的中原城市——宛,原属楚国,在经济发展上具有重要意义。但是,后来韩"取宛、叶以北"⑦,促进了韩冶铁业的发展,而楚失"宛钜铁鍦"⑧。同时为了防备韩、魏、秦国进犯,楚以上梁、新城为"主郡"⑨,驻扎大量军队,构筑坚固工事,沉重的战备任务加重了农业的负担,影响了农业的发展。

战国时代,楚国的其他农区则相对处于落后状态,不能和关中、巴蜀以及山东黄河流域的农业相比拟。司马迁在《史记·货殖列传》中说,"楚越之地,地广

---

① [西汉]刘向著,贺伟、侯仰军点校:《战国策》卷八《齐策一》,第100页。注:原文为:"齐之强,天下能当。"疑"下"字后脱"不"字,径补。参见[西汉]刘向著,[南宋]姚宏、鲍彪注:《战国策》卷八《齐策一》,上海:上海古籍出版社,2015年,第195页。

②③ [西汉]刘向著,贺伟、侯仰军点校:《战国策》卷二十九《燕策一》,第332页。

④ [西汉]司马迁:《史记》卷四十六《田敬仲完世家》,第1902页。

⑤ [西汉]司马迁:《史记》卷六十五《孙子吴起列传》,第2168页。

⑥ [秦]吕不韦著,[东汉]高诱注,徐小蛮标点:《吕氏春秋》卷二十一《开春论·贵卒》,第526页。

⑦ [西汉]司马迁:《史记》卷七十五《孟尝君列传》,第2356页。

⑧ [战国]荀况著,[唐]杨倞注,耿芸标校:《荀子》卷十《议兵》,第180页。

⑨ [西汉]刘向著、侯仰军点校:《战国策》卷十四《楚策一》,第151页。

人稀,饭稻羹鱼,或火耕而水耨,果隋蠃蛤,不待贾而足,地势饶食,无饥馑之患,以故呰窳偷生,无积聚而多贫。是故江、淮以南,无冻饿之人,亦无千金之家"①。荆、扬二州的涂泥之地,受生产力发展水平限制,开发利用很不充分,在九州土壤排比中列为最下等。人们利用自然的水产、果蔬以"呰窳偷生"。加上"楚王恃其国大,不恤其政"②,百姓离心,城池不修,"虽有富大之名,其实空虚"③。公元前278年,秦将白起、张若两路大军钳攻郢都,收其地以为南郡。楚失却其"筚路蓝缕"、世代经营开发的西楚地区,国势一落千丈。而其所迁往之都陈与寿春皆"地薄民贫"④,农业水平就更下一筹了。

　　燕、中山及赵国领土的大部分处于龙门—碣石以北地区。这条由东北倾向西南的斜线,是战国时代农牧业区划的分界处。龙门—碣石以北多马、牛、羊、旃裘、筋角,游牧经济相对发达,而农业生产比较落后。《货殖列传》所称道燕国的是鱼、盐、粟、枣,而没有提及当地的粮食生产。对于中山,则明确指出其土地瘠薄。土地既然瘠薄,当地的人们又不善于耕作,显然农业也难得有任何成就。赵武灵王"胡服骑射"⑤,甚至还把王位让给儿子,自号"主父"(有太上皇之意),亲自经营边事。这固然反映了他的改革精神,但从另一方面也说明了赵国受诸胡影响之深。乃至于着胡服,习骑射。后来由于少数民族不断侵扰,赵国不仅要筑长城防御,而且还得派大将李牧率重兵在北边防守。由于赵国农业生产条件相对较差,所以战时粮食供应始终是个难题。长平之战,赵国粮草匮乏,"请粟于齐"⑥。"赵卒不得食四十六日,皆内阴相杀食"⑦,其悲凄情形和"秦民之死者厚葬,伤者厚养,劳者相飨,饮食餔馈,以靡其财"⑧形成巨大反差。邯郸之战,赵"民困兵尽",城中"炊骨易子而食"⑨。平原君赵胜甚至不得不散家财以给士卒,

① ［西汉］司马迁:《史记》卷一百二十九《货殖列传》,第3270页。
② ［西汉］刘向著,贺伟、侯仰军点校:《战国策》卷三十三《中山策》,第377页。
③ ［西汉］刘向著,贺伟、侯仰军点校:《战国策》卷二十三《魏策一》,第248页。
④ ［东汉］班固:《汉书》卷二十八《地理志下》,第1664页。
⑤ ［西汉］刘向著,贺伟、侯仰军点校:《战国策》卷十九《赵策二》,第204页。
⑥ ［西汉］刘向著,贺伟、侯仰军点校:《战国策》卷十九《赵策二》,第107页。
⑦ ［西汉］司马迁:《史记》卷七十三《白起王翦列传》,第2335页。
⑧ ［西汉］刘向著,贺伟、侯仰军点校:《战国策》卷三十三《中山策》,第376页。
⑨ ［西汉］司马迁:《史记》卷七十六《平原君虞卿列传》,第2369页。

以救一时之困。

秦初入关中时,社会与农业发展水平尚不及东方诸国。但是他们"收周余民有之"①,继承周人优秀农业遗产,迅速完成了农业发展阶段的历史性跨越,赶上和超过了东方诸国的农业发展水平。大家都认为,秦国自商鞅变法以后迅速走向富强。荀子之"四世有胜"②,贾生之"续六世之余烈"③,皆此之谓也。

商鞅变法的核心就是农战政策的推行。战国时代各国及诸子学派都不忽视农业,但能像秦和商君学派那样把农战视为基本国策,并将其推向极端程度者似乎很少。随着对外战争规模的扩大和时间的延长,秦同样也面临着兼顾农与战的问题。他们重视一城一地之得失,但是他们更重视农业之发展。因为"国不农,则与诸侯争权,不能自持也,则众力不足也"④。秦徙都栎阳以后,面临的形势则是:地近东部前线,军事形势较为严峻;地广人稀,农业生产相对落后。"兴兵而伐,则国家贫;安居而农,则敌得休息"⑤。面对如此形势,秦以优惠条件吸引三晋百姓来秦垦荒务农,由原秦民专力从事战争,使兵、农不失须臾之时。既保证了战争的进行,又推进了农业生产的发展。

在东下三川与西取巴蜀的问题上,秦曾颇费思量。伐韩可以耀兵中原,"挟天子以令于天下"⑥,政治影响大;取巴蜀,则"得其地足以广国,取其财足以富民"⑦。经过认真比较,秦终以经济利益为重而采纳了西取巴蜀的方案。历史证明,既"擅巴蜀之饶"⑧,为秦之迅速强盛奠定了雄厚的物质基础。

就农业生产条件而言,秦本土除关中西部经周族世代经营而具有较高发展水平外,关中东部及巴蜀农区之开发全赖秦人披荆斩棘,逐步将其改造成天府沃土。著名的都江堰、郑国渠是战国末期仅见的两项大型水利工程,皆兴于秦,体现了秦对发展农业之重视。水利是农业的命脉,但是韩国竟把兴修水利作为疲

---

① ［西汉］司马迁:《史记》卷四《周本纪》,第179页。
② ［战国］荀况著,［唐］杨倞注,耿芸标校:《荀子》卷十一《强国》,第195页。
③ ［西汉］贾谊:《贾谊集》,第2页。
④ ［战国］商鞅著,章诗同注:《商君书》卷一《农战》,第13—14页。
⑤ ［战国］商鞅著,章诗同注:《商君书》卷四《徕民》,第50页。
⑥ ［西汉］刘向著,贺伟、侯仰军点校:《战国策》卷三《秦策一》,第32页。
⑦ ［西汉］司马迁:《史记》卷七十《张仪列传》,第2283页。
⑧ ［西汉］司马迁:《史记》卷八十六《刺客列传》,第2528页。

秦之计,使水工入秦游说。既然以谋略诱人中计,"精明"的韩国当然不会动用大量人力物力去兴筑这样的工程的。这又从另一侧面反映了秦与六国对发展农业问题的不同认识。

《吕氏春秋》以十二纪为框架,确立了中国传统农业的哲学体系,并以《上农》等四篇专论农业问题,这是我们目前所能见到的最系统、最完整的农业历史文献。这样的农学著作,奠定了我国传统农业科学技术的基础。它出现于秦地,应该是秦农业发展与进步的必然结果。在生产发展的前提下,到战国末年,秦之富庶程度远远超过东方六国。"秦富天下十倍"[①],正是当时六国所不及于秦之关键所在。

当然,也有人称颂秦之军事优势,认为"今诸侯服秦,譬若郡县"[②],秦欲并天下,若炊妇扫除炊上之不净,不足为难。但是实际上秦与六国兵力并无多少优势可言。长平之战,秦"发年十五以上悉诣长平"[③],虽消灭赵卒四十余万,但秦军亦死亡过半。公元前258年的邯郸之役,由于"赵应其内,诸侯攻其外"[④],结果秦军大败。公元前247年,韩、赵、魏、楚、燕五国合纵抗秦,五国联军在魏信陵君无忌的率领下,大败秦军于河外,穷追秦军至函谷关,秦紧闭函谷关,五国联军方退。公元前225年,李信率秦军二十万攻楚,竟遭败绩。公元前223年,王翦"空秦国甲士"[⑤],集六十万之众,但仍未敢贸然与楚军正面决战,而采取坚壁疲敌之术得以灭楚。

战国末期诸雄争胜,除了军事实力的比较外,在更大程度上是经济实力之较量。秦以田产、爵位鼓励士卒英勇作战,"使其民所以要利于上者,非战无由也"[⑥]。即使偶有败绩,也能凭借雄厚的经济实力,"息民以养士,蓄积粮食,三军之俸,有倍于前"[⑦],重新组织起有效的进攻。战国末期,秦赵之间的几次大的决战,就是在如此情形下进行的。赵据本土作战,赖人民之同仇敌忾,曾数次战胜

①　[西汉]司马迁:《史记》卷八《高祖本纪》,第364页。

②　[西汉]司马迁:《史记》卷八十七《李斯列传》,第2540页。

③　[西汉]司马迁:《史记》卷七十三《白起王翦列传》,第2334页。

④　[西汉]司马迁:《史记》卷七十三《白起王翦列传》,第2337页。

⑤　[西汉]司马迁:《史记》卷七十三《白起王翦列传》,第2340页。

⑥　[东汉]班固:《汉书》卷二十三《刑法志》,第1086页。

⑦　[西汉]刘向著,贺伟、侯仰军点校:《战国策》卷三十三《中山策》,第376页。

秦军。然而也正是这些战争耗尽了赵的基本国力。赵国虽然能"聚士卒,养从徒,欲赘天下之兵,明秦不弱"①,但是经济却非一时所能恢复。由于缺乏有力的物质保障,强大的军事实力终成强弩之末,势难持久。

恩格斯说,"暴力的胜利是以武器的生产为基础的,而武器的生产又是以整个生产为基础的。……经济情况供给暴力以配备和保持暴力工具的手段"②。在战国这样一个战争频仍的时代里,经济因素尤其是"为战争准备人力物力来源的农业生产"③更具决定性作用。在很多情况下,战争开支是沉重的社会负担、巨大的战争破坏从经济上摧毁了诸雄的生存条件,是"被(战争)吞噬的农业饿死了战争"④。与六国相反,"秦人以急农兼天下"⑤。这一认识产生于三国鼎立的时代并由魏武帝亲口说了出来,既是历史规律的某种重合,也是对魏灭蜀、西晋灭吴的深层诠释。

综上所述,中秦时期,秦国推行的大规模的变法运动,促使了新兴地主阶级和自耕农阶层的广泛形成,确立了新型的农业生产关系,极大地调动了劳动者的生产积极性;通过国家力量任地待役,徕民垦田,兴修水利,改善农业生产条件,使秦富天下十倍。而与秦农业的高速发展相对照,关东六国的农业发展水平显得滞后了不少,秦在经济实力上远远超过了东方六国。"秦富天下十倍",是秦能翦灭六国、获得一统的物质基础。

---

① [战国]韩非著,秦惠彬校点:《韩非子》卷六《解老》,第4页。注:原文为"聚士卒,养从"。"从"字后无"徒"字,张觉指出:"乾道本无'徒',据道藏本补,津田凤卿说:从徒,谓苏秦之徒,为合从说者。"从张觉说。参见张觉:《韩非子校注》,长沙:岳麓书社,2006年,第14—15页。

② 〔德国〕马克思、恩格斯:《马克思恩格斯全集》(第二十卷),第181—182页。

③ 石声汉:《中国农业遗产要略》,第7页。

④ 石声汉:《中国农业遗产要略》,第12页。

⑤ [唐]房玄龄:《晋书》卷二十六《食货志》,第783—784页。

第四章　盛秦农业

以秦灭六国为标志,秦历史进入了盛秦时期(前221年—前206年),这是中国农业第一次整体发展与第一次遭受严重破坏的特殊时代。这一时期的中国农业大致以秦始皇三十三年(前214)为界,呈现出截然相反的盛衰变化。这一历史过程正与秦帝国之盛衰相契合。基于以上认识我们把秦农业之兴衰看作关乎秦王朝命运的关键因素之一。

第一节　中国农业的整体发展

一、中国农业由区域发展进入整体发展阶段

秦王朝的建立,是中国农业第一次进入整体发展时期的重要标志。夏、商、西周三代农业虽比原始时代有了较大发展,但仍属粗放农业时期。夏、商、周族活动地域基本上局限于黄河中下游的汾涑、济泗、泾渭地带。当时华戎杂处,部落方国林立,三代国家政权除在王畿实行直接统治外,并没有从根本上改变部落时代的分散割据特征。"溥天之下,莫非王土"①,说来只是名义上的。当时的封国与部落,除了在政治上接受封号,经济上缴纳贡赋,军事上奉命从征外,其内政基本独立,享有很大的自治权力,他们视自身实力而对三代王朝臣叛不定。这些

---

① 《诗经·小雅·北山》,参见程俊英:《诗经译注》,第401页。

散布于"隙地"①"牧地"②间的点状农地,彼此间相互隔绝,独立发展。因此,三代农业并不具备全国性发展的自然与社会条件。

春秋战国时期,周王室东徙,推动了中原地区的农业开发。郑国的"蓬蒿藜藿"③之地,晋国的"南鄙之田"④,郑、宋间的无主隙地都已渐次被开垦为耕地,中原核心农区连成一体。以"尊王攘夷"⑤相号召,游牧族"逐渐向正北和西北方向山区和黄土高原转移"⑥,农牧业由点状并存进入空间分割阶段。而秦、晋、齐、楚诸国向周边地区的发展,又促进了西北、江南以及东部"负海盐卤"之地的开发,使中国古代农业历史由点状中心开发时代发展到区域整体拓展时代。

但是,春秋战国时代政由方伯,周室衰微,五霸七雄各自拥有相互分立的经济区而不相统辖,格局分裂的状态阻碍了农区间的交流与联系。唯有秦王朝的建立,才真正做到了着眼全国范围,进一步统辖规划农业发展;颁行统一的农业政策法令;全面加强农业生产管理;普遍推行先进的农业科学技术;致力于周边农牧区开发;促进农业经济、文化交流。这对于促进中国农业的全面发展与进步,具有划时代的意义。统一的秦王朝翻开了中国农业历史新的一页。

同时,秦统一天下,也标志着三代之后数百年战乱时代的结束,中国农业的正常发展有了一个相对安定的时代环境。春秋战国以来,连年的混战,严重破坏了农业生产,耗费了巨额的财富,给广大人民带来了深重的灾难。战争结束,渴望安定乃民心所向。贾谊《过秦论》指出,秦并海内,兼诸侯,南面称帝,"天下之士,斐然向风"⑦。其基本原因就是"近古之无王者久矣……是以诸侯力政,强凌弱,众暴寡,兵革不休,士民罢弊"⑧。秦灭六国,消除割据,使人民逢更生之机,故"元元之民冀得安其性命,莫不虚心而仰上"⑨。这反映了当时人民的普遍心态。

---

① [春秋]左丘明著,蒋冀骋标点:《左传》卷十二《哀公十二年》,第 407 页。

② 《周礼·夏官·牧师》,参见杨天宇:《周礼译注》,上海:上海古籍出版社,2004 年,第477 页。

③ [春秋]左丘明著,蒋冀骋标点:《左传》卷十《昭公十六年》,第 320 页。

④ [春秋]左丘明著,蒋冀骋标点:《左传》卷九《襄公十四年》,第 202 页。

⑤ 《春秋公羊传》卷五《僖公四年》,参见陈冬冬:《〈春秋公羊传〉通释》,第 204 页。

⑥ 王毓瑚:《我国历史上农业地理的一些特点和问题》。

⑦⑧⑨ [西汉]贾谊:《贾谊集》,第 5 页。

二、秦王促进全国农业整体发展的若干政策、措施

在秦始皇三十二年(前 215)大规模对周边用兵之前的几年中,社会生产秩序是基本正常的。秦王朝利用中央集权干预社会经济,实行了一系列有利于巩固统一与发展经济的进步的政策措施。

在统一后的十余年间,秦始皇"亲巡天下,周览远方"①,以加强对全国的控制,其中也包含着对农牧业生产的指导、考察。

秦始皇在结束了东方战争以后,于次年巡行陇西、北地。这一带曾经是早秦活动的中心地区之一。秦霸西戎,西北成为秦的大后方,其车马畴骑是秦灭六国的重要物质基础。秦始皇的巡行进一步加强了自穆公以来秦对西垂的统治,促进了当地农牧业的发展。史载,有乌氏(今甘肃平凉西北)倮者"畜至用谷量马牛,秦始皇帝令倮比封君,以时与列臣朝请"②。

公元前 219 年,"始皇东行郡县"③。在梁父山、琅琊台刻石颂德。其辞涉及农事者有,"治道运行,诸产得宜,皆有法式";"皇帝之功,勤劳本事。上农除未,黔首是富";"匡饬异俗,陵水经地。忧恤黔首,朝夕不懈";"节事以时,诸产繁殖。黔首安宁,不用兵革"等④。秦始皇这次东巡以报天地之功的封禅活动亦含重农之意。封禅乃盛世之典,数百载不一遇,非国泰民安不敢行此大礼。秦始皇重视齐地农业发展,故在琅琊"留三月","徙黔首三万户琅琊台下,复十二岁"⑤,有力地促进了齐地农业恢复。

公元前 215 年,始皇巡行碣石和北方边塞。有感于六国"以邻为壑"⑥,阻塞交通,造成水患。碣石刻辞中专门提到"堕坏城郭,决通川防,夷去险阻"⑦,这对生产发展和经济文化交流是有好处的。当时"地势既定,黎庶无徭,天下咸抚。

① ［西汉］司马迁:《史记》卷六《秦始皇本纪》,第 261 页。
② ［西汉］司马迁:《史记》卷一百二十九《货殖列传》,第 3260 页。
③ ［西汉］司马迁:《史记》卷六《秦始皇本纪》,第 242 页。
④ ［西汉］司马迁:《史记》卷六《秦始皇本纪》,第 243—245 页。
⑤ ［西汉］司马迁:《史记》卷六《秦始皇本纪》,第 244 页。
⑥ ［战国］孟轲著,万丽华、蓝旭译注:《孟子》卷十二《告子下》,第 281 页。
⑦ ［西汉］司马迁:《史记》卷六《秦始皇本纪》,第 252 页。

男乐其畴,女修其业,事各有序。惠被诸产,久并来田,莫不安所"①。反映出秦始皇三十三年之前全国社会、经济的正常发展与人民之安居乐业。后来秦能对周边地区用兵并大兴土木工程,皆有赖于这一时期的财富积累。

司马迁说:始皇二十六年(前221)"分天下以为三十六郡"②。以后随着边境的开发和郡治的调整,秦郡总数曾达四十六个。秦郡设置,除了政治、军事目的外,"在富庶地区设郡则是为了加强对经济地区的管理"③。秦统一后,为各地经济的多样性发展与交流,创造了良好的条件,四十六郡分别成为不同的经济中心。

当时中原一带及秦之内史、巴、蜀地区,都是经济较为发达的农业富庶区,故秦郡之设最为密集。齐、薛、琅琊、邯郸、河东诸地因为富庶的缘故,分别设置东海、冀北、胶东、恒山、河内数郡。有人指出,以秦岭淮河划分南北,郡数差别甚为悬殊。北方多至三十四郡,尚不包括早已属秦的巴、蜀、汉中三郡。秦郡分布,基本上反映了当时中国以黄河中下游流域为核心经济区的历史现实,而徙民实边地、修驰道堕壁垒、凿灵渠以通粮道等措施,也在客观上促进了边郡的经济开发,密切了边地与内地的经济、文化联系。

云梦秦简《南郡守腾文书》中郡守有"修法律令、田令"④的职责,表明郡守直接过问农业生产。《田律》规定地方官吏在下雨之后,要向上级报告雨量多少和"所利顷数"⑤;遇到干旱、暴风雨、水潦、螽等灾害,也要限期向上级报告。《仓律》规定,"入禾稼、刍藁,辄为籯籍,上内史"⑥。并且把地方官巡行郡县、劝民农桑、赈救乏绝、上计户口垦田、钱谷入出、盗贼多少,作为考核官吏的重要内容。

秦统一后,在中央设治粟内史,并且逐级设置农官,以管理和督促农业生产。《汉书·百官公卿表》,"治粟内史,秦官,掌谷货"⑦。治粟内史位列九卿,将三代

---

① [西汉]司马迁:《史记》卷六《秦始皇本纪》,第252页。

② [西汉]司马迁:《史记》卷六《秦始皇本纪》,第239页。

③ 曹尔琴:《论秦郡及其分布》,《中国历史地理论丛》1990年第4期。

④ 武汉大学简帛研究中心:《秦简牍合集(4)》,武汉:武汉大学出版社,2016年,第228页。

⑤ 睡虎地秦墓竹简整理小组:《睡虎地秦墓竹简》,第24页。

⑥ 睡虎地秦墓竹简整理小组:《睡虎地秦墓竹简》,第38页。

⑦ [东汉]班固:《汉书》卷十九《百官公卿表上》,第731页。

以来主管"谷货"官吏的级别由下大夫提高到卿位,表明了秦对农业生产的极端重视。秦的下层农官,见诸云梦秦简的有大田、田典、田啬夫、田佐、仓啬夫、厩啬夫、皂啬夫、漆园啬夫、苑啬夫、牛长、苑计等。他们负责土地授受,租赋收入,生产管理,并且控制着大量的牛、马、铁器、车辆、种子等生产资料以借贷给生产者使用。国家对于这些官吏定期考核,并且建立了严格的考核标准。"殿"者要受处罚,"最"者得到奖励;有"劳"者升迁,不备者废免。① 统一的、卓有成效的农官体系,加强了对生产过程的管理,这是秦统一后农业获得迅速发展的重要原因之一。

秦自商鞅变法以后,新型的生产关系迅速发展起来,军功地主与自耕农土地所有制度成为最基本的农业经济形态。统一中国以后,秦将这一制度推向全国,促进了土地私有制的深入发展。秦利用战争后存在大量无主荒田的现实,通过授田的形式承认农民对土地的占有,然后"以其受田之数,无垦(垦)不垦(垦),顷入刍三石、稾二石"②,既增加了政府的收入,在客观上也有督促农民积极播种土地的意义。秦大规模的迁徙六国富豪,其目的在于打击、削弱他们的政治经济势力。由于远途迁徙,许多富豪不得不抛弃田业家产,"独夫妻推辇,行诣迁处"③。这在某种程度上调整了迁出地的阶级关系,促进了迁入地的经济开发。

始皇三十一年(前216),"使黔首自实田"④,向政府登记实际占有田地的数额,在全国范围内宣布承认土地私有制,并以法律的形式保护私有土地,盗徙阡

① 樊志民:《战国秦汉农官制度研究》,《史学月刊》2003 年第 5 期。

② 睡虎地秦墓竹简整理小组:《睡虎地秦墓竹简·田律》,第 27—28 页。

③ [西汉]司马迁:《史记》卷一百二十九《货殖列传》,第 3277 页。

④ [西汉]司马迁:《史记》卷六《秦始皇本纪》附《史记集解》引徐广语,第 251 页。注:长期以来,学界对"使黔首自实田"的解释争议颇大。大体分为两种说法:一、释"实"为呈报,意为:要求黔首自己向官府呈报所占土地数额,作为征收赋税标准,标志着土地私有制的确立。二、释"实"为充实,意为:按国家规定数额让黔首自己设法占有足额土地,不再保证按规定授田,并认为这是战国类型授田制的崩溃。有学者认为第二种说法更具说服力,其真正含义是:"实"应解释为"充实、具有",从字面上看,是说黔首自己去充实土地。但不能因此认为农民自由充实土地,而应是有条件地充实。其所充实之田不是无主荒地,是要求那些授田民去"实"他们自己新领到的土地,要求他们专心农耕,不要弃农经商。参见赵理平:《"使黔首自实田"新解》,载于吴永琪主编:《秦文化论丛》(第 13 辑),西安:三秦出版社,2006 年,第 103—111页。

陌顷畔封界者处以"赎耐"①之刑。秦碣石刻辞中有"久并来田,莫不安所"②,由于刻辞讹误,长期以来难得详解。裴骃《史记集解》据徐广曰改"久"作"分"③。释为"分并来(莱)田"。这是秦朝建立后全面调整土地占有关系的重要史料。作为土地制度的根本性变革,对秦社会经济之发展确有"惠被诸产……莫不安所"④的历史作用。

　　战国时期,秦在征服六国的过程中,把本国原来居民称为"故秦人"⑤或"故秦"⑥,降服的六国居民称"新民"⑦,未降服者叫做"臣邦人"、"夏"人、"邦客"⑧,在身份地位上保持着某种程度的不平等。秦统一后,"更民名曰'黔首'"⑨,这是一个包含广泛的社会阶层,具有推崇农业劳动的意义。以表示全国百姓皆为皇帝子民,不再有征服与被征服民族之分,也不用人们居住生活的不同地域来标志居民的等级身份⑩。始皇二十七年(前220)下令对全国民众"赐爵一级"⑪;三十一年(前216)"赐黔首里六石米,二羊"⑫。普遍提高了农业劳动者的政治地位。

　　与此同时,秦仍把重农作为基本的经济政策,重申"勤劳本事,上农除末"⑬;强调"男乐其畴,女修其业"⑭。即使在焚书坑儒的非常时期,仍能不焚"种树"⑮之书,表现了对农业生产的重视。秦行诸全国的农业政策法令,是在其早期发展

---

①　睡虎地秦墓竹简整理小组:《睡虎地秦墓竹简》,第178页。注:耐:剃去鬓发之刑;赎耐:出钱以赎耐刑。参见于凯:《战国史》,上海:上海人民出版社,2015年,第69页。

②　[西汉]司马迁:《史记》卷六《秦始皇本纪》,第252页。

③　[西汉]司马迁:《史记》卷六《秦始皇本纪》附《史记集解》引徐广语,第252页。

④　[西汉]司马迁:《史记》卷六《秦始皇本纪》,第252页。

⑤　睡虎地秦墓竹简整理小组:《睡虎地秦墓竹简》,第130页。

⑥⑦　[战国]商鞅著,章诗同注:《商君书》卷四《徕民》,第50页。

⑧　睡虎地秦墓竹简整理小组:《睡虎地秦墓竹简》,第226、189页。

⑨　[西汉]司马迁:《史记》卷六《秦始皇本纪》,第239页。

⑩　宋杰:《〈九章算术〉与汉代社会经济》:北京:首都师范大学出版社,1994年,第147—148页。

⑪　[西汉]司马迁:《史记》卷六《秦始皇本纪》,第241页。

⑫　[西汉]司马迁:《史记》卷六《秦始皇本纪》,第251页。

⑬　[西汉]司马迁:《史记》卷六《秦始皇本纪》,第245页。

⑭　[西汉]司马迁:《史记》卷六《秦始皇本纪》,第252页。

⑮　[西汉]司马迁:《史记》卷六《秦始皇本纪》,第255页。

过程中经过实践证明的成功经验。它保证了秦统一后一段时间内生产的正常发展,人民的安居乐业。

秦统一后,在中央设立都水长丞,统一管理全国水利事业,并兴建了许多水利工程①。其中最主要的水利设施是秦始皇三十年(前217)进军南越时修凿的灵渠工程。秦还决通堤防,疏浚鸿沟,"与济、汝、淮、泗会"②;起塘为陂,"治陵水道,到钱塘、越地,通浙江"③;"通汩罗之流"④;"兴成渠……自秦汉以来疏凿为漕渠"⑤;在银川平原兴建秦渠与北地新渠。始皇历次出巡亦多有治水疏河行动。泗水以求周鼎而闻名,沿岸有"秦沟水""秦梁洪"⑥等,当为秦人整治遗迹。浙江嘉兴有天星湖,"湖中水草不生,大旱不竭。旧传秦始皇发囚所掘"⑦。秦淮,乃"秦始皇东巡会稽,经秣陵,因凿钟山,断金陵长陇以疏淮"⑧而成。秦统一后将秦国卓有成效的水利经验推行全国,水利工程多兴建于南北边郡与关东六国旧地,促进了农业基本生产条件的全面改善。

三、农业整体发展与秦帝国的物质基础

大一统的安定局面与相关政策措施之施行,促进了农业的繁荣与发展,为秦帝国盛极一时奠定了坚实的物质基础。有人以为,追求"大"与"多"是秦文化的

---

① 王云度:《试论秦统一后社会经济的发展》,《中国史研究》1987年第3期。注:本段史料皆依王文。

② 〔西汉〕司马迁:《史记》卷二十九《河渠书》,第1407页。

③ 〔东汉〕袁康、吴平著,徐儒宗点校:《越绝书》卷二《外传记·吴地传》,杭州:浙江古籍出版社,2013年,第16页。

④ 〔东晋〕王嘉注,孟庆祥、商微姝译注:《拾遗记》,哈尔滨:黑龙江人民出版社,1989年,第23页。

⑤ 〔北宋〕宋敏求:《长安志》卷十三《县三·咸阳》,参见〔北宋〕宋敏求、〔元〕李好文著,辛德勇、郎洁点校:《长安志·长安图志》,西安:三秦出版社,2013年,第408页。

⑥ 〔清〕朱忻、刘庠:《同治徐州府志》卷十三《山川考》,台北:成文出版社有限公司,1970年,第370页。

⑦ 浙江省地方志编纂委员会:《清雍正朝浙江通志》卷十一《山川三》,北京:中华书局,2001年,第463页。

⑧ 〔南宋〕张敦颐著,张忱石点校:《六朝事迹类编》卷五《江河门·秦淮》,上海:上海古籍出版社,1995年,第60页。

重要特征之一①。秦统一后,"徙天下豪富于咸阳十二万户"②,以户均五口计算,即达六十万人,"加上咸阳原有人口,当在百万以上"③。这么多居民的生活供给,没有相当发达的农业支撑系统是不可能的。

秦筑长城、建阿房、修驰道、戍五岭、穿骊山,其规模之大更是尽人皆知,它们皆以巨额的农产品消耗为代价。张维华在《中国长城建置考(上编)》中估计,长城工程劳役用工"总在伍士卒及戍卒与罪谪计之,当不下数百万人"。仅"中国内地挽车而饷之"的施工人员以百万人计,每年至少需三千万石以上的粮食④。虽经如此挥霍,秦官仓中仍积贮大批粮食。

秦律中的资料表明,秦从中央(内史)到地方(县)都有粮仓的设立。咸阳是国都所在,粮仓规模宏大,"十万石一积","栎阳二万石一积"⑤。秦末,陈留"积粟数千万石"⑥,刘邦"得秦积粟"⑦,"留出入三月,从兵以万数,遂入破秦"⑧。南阳之宛,也是"大郡之都也,连城数十,人民众,积蓄多"⑨。这里所谓积蓄,主要也是指粮食的储备。楚汉战争的最后阶段,大将彭越攻下昌邑旁二十余城,"得谷十余万斛,以给汉王食"⑩,这十余万斛粮食,也应是秦代粮仓原来的储存。秦代最有名的粮仓是建于荥阳、成皋间的敖仓。谋士郦食其曾曰"夫敖仓,天下转输久矣,臣闻其下迺(乃)有藏粟甚多"⑪,并把夺敖仓看作"天所以资汉也"⑫。秦亡汉兴十几年间,敖仓的粮食始终取用不竭,其储粮之多可想而知。

楚汉战争期间,巴蜀地区成为供应汉军粮食、兵员的后方基地。刘邦北征关

① 林剑鸣:《从秦价值观看秦文化的特点》。
② [西汉]司马迁:《史记》卷六《秦始皇本纪》,第 239 页。
③ 王云度:《试论秦统一后社会经济的发展》,第 27—38 页。
④ 王子今:《秦汉长城与北边交通》,《历史研究》1988 年第 6 期。
⑤ 睡虎地秦墓竹简小组:《睡虎地秦墓竹简》,第 36 页。
⑥ [西汉]司马迁:《史记》卷九十七《郦生陆贾列传》,第 2694 页。
⑦ [西汉]司马迁:《史记》卷八《高祖本纪》,第 358 页。
⑧ [西汉]司马迁:《史记》卷九十七《郦生陆贾列传》,第 2694 页。
⑨ [西汉]司马迁:《史记》卷八《高祖本纪》,第 359 页。
⑩ [西汉]司马迁:《史记》卷九十《魏豹彭越列传》,第 2592 页。
⑪ [西汉]司马迁:《史记》卷九十七《郦生陆贾列传》,第 2694 页。
⑫ [西汉]司马迁:《史记》卷九十七《郦生陆贾列传》,第 2705 页。

中,进军河南,"(萧)何以丞相留收巴蜀,填(镇)抚谕告,使给军食"①。"汉祖自汉中出三秦伐楚,萧何发蜀、汉米万舺(船)而给助军粮"②,司马迁在《史记·六国年表》中说,"汉之兴自蜀汉"③。以后诸葛亮也指出,"益州险塞,沃野千里,天府之土,高祖因之以成帝业"④。这些军用粮食,同样是取诸秦时积贮。秦的统治中心关中地区,农业生产始终处于领先地位,粮食储备更加丰富。刘邦入关,秦民犒劳义军,刘邦不受,曰"仓粟多,非乏,不欲费人"⑤。秦汉战争中,萧何"转漕关中,给食不乏"⑥,有力地支援了刘邦统一全国的斗争。秦代粮食积蓄之丰富,从一个侧面反映了秦时农业经济的繁荣⑦。

综上所述,盛秦时期中国农业由区域发展进入整体发展阶段。在此期间秦王嬴政采取了一系列促进全国农业整体发展的政策、措施,这些政策和措施的实施,有力地推动了秦国农业的发展和国力的提升,为秦灭六国、建立帝国奠定了雄厚的物质基础。

第二节 《吕氏春秋·上农》四篇 与中国农学哲理化趋势

早在20世纪60年代,著名农史学家石声汉就认为:很早以前,我们的祖先就在农业生产和与自然作斗争中,认识、总结出自己的自然哲学宇宙观⑧。但是,长期以来,我们由于过分强调传统农业的经验与直观特征,习惯于以某些具体科技指标评价古代农学成就,而忽视了中国传统农学丰富的哲学与思想内涵。

---

① [西汉]司马迁:《史记》卷五十三《萧相国世家》,第2014页。

② [东晋]常璩:《华阳国志》卷三《蜀志》,第31页。

③ [西汉]司马迁:《史记》卷十五《六国年表》,第686页。

④ [西晋]陈寿:《三国志》卷三十五《蜀书·诸葛亮传》,第912—913页。

⑤ [西汉]司马迁:《史记》卷八《高祖本纪》,第362页。

⑥ [西汉]司马迁:《史记》卷五十三《萧相国世家》,第2016页。

⑦ 安作璋:《从睡虎地秦墓竹简看秦代的农业经济》,中国秦汉史研究会:《秦汉史论丛》(第一辑),西安:陕西人民出版社,1981年,第33—35页。

⑧ 石声汉:《中国古代农书评介》,北京:农业出版社1980年,第4页。

这样既无助于中国传统农业研究之深入,也容易在古代农学成就评价上出现偏颇。对《吕氏春秋》农学哲理化趋势的研究,为我们从更高层次认识、评价秦农业开辟了新的途径。

一、吕书农学内涵的重新认识

(一)吕书农业文献、科技价值简介

公元前 249 年,秦庄襄王即位,吕不韦为相国。三年后嬴政继位,吕不韦继续任相国,并以"仲父"身份辅政,亲掌秦国军政大权十余年。在这期间,吕不韦扩展秦国疆土,发展秦国经济,为秦始皇统一六国创造了极为有利的条件。同时,吕不韦还"徕英茂、聚畯豪"①,主持编纂了《吕氏春秋》一书,为行将统一的秦帝国奠定理论基础、提供治国方略。

《吕氏春秋》是一部"备天地万物古今之事"②的鸿篇巨著。它兼采诸家学说,吸收优秀文化遗产,进行了大规模的学术、思想综合工作,力图集众狐之"白",以成千镒之"裘"。作为诸子之一的农家者流,也是《吕氏春秋》思想资料的重要构成部分。除了散见的农业资料外,吕书还专辟《上农》《任地》《辩土》《审时》四篇谈论农业,反映了吕不韦和秦国政府对农业问题的高度重视。

《吕氏春秋》为我们保存了大量的古代农业史料,尤其是《上农》等四篇,是我国现存最早的、最系统的农学文献,是我们研究先秦农业历史的重要依据之一。著名农史学家万国鼎在谈及吕书的农史价值时指出,在先秦农书皆已失传的情况下,"《吕氏春秋》中所保存的农学片段,成为唯一可借以探索先秦农业科学内容的主要资料……如果没有这部书,就只能凭借一些零星资料,模糊地做简略推测,不可能认识战国时代已经粗具规模的农业科学了"③。

在充分肯定吕书文献价值的同时,农史学界进一步认为,以《上农》等四篇为标志,奠定了中国古代精耕细作农业科学技术的基础;四篇是对战国以前农业科学技术发展的光辉总结;四篇所记述的精耕细作农业技术,直接为后世所继承

---

① [南宋]高似孙:《子略》卷四"《吕氏春秋》"条,参见[南宋]高似孙著,王群栗点校:《高似孙集(中)》,杭州:浙江古籍出版社,2015 年,第 474 页。

② [西汉]司马迁:《史记》卷八十五《吕不韦列传》,第 2510 页。

③ 万国鼎:《〈吕氏春秋〉的性质及其在农学史上的价值》,中国农科院、南京农学院中国农业遗产研究室:《农史研究集刊(第二册)》,北京:科学出版社,1960 年,第 175—185 页。

和发展;四篇对天地人关系作出的科学概括,成为中国传统农业精耕细作传统中最重要的指导思想①。以上评价,确立了吕书在中国农业科技、文献史上的重要地位。但是,我们感觉到仅着眼于四篇,尚不足以准确评价吕书的农史价值;单侧重于科技,更不足以全面反映当时的农业成就。当然,学术界已有人注意到了吕书各篇中所涉及的农事"字句",但他们只把这些看作对四篇农事内容的补充;也有人已指出了四篇的哲理化倾向,但他们只局限于对"三才"理论与某些技术原则的阐发,尚未进入更深层的研究。因此,《吕氏春秋》农史价值与农学成就大有重新认识之必要。

（二）吕书农业科技内容分析

细读吕书,我们就会发现其中所记述的农业科技"至少在有些方面是落后于现实的"②。铁犁和牛耕的普遍推广,是当时农业生产力迅速发展的重要标志,秦以"牛田"而富强,但是吕书中"没有牛耕的明确证据"③。有人或谓《上农》等四篇中的耒、耜为犁,但这也仅仅是一种推测而已,难以实证。施肥和灌溉在战国时代备受重视,成为农业生产中调节土壤肥力、水分,满足作物养分需求的重要措施。但是吕书中没有涉及施肥和灌溉的内容。《任地》篇有关土壤肥瘠、燥湿的调节问题,似乎"主要是通过耕作实现的"④。战国末期,秦国水利建设事业掀起高潮。都江堰兴建于吕不韦相秦之前不久,而郑国渠之兴则正当吕不韦任内。《吕氏春秋》虽成书于秦,但却没有反映这一情况。即使专门谈农业问题的《上农》等四篇,也是"偏于理论性的,没有叙说具体技术,甚至没有概略地提到应有的全部技术项目"⑤。

为什么会出现以上情况呢？有人认为,吕书虽成于秦,但是"有关农事部分的作者,原是来自六国的宾客,不熟悉秦国情况……秦国的先进技术没有引起他们的注意或足够的重视"⑥。将吕书中的农业科技相对落后于现实,归咎于六国宾客的"不熟悉秦国情况",看来十分牵强。吕氏门人三千,应是秦与六国之人皆有,农事部分到底出自谁手,不宜遽断。有人则由《上农》四篇的时代性入手

①　梁家勉:《中国农业科学技术史稿》,161 页。

②　万国鼎:《〈吕氏春秋〉的性质及其在农学史上的价值》,第175—185 页。

③④　李根蟠:《试论〈吕氏春秋·上农〉等四篇的时代性》,第56—68 页。

⑤⑥　万国鼎:《〈吕氏春秋〉的性质及其在农学史上的价值》,第175—185 页。

考虑问题，认为"《吕氏春秋·上农》四篇大致取材于《后稷》农书"，吕书四篇中所反映的是战国以前的农业经济制度和农业技术体系①。把《上农》等四篇与《后稷》书相联系，似乎解决了农事资料的时代性问题，但是《后稷》一书所处时代尚不具备传统农业科技奠基的历史条件。这样又从根本上动摇了对《上农》等四篇农史地位的评价问题。

我们认为，《吕氏春秋》就总体而言不是科技著作。它所涉及的科技资料，大多是经过取舍、加工，围绕有关主题"来支持所要说的论点"②的。对吕书中的农业科技资料，我们亦应作如是观。这些征引的农业史料，有吕不韦时代的，也有吕书之前的。祖述先贤、托古立言是中国古代著述的重要表现形式之一，因此吕书在某种程度上也习惯于"旧瓶装新酒"，借先秦农家言来阐发自己当时的农业思想与观点。这样，《上农》四篇虽取材于《后稷》农书，有些资料显得陈旧，但它并不妨碍吕书形而上的农业哲学与农学思想探索。所以我们仍可在《上农》四篇中看到深刻的农学思想、精巧的技术原则，以及它对天、地、人关系的近乎完美的表述。

以上研究告诉我们：应该重视吕书中的具体技术，但不必拘泥于它，而应该从更高层次去认识其农史价值，这些或许才是吕书精华所在。

（三）吕书农学的器、道辩

长期以来，人们习惯于把农家看作钻研生产技术的学派，忽视了农家学派的思想与哲学成就，低估了农家学派对中国古代哲学、思想发展的巨大贡献。同样，在吕书农学成就评价上也存在着这种偏差。

从哲学或思想史角度来看，"（六经）诸子之学，皆道也，非器也"③。战国以来的"农家者流"④，与诸子并称于世，合为九流。其所论按理也应是"道"而非"器"。但是，有人偏将农家打入另册，认为"惟农家者流，独以'农'名家，似所言

①　夏玮瑛：《吕氏春秋上农等四篇校释》，第 128 页。

②　万国鼎：《〈吕氏春秋〉的性质及其在农学史上的价值》，第 175—185 页。

③　刘咸炘：《推十书》（增补全本乙辑第 1 册），上海：上海科学技术文献出版社，2009年，第 99 页。

④　［东汉］班固：《汉书》卷三十《艺文志》，第 1743 页。

者戈戈,无关于大道……专详于农事,远于道而近于器"①。更有甚者,说什么"农而可列于九流也,则如孙、吴之兵,计然、白圭之商、扁鹊之医,亦不可不为一流也"②。受此思想影响,目前所见历史学论著言及战国时代学术思想发展,多以农家是技术学派为由,将其略而不论。好在农史学界有一些先觉者已经注意到这一偏差,致力于农家学派思想、哲学成就的阐发。让人们在了解中国古代农业科技成就的同时,深刻认识中国传统农学思想在中国传统哲学体系形成过程中的地位与作用。我们期望这些认识与研究能逐渐为史学界接受、认可,改变对中国古代农家学派的偏见。

中国传统哲学体系的形成与发展,源于中华民族长期的社会、生产实践。农业作为古代社会的决定性生产部门,它的社会、经济、文化内涵构成了中华民族文化的基本特征。在传统农业发展过程中形成的传统农业文化奠定了中国传统文化的基础。这一文化不仅是农村的文化,农民的文化,"而且也是城市文化,官、商、兵乃至知识分子的文化"。它历史久远,内涵丰富,贯穿古今,渗透在各个领域。以至于在今天我们仍能"处处都感觉到它的存在和影响"③。基于以上认识,我们觉得欲了解中国传统哲学体系的形成与发展,必须充分肯定中国传统农学的初始与本源地位。研究中国传统哲学,只有由此入手,方能正本清源,准确把握中国传统哲学的整体特征与基本内涵,得出合乎规律的正确认识。

我们认为,农家学派兼含器、道。器是他们来自于生产实践的科学技术;道是他们由农业而观察、认识世界的思想观念。吕书农学为我们保留了非常丰富的科技史料,更蕴藏了弥足珍贵的农学哲理,似乎更重于"道"之阐发。

二、吕书"月令图式"及其影响

(一)吕书框架体系与"月令图式"

冯友兰先生说:"《吕氏春秋》是我国最早之有形式系统之私人著述。盖自先秦贵族政治崩坏以后,虽百家并起,各有述作,然皆仅具篇章,未有如后世所有

① 江琯:《读子卮言·论农家非言农事》,上海:华东师范大学出版社,2012年,第127页。

② 梁启超:《梁启超论中国文化史》,北京:商务印书馆,2012年,第216页。

③ 邹德秀:《根石屋文存》,咸阳:西北农林科技大学出版社,2006年,第95页。

之整书也。……独《吕氏春秋》乃依预定计划写成,有十二纪八览六论,纲具目张,条分理顺,此在当时,盖为创举"①。十二纪乃吕书大旨所在,这可由该书以"春秋"为名推知一二。宋人王应麟说,"以'月纪'为首,故以'春秋'名书"②。吕书以十二纪纪首为骨干框架,编制了一个庞大的自然、社会发展变化体系。它将季节、天象、物候、生产、政事、祭祀、气数、生活等包容进去,形成了一个以一年为周期,周而复始的循环系统,这就是所谓的"月令图式"。

学术界有人将吕书框架体系之形成,归功于阴阳五行学说之影响。但是,"序四时之大顺"③也是农业活动的最基本特征之一。阴阳这一对中国哲学的基本范畴,其初意只不过是指日光向背,气候寒暖。周人迁豳后,"相其阴阳,观其流泉"④之目的正在于"彻田为粮"⑤。而金(青铜)、木、水、火、土正是人民日常生活中不可或缺的五种物质形态,"水火者,百姓之所饮食也;金木者,百姓之所兴作也;土者,万物之所资生也"⑥。上溯十二纪渊源,据传五帝时代已有"迎日推策"⑦,即观察并记录太阳运行轨迹,以推算节气历数的变化。同样,"观象授时"⑧成为时人判断季节、计算时间、安排生产的重要依据。禹"颁夏时于邦国"⑨,传世的《夏小正》已按一年十二个月编排了气候、物候、农事、祭祀、政治的活动。《豳风·七月》记述的物候及其相联系的农事,终年不辍。按月依次安排农业事项,用来计划或指导农业生产,以后成为中国古代农书的重要类型之一。

---

① 冯友兰:《吕氏春秋集释序》,出自许维遹撰,梁运华整理:《吕氏春秋集释》,北京:中华书局,2009 年。

② [南宋]王应麟著,武秀成、赵庶洋校证:《玉海艺文校证(上)》卷七《续春秋》"吕氏春秋吕览"条,南京:凤凰出版社,2013 年,第 288 页。

③ [西汉]司马迁:《史记》第一百三十《太史公自序》,第 3289 页。

④⑤ 《诗经·大雅·公刘》,参见程俊英:《诗经译注》,第 408 页。

⑥ [西汉]伏生著,[东汉]郑玄注,[清]陈寿祺辑校:《尚书大传》卷二《周传·洪范》,参见朱维铮:《中国经学史基本丛书·尚书大传》,上海:上海书店出版社,2012 年,第 26 页。

⑦ [西汉]司马迁:《史记》卷一《五帝本纪》,第 6 页。

⑧ 注:《尚书·尧典》载"羲和……历象日月星辰,敬授人时",参见李民、王健:《尚书译注》,上海:上海古籍出版社,2014 年,第 2 页。清代毕沅在《夏小正考证》中首先提出"观象授时"这一术语,参见杜修彭:《简明百科溯源辞典》,南京:南京大学出版社,1992 年,第 562 页。

⑨ 王国维:《今本竹书纪年疏证》,附于方诗铭、王修龄:《古本竹书纪年辑证》,上海:上海古籍出版社,1981 年,第 201 页。

吕书《十二纪》无论其体例、内容都与《夏小正》《豳风·七月》十分相似，它无疑是缘着这一体系发展而来的。而在《夏小正》《豳风·七月》时代尚无阴阳家学派则是可以肯定的。

这里还有必要提及吕书十二纪与《礼记·月令》间的关系。儒家经典《礼记》中有《月令》一篇，所载内容基本上和十二纪纪首相同。很早就有人已认定《月令》乃集合十二纪而成。东汉经学家郑玄在《三礼目录》中说，"名曰'月令'者，以其记十二月政之所行也。本《吕氏春秋》十二月纪之首章也。以礼家好事抄合之，后人因题之名曰'礼记'"①。《隋书·经籍志》则认为是汉末经学家马融将《吕氏春秋·十二纪》中的首篇汇抄为《月令》列入《礼记》之中②。清人梁玉绳根据十二纪中"太尉""囹圄""民社"等秦用名词，以及吕书《序意》中"维秦八年，良人请问十二纪"的记载，认为《月令》"为不韦作审矣"。③ 严格地说，十二纪应是吕不韦及其门客综合历代及秦农事月令记录而成。当然，经吕氏编辑之后其形式更为严整、结构更为庞大、内容更为复杂了。

吕书十二纪纪首内容虽然庞杂，但与农事关系最为密切。春季万物复苏，耕作渐忙。"王布农事"④，"耕者少舍"⑤，修堤防、导沟渎、开道路、劝蚕事，这正是时令要求做的农事。夏季万物繁茂，五谷旺盛，不误农时、保护庄稼乃当务之急。要求"无起土功，无发大众"⑥，"命野虞出行田原，劳农劝民，无或失时"。"驱兽

---

①　陈奇猷：《吕氏春秋新校释》附录《吕氏春秋考证资料辑要》，上海：上海古籍出版社，2002 年，第 1847 页。

②　杨宽：《杨宽著作集·古史探微》，上海：上海人民出版社，2016 年，第 506 页。

③　[清]梁玉绳、陈昌齐：《吕子校补·吕氏春秋正误》，北京：中华书局，1991 年，第 11 页。

④　[秦]吕不韦著，[东汉]高诱注，徐小蛮标点：《吕氏春秋》卷一《孟春纪·孟春》，第 4 页。

⑤　[秦]吕不韦著，[东汉]高诱注，徐小蛮标点：《吕氏春秋》卷二《仲春纪·仲春》，第 25 页。

⑥　[秦]吕不韦著，[东汉]高诱注，徐小蛮标点：《吕氏春秋》卷四《孟夏纪·孟夏》，第 69 页。

无害五谷,无大田猎"①,"游牝别其群"②,"烧薙行水,利以杀草"③。秋季是收获季节,同时还要秋种和预备过冬,在政令上规定完堤防、葺宫室、修囷仓、劝种麦,"趣民收敛"④。"举五种之要。藏帝籍之收于神仓"。⑤ 冬季处于岁末,严寒笼罩,除渔、林活动以外,"劳农夫以休息之"。⑥ 同时"令告民出五种。命司农计耦耕事,修耒耜,具田器"⑦,以备来年春耕之用。

农事与月令配合,凝聚成为这样一种大致固定的格式,成为一个农业国家的农事活动时间表。它来自生产实践,没有丝毫的神秘意味。所以说,"在一定意义上,十二纪纪首是古代农业生产经验在理论上的升华,是农事活动的法典"⑧。它以农为中心观察四季更替,记录天地运行,描述生物变化,综合地体现了当时农业生产的科学技术水平。

(二)"月令图式"与农业民族文化思维特点

如果说《夏小正》《豳风·七月》还是简单的农事物候历书的话,那么吕书十二纪除仍具此功能外已凝固成一种体现农业民族特点的文化和思维模式了。

月令图式产生在古代的中国,是这里农业文明高度发展的结果。黄河中下游地区是中国古代文明的发祥地。这里四季分明,宜于农耕。先民们以农耕者的眼光观察他们周围的天地万物,于是天地万物也就打上了明显的农业文化烙

---

① [秦]吕不韦著,[东汉]高诱注,徐小蛮标点:《吕氏春秋》卷四《孟夏纪·孟夏》,第69—70 页。

② [秦]吕不韦著,[东汉]高诱注,徐小蛮标点:《吕氏春秋》卷五《仲夏纪·仲夏》,第89 页。

③ [秦]吕不韦著,[东汉]高诱注,徐小蛮标点:《吕氏春秋》卷六《季夏纪·季夏》,第112 页。

④ [秦]吕不韦著,[东汉]高诱注,徐小蛮标点:《吕氏春秋》卷八《仲秋纪·仲秋》,第153 页。

⑤ [秦]吕不韦著,[东汉]高诱注,徐小蛮标点:《吕氏春秋》卷九《季秋纪·季秋》,第170 页。

⑥ [秦]吕不韦著,[东汉]高诱注,徐小蛮标点:《吕氏春秋》卷十《孟冬纪·孟冬》,第191 页。

⑦ [秦]吕不韦著,[东汉]高诱注,徐小蛮标点:《吕氏春秋》卷十二《季冬纪·季冬》,第227 页。

⑧ 牟钟鉴:《〈吕氏春秋〉与〈淮南子〉思想研究》,济南:齐鲁书社,1987 年,第44 页。

印。在图式中,我们所看到的是一个以农业为中心的社会。国家政事服从于时令的运行,除了四方之外,特别突出了土居中央的地位。全部图式是围绕着农业来组织、安排各种活动的。在图式中没有纯时间与空间观念,它的时空观念是以自我(主体)为中心,主客观双方有机联系的具体的时间与空间。"时间不是直线流逝而是循环往复的,空间不是无限扩展而是随时间流转的。时间的量度单位虽有年月日等计量单位,但与空间相联系的天干地支占重要地位,而且其基本的标志和内容是特定的农业物候"①。

这种由物候、天象、农事活动的周期性变化而引发的圜道观念,是农业民族特有的思维特征之一,它深刻地影响了中国古代的自然观、历史观、价值观以及科学技术思想的发展。图式中的天地,是生育万物的大自然。天有日月星辰之行,序为四季农时;地有山川泽谷,长养五方物产。图式中也有大量的阴阳五行内容,虽给人以牵强拼凑之感,但并无多少神秘色彩。它是以阴阳二气消长来反映天地运行、四季转换;而五行、五方、五色、五音等则是天地、季节运转的相应指示物,其中亦不无合理的成分。例如,春季天气下降地气上腾,生气方盛,阳气发泄,草木繁生披绿,故以木为春之德,木色青故色尚青,东方为阳升之处故方位尚东。夏季尚赤,尚南,尚火;秋季尚白,尚西,尚金;冬季尚黑,尚北,尚水。似乎都可依此类推,获得合理的解释。

最重要的是,在月令图式中以十二纪为坐标建立起一个标准的自然、社会运行体系。在这一体系中天序四时,地生万物,人治诸业,人与天地相参,科学地反映了人类与自然之间的相互作用与基本关系。人们只有遵循宇宙法则、自然规律,"行(其)数,循其理,平其私"②,才能进一步认识和改造自然。不能凭借个人意志与权威随意胡来,否则就会破坏生态,引发灾异,造成社会动荡。这一体系强调秩序、平衡与和谐,并以此来规范人与人、人与自然间的关系,建立起典型的农业社会行为约束机制。

月令图式以十二纪的形式表述了特有的思想、哲学观点,并且结合农业生产

---

① 金春峰:《"月令"图式与中国古代思维方式的特点及其对科学、哲学的影响》,深圳大学国学研究所:《中国文化与中国哲学》,北京:东方出版社,1986年,第126—159页。
② [秦]吕不韦著,[东汉]高诱注,徐小蛮标点:《吕氏春秋》卷十二《季冬纪·序意》,第241页。

对阴阳、天地、时间、空间等基本哲学范畴进行了合理地界定。它表明中华民族已由农业生产而进于农业文化,并以此表达他们对世界的基本看法,丰富了中华民族的传统哲学内涵。

金春峰先生在《"月令图式"与中国古代思维方式的特点及其对科学、哲学的影响》一文中说,月令图式是中国古代最典型、最具广泛影响的文化和思维模式,"《吕氏春秋》作为一部为统一后的国家政策和政治活动提供指导思想与方针的著作,它确定以'十二纪'为首,统帅按时令进行的政治活动,是这个图式即将上升为国家的政治指导思想的表示"①。这也意味着中华民族的农业民族思维特征,在吕书时代已经趋于成熟了。

三、吕书农学哲理化趋势与秦国农业发展

（一）吕书农学哲理化趋势

吕书十二纪按春、夏、秋、冬划分四季;每季又分孟、仲、季三纪;纪后所配四篇文章亦缘春生、夏长、秋收、冬藏自然之义展开。春天生育万物,故论养生治国;夏天生机繁盛,故言树人教化;秋天肃杀物成,故譬用兵施刑;冬天人息粮藏,松柏后凋,故喻死葬忠廉。吕书八览、六论也是由天地有始、开春生机入手,逐步推及自然、社会、人生的发展变化。这里用来搭构吕书框架的农事周期诸内容,已经脱离具体的生产形态而升华、凝聚为一种思维模式。以这样的模式为框架来编排一部政书,这在中国历史上是前所未有的。这一模式在组织形式上的系统性和完整性,是科学地归纳、总结农业生产过程与生产特点的结果。

吕书对自然界的时空转换、生物循环、农事周期诸现象,用圜道理论予以阐发。并由天地万物之圜道引申到为君之道,要求"圣王法之",把它作为一种理论指导原则。

吕书《上农》四篇分论上农、审时、辩土诸问题,强调重农贵志,顺应天时,精耕细作。在"对农业生产的理解中产生"②得出了"夫稼,为之者人也,生之者地

---

① 金春峰:《"月令"图式与中国古代思维方式的特点及其对科学、哲学的影响》。
② 梁家勉:《中国农业科学技术史稿》,第163—164页。

也,养之者天也"①这一富含哲理的总体性结论,深刻揭示了人与自然的关系,肯定了人类在自然界的主导地位与力量,从而成为人们理解天、地、人关系的一般准则。

吕书把农业生产赖以进行的外界条件归纳为天、地两大因素。天乃宇宙因素,"民以四时、寒暑、日月星辰之行知天";地乃"水、土、植被等条件,中心是土壤"②,"五种(谷)之于地也,必应其类,而蕃息于百倍"③。分类区分农业环境要素,是准确认识自然规律,因时因地制宜发展农业的前提。具体到作物生长发育的微环境,吕书以阴、阳概念统论影响作物生长发育的各种因子。"所谓阴,就是指从'地'获得水分和其他营养物质;所谓阳,应是指从'天'获得作物生长所必要的阳光、空气等"④。吕书认为通过耕作措施可以在一定范围内做到阴阳交济,创造出良好的作物生长发育条件,"下得阴,上得阳,然后咸生"⑤。

吕书中有《上农》四篇专论农业问题,这在全书有关生产门类的论述中占了最大篇幅,显示出秦对农业的重视。但是细读四篇,我们就会发现吕书之本意并不在于某些具体技术的实施过程和操作办法,而在于形成一些具有宏观指导作用的理论原则与总体目标。

(二)吕书农学与秦国农业发展

吕书农学哲理化趋势是秦农业与社会发展之结果。秦自商鞅变法之后,"囊括四海之意,并吞八荒之心"⑥日趋明显,秦历史由与列国争雄阶段进入到追求"帝业"阶段。和这种政治大一统的时代趋势相表里,当时的学术、思想、文化也出现了统一势头。秦相吕不韦主持编纂的《吕氏春秋》一书,作为先秦时期最后一部大型综合性著作,对先秦思想文化进行了一次全面的汇集、整理、总结

---

① ［秦］吕不韦著,［东汉］高诱注,徐小蛮标点:《吕氏春秋》卷二十六《士容论·审时》,第 622 页。

② 梁家勉:《中国农业科学技术史稿》,第 163—164 页。

③ ［秦］吕不韦著,［东汉］高诱注,徐小蛮标点:《吕氏春秋》卷十九《离俗览·适威》,第 459 页。

④ 梁家勉:《中国农业科学技术史稿》,第 163 页。

⑤ ［秦］吕不韦著,［东汉］高诱注,徐小蛮标点:《吕氏春秋》卷二十六《士容论·辩土》,第 619 页。

⑥ ［西汉］贾谊:《贾谊集》,第 1 页。

工作。

春秋战国时期的"百家争鸣",是文化分裂状态下的产物。诸子学派由于各存异见,"皆以其有为不可加矣"①。这在某种程度上影响和制约了思想文化间的交流融汇,不利于学术思想的发展提高。如农家者流的后稷、神农两派,或行于东方六国,或行于西方秦国;或强调均齐劳逸或侧重耕稼技术;或出自后稷之官或为鄙者所为;彼此间既各有所长又各有所偏。学派内部的壁垒与阻隔削弱了自身的发展,使其难以与诸显学相抗衡。以至于"农家被法家的气象所笼罩"②,很少有人提及。

《吕氏春秋》一书兼综百家、博采众长,其中就包含了对农家学说的采撷、利用。该书以农事月令图式为基础构筑起庞大的理论框架,并以此统摄自然、经济、社会运行,确立了农业民族特有的世界观体系。《吕氏春秋》专辟《上农》《任地》《辩土》《审时》四篇系统论述农业政策与农业科技,反映了吕不韦和秦国对农业问题的高度重视。经过吕书的整理、分析、综合、提高,先秦农家学说成为吕氏新的大一统学术体系的有机组成部分。它在客观上也使先秦农学由零散向整体发展;由自发向自觉进化;由经验向哲理升华。使素被目为"远于道而近于器"③的农家学说开始形成了自身的科技体系,确立了自身的科技特征,具备了自身的科技方法。这是中国农业摆脱原始、粗放状态而进入传统科技奠基时期的重要标志。

以"知识的著作化"④的形式对古代农业科技进行全面总结、整体归纳、理论概括,是传统农业科学发展到一定历史阶段的必然趋势。它是以农业科技的全面进步和生产经验的大量积累为基础的。先秦农业科技的著作化过程首先完成于秦,是秦长期以来实行重农政策的必然结果。它表明秦农业科技已明显超越六国,而迈入另一更高层次。

《吕氏春秋》中所表现的农业科技哲理化趋势,适应了秦统一后农业科技推广的时代需要。农业的地域性特点,决定了其生产要因地制宜。在一定时空条

---

① [战国]庄周著,方勇译注:《庄子》,北京:中华书局,2010年,第567页。

② 胡寄窗:《中国经济思想史(上)》,第500页。

③ 江瑔:《读子卮言·论农家非言农事》,第127页。

④ 祝瑞开:《秦汉文化和华夏传统》,上海:学林出版社,1993年,第187页。

件下形成的某些具体技术,如果长期处于经验状态,往往只会表现出很强的地域实用性,而缺乏普遍的指导作用。农业科技只有进入理论状态,形成若干生产目标、耕作原则、技术规范,方能由个别到一般具备宏观指导意义。

秦在吕不韦为相及代理国政时期,"秦地已并巴、蜀、汉中,越宛有郢,置南郡矣;北收上郡以东,有河东、太原、上党郡;东至荥阳,灭二周,置三川郡"①。当时,"秦国取得的土地,至少有十五个郡以上,占统一后全国总郡数近二分之一"②。随着秦统治范围之扩大,农业地域类型日趋丰富,迫切需要建立适应新情况的新的农业科技体系,这就是吕书农业科技向哲理化发展的时代背景。

吕书《上农》等四篇第一次对农业生产中的天地人关系做出科学的概括。《上农》篇在解决尚农认识之后,其余三篇构成一个有机整体,"带有作物耕作栽培技术通论的性质"③。不但总结出一套细致而巧妙的农业技术要求,而且进一步把传统农业科技置于一定的哲学基础之上,体现出了中国传统农业科技的哲理化特色。从形而上角度俯瞰传统农业科技,等于控制了科技发展的制高点。吕书中的某些光辉思想、天才概括,令人叹为观止。

自秦汉以后,地区经济的发展推动了私修农书的兴起。中国古代农书内容向技术性、实用性方向演变。其器用特征日趋明显,"虽然可以在精确、详尽、深入等某一方面常有突出的长处"④,但终不及秦汉农书的泱泱风度与宏博气势。究其原因,乃在于缺乏对传统农业科技的哲学概括与理论升华。透过吕书农学哲理化趋势来看秦农业发展是我们研究秦农业历史的新视角之一,期望研究者能将这一研究继续推向深入。

第三节　农业管理制度与政策建设

学术界曾有人运用现代科学方法对汉代的国家管理制度进行定量分析后,

---

① ［西汉］司马迁:《史记》卷六《秦始皇本纪》,第 223 页。

② 林剑鸣:《秦史稿》,第 317 页。

③ 梁家勉:《中国农业科学技术史稿》,第 16 页。

④ 石声汉:《中国古代农书评介》,第 8 页。

指出汉王朝的吏治是当时最有效率的,认为超过了同时代的罗马帝国。"若按照汉承秦制的规律去推测,那么,秦的管理水平是绝不会低于汉代的"①,所以,"在当时的世界上,秦之管理是第一流的"②。

其实根本用不着推测,战国末荀卿入秦所见就是秦管理水平的绝好实证。荀子"入境观其风俗,其百姓朴,其声乐不流污,其服不佻,甚畏有司而顺,古之民也。及都邑官府,其百吏肃然,莫不恭俭、敦敬,忠信而不楛,古之吏也。入其国,观其士大夫,出于其门,入于公门,出于公门,归于其家,无有私事也;不比周,不朋党,偶然莫不明通而公也,古之士大夫也。观其朝廷,其闲,听决百事不留,恬然如无治者,古之朝也。……佚而治,约而详,不烦而功,治之至也,秦类之矣"③。

荀子认为秦"四世有胜"④绝非偶然,而是在很大程度上得力于"治之至也"⑤的管理体制。史称,秦以急农兼天下。秦人在其漫长的农业实践中,逐渐形成了卓有成效的农业管理思想;制定了相应的农业管理政策;实施了切实可行的农业管理措施。在中国古代农业管理史上占有十分重要的地位,值得我们进一步发掘、整理、总结、研究、借鉴。

一、国家农业管理职能之健全

古代农业管理活动,按照其管理范围之大小,可分为宏观和微观管理两种类型。农业宏观管理,就是国家职能决策、组织、协调、服务于农业的生产过程。值得注意的是,由于宏观管理是对农业总体活动的把握、驾驭,所以许多农业思想、政策、措施都具有宏观性的、理性的基本特征,富于全面指导作用。微观农业管理是以某一具体经济部门,具体生产实践为研究对象,具有非常强烈的实践性、实用性特征。从微观管理中产生的某些经验,通过思想家和政治家的升华总结,也可以进入宏观层次,作为一种目标或规范模式以指导农业生产发展。秦农业管理体制之完善与发展也体现了这一基本特点。

农业基本管理目标的实现,主要依赖于国家的决策、组织、调控、监督、服务诸职能。以往,受阶级斗争理论之影响,过分地强调了国家的阶级压迫作用,而

---

①② 黄留珠:《秦俑、秦俑学与秦之管理》,《文博》1990 年第 5 期。
③④⑤ [战国]荀况著,[唐]杨倞注,耿芸标校:《荀子》卷十一《强国》,第 195 页。

忽略了国家在经济、生产过程中的管理职能。这是影响古代农业管理科学研究进一步深入的主要制约因素之一。我们研究秦农业管理科学之发展，首先应该充分肯定其国家政权对农业发展的巨大促进作用。

襄公始国，在秦农业发展史上具有历史性的转折意义。它标志着秦人、秦族由此结束了长期的游徙、依附阶段，并且开始利用国家政权的力量来保护农业发展，改善农业生产条件。初秦诸君，致力于攻逐诸戎，廓清环境，逐步完成了对关中西部农区的占有；他们收周余民而有之，全面继承吸收了周人先进的农业科技文化，为初秦农业迅速赶上和超过东方诸国奠定了坚实基础。都雍之后，秦国力增强。其西向发展战略，使秦国扩地益国，遂霸西戎，实现了农牧结构的合理配置，为富国强兵的发展战略创造了必要的经济条件。

中秦时期，秦国推行的大规模的变法运动，促使了新兴地主阶级和自耕农阶层广泛形成，确立了新型的农业生产关系，极大地调动了劳动者的生产积极性；通过国家力量任地待役，徕民垦田，兴修水利，改善农业生产条件，使秦富天下十倍。统一后，秦王朝实行的有关政治、经济、文化政策，对于推动农业发展，促进农业经济、科技、文化交流产生了深远影响。强有力的中央集权统治对于外抗游牧民族侵扰，保护中原农耕文明；内控利益纷争，维持必要的农业生产秩序发挥了重要作用。

国家作为一种秩序的象征，在保证社会经济有序运行方面具有不可替代的作用。由此而言，没有秦的立国，没有秦国家经济管理职能的发挥，也就不会有秦农业生产的全面、快速发展。

农业管理思想、农业管理政策与具体的农业管理措施反映了农业管理活动的三个职能层次，它们依其层次而在农业管理过程中发挥不同作用。秦历史上形成的重农思想、三才理论等，是重要的农业经济、科技思想、理论，同时也是重要的农业管理思想、理论。三才理论概括了农业生产的基本特点，它要求人们在农业管理实践中既要发挥人的主观能动性，也要尊重农业的自然再生产规律，属于管理科学中的理性认识层次，具有普遍的指导意义。

重农思想，是农业在国民经济中取得主导地位的观念反映，它规范了社会经济发展的部门选择序列，奠定了农业在国民经济中的基础地位。对于维护秦农业生产的稳定、有序发展、扼制非生产性商业利润对农业生产的瓦解、破坏因素发挥了重要历史作用。这些宏观层次的思想、观念，有的直接在农业管理过程中发挥作用,有的则在客观上影响农业管理政策、措施之形成与推行,从总体上指导着农业管理实践。

政策是实现既定目标必须遵守的规范行为准则。与农业管理思想相比,农业管理政策既有指导性,又有可操作性。制定和执行正确的农业管理政策,是秦农业迅速发展的重要条件之一。秦自商鞅变法之后,耕战政策成为秦的基本国策,国家机器以动员全国一切力量从事农业生产和战争为己任。这种专一于农战的"作一"之法,被认为是富国强兵、兼并诸侯、统一天下的基本前提。秦国能通过变法而迅速崛起,在社会经济发展上赶上和超过山东诸国,成为列国中最富、最强、封建主义生产方式最发达的国家,同耕战政策的推行与贯彻密切相关。

政策的贯彻执行,需要一系列具体措施予以保证。农业管理措施是深入到农业生产过程中的具体管理办法和手段。秦国为了动员全国人民致力于耕战,以国家立法形式确定并保障从事农战之人的土地、财产、免役权利;鼓励发展个体农民家庭,对家有二男"不分异者倍其赋"①,对"食口众"的大家庭"以其食口之数,赋而重使之"②;以赏罚驱使人民进行农战,"粟爵粟任""武爵武任"③"大小僇力本业,耕织致粟帛多者复其身"④,而对战不力之怯民要"使以刑",对务农不力之人要"举以为收孥"⑤;"利出一孔"⑥,堵塞农战以外一切可以获得名利的手段。采用强制措施建立除农战而外其他任何职业都不可能得到好处的利益导向结构;提高国家机构及官吏的效率,以减少官僚主义和招权纳贿对农业生产的消极破坏作用;使"愚农不知,不好学问"⑦,以保证"农无从离其故事"⑧。

冯友兰先生曾经说过,"法家所讲的是组织和领导的理论方法"⑨。考察商鞅及其以后秦农业管理实践,充分证实了冯先生的论断。就秦农业管理过程而言,农业管理思想与农业管理政策从根本上影响、制约着农业发展方向和目标,属于管理科学中的决策、指导层次。而组织、协调、监督、服务诸功能,大多依赖

① ［西汉］司马迁:《史记》卷六十八《商君列传》,第2230页。
② ［战国］商鞅著,章诗同注:《商君书》卷一《垦令》,第5页。
③ ［战国］商鞅著,章诗同注:《商君书》卷一《去强》,第20页。
④⑤ ［西汉］司马迁:《史记》卷六十八《商君列传》,第2230页。
⑥ ［战国］商鞅著,章诗同注:《商君书》卷五《弱民》,第67页。
⑦⑧ ［战国］商鞅著,章诗同注:《商君书》卷一《垦令》,第8页。
⑨ 冯友兰:《三松堂全集》(第6卷),郑州:河南人民出版社,2000年,第138页。

具体的管理措施来实现。

所谓的组织功能,具有两方面含义:一是指秦国的农业管理机构从无到有的体制化发展过程,庶长到治粟内史之设,农官从中央到地方形成完整的组织体系。尤其是治粟内史作为九卿之一,进入中央最高权力决策阶层,充分发挥了其领导、指挥作用;二是指秦农业管理机构在农业生产过程中的组织、管理作用。包括观象授时,新农区垦辟,以及由国家组织的大型农田水利工程等。

协调是管理科学的重要内容之一,它是保证秩序与稳定的基本前提条件。秦立国之后,逐渐完成了由井田制到爰田制以及土地私有制的发展过程,实现了农业生产关系的根本性变革,充分调动了劳动者的生产积极性,推动了秦农业的快速发展。秦通过政治、经济措施重农抑商,确定社会各生产部门的劳动力分配比例,以保证提供人们最基本生活资料的农业生产部门的正常发展。秦统一后,趾高气扬,不可一世,某些协调环节、手段失控,"发闾左之戍""收泰半之赋"①,严重破坏了正常的农业生产进程,乃至摧毁了秦帝国赖以生存的经济基础,从反面向我们提供了历史教训。秦国家对农业之协调作用还体现在具体的生产过程中。他们通过徕民、徙民措施调整农业人口分布,推动新农区开发。凿通道路,兴修水利,改善农业生产条件。开发周边地区,调整农牧业生产结构。

监督功能,在爰田制阶段,秦国家政权与地主身份合一,直接参与爰土易居,监督生产过程。当土地私有制发展起来后,秦"令民为什伍"②,用军事管理办法监督、约束涣散的个体农户,形成了严密的监督、控制体系。

农业管理的最终目的是促进农业发展,为农业生产服务。利用国家力量创造良好的生产条件,推广先进技术、供应新式农具、实施农业教育,都属于农业管理科学中的服务功能。秦推行耕战政策,发展农业不遗余力,强化了农业管理过程中的服务职能。在战国七雄中,唯秦能在战火连天之际投入巨量人力、物力改善农业生产条件;建立起完善的种子、耕具供应体制;在建国方略中辟专篇综论农业科技。即使在焚书坑儒的严峻时刻,亦不烧种树之书,这是非常少见的。

秦对个体农户的生产管理主要是"采取间接管理方式,通过确定一些政策、

---

①　[东汉]班固:《汉书》卷二十四《食货志上》,第 1126 页

②　[西汉]司马迁:《史记》卷六十八《商君列传》,第 2230 页。

政令和措施来引导、鼓励和推动小农经济的发展"①。自商鞅变法始,个体私有家庭逐渐成社会经济的基本形态,与此相适应的农业微观管理思想也不断发展、丰富,成为中国古代农业管理思想的重要组成部分。对广泛存在的自耕农阶层的农业管理,最显著的特征是强调科学分工。这就是对中国社会发展产生过深远影响的"男耕女织"(后世又添加上"牧童")的基本生产方式。商鞅变法中"大小僇力本业,耕织致粟帛多者复其身"②的规定充分体现了这一思想。战国时期,秦同诸国一样,"五口之家"成为一种颇具典型意义的生产经营模式。它是在生产实践中经过证明的最佳结构,许多政治家、思想家甚至把它提出来作为近于理想境界的追求目标。

二、秦律与秦农业管理

中国隋以前法律律文大多散佚,秦律见诸文献记载者甚微。20 世纪 70 年代中叶在湖北云梦睡虎地秦墓发掘中,出土了大批秦简,其大部分内容是秦律、律文解释、治狱程式等。涉及官吏任免,官吏子弟选用;司空、内史、廷尉、属郡官吏职责;军功爵赏赐;官营手工业生产定额和劳动者调动;傅籍、徭役规定和军事纪律;田律、仓律、厩苑律、牛羊课;官府物质财产及度量衡检验;驿传饮食供应等,内容相当广泛。其中有关农业的部分内容,"成为代表战国时期各国农业立法活动最高水平的法律文献。它既是先秦农业立法发展的总结,又奠定了封建农业法律制度的基础"③。这些法律条文"为各级官吏具体实施国家对农业生产的管理提供了一系列必须遵守的行为准则"④,在秦农业生产中起过重要作用。

秦律规定"盗徙封,赎耐"⑤。私自移动田界要判处赎耐之刑。阡陌封埒本是便于农田管理而自然形成的,只有和土地所有权相联系时,"才被赋予了经济法和民法意义上的土地疆界的性质"⑥。国家以法律手段并辅之以行政权力保

---

① 周明生:《中国古代宏观经济管理研究》,南京:江苏科技出版社,1989 年,第 55 页。

② [西汉]司马迁:《史记》卷六十八《商君列传》,第 2230 页。

③④ 萧正洪:《秦农业经济立法探析》,《陕西师范大学学报》(哲学社会科学版)1992 年第 4 期。

⑤ 睡虎地秦墓竹简整理小组:《睡虎地秦墓竹简》,第 178 页。

⑥ 萧正洪:《秦农业经济立法探析》,《陕西师范大学学报》(哲学社会科学版)1992 年第 4 期。

护和推行一定制式的封埒、畛制,反映出对农业生产关系调控和田顷规划管理的重视。秦律按地亩征收赋税,《田律》曰:"入顷刍藁,以其受田之数,无狠(垦)不狠(垦),顷入刍三石、藁二石"①。赋税对生产者来说是一种额外负担,但是它又使国家机器得以存在和运转,是国家财政的源泉。同时它也是国家用来干预、调控社会经济各部门生产活动的强制性手段之一。《田律》中"无狠(垦)不狠(垦)"②皆要征赋之规定,就隐含着强制劳动者致力农耕之意。

秦律对直接有关农业生产的具体管理措施也有比较明确的规定。国家通过基层官员促使农民积极生产、努力耕作。田律、苑厩律等规定田啬夫、部佐等除负责征收田赋外还要监督生产、管理畜牧,禁止"百姓居田舍者"③酤酒,以免伤害农事活动。甚至对农田受灾、降雨、虫害情形都形成了相应的汇报制度。在监督、管理仓储方面,对仓廪分积、分存、上计、防损、防盗等都有非常详细具体的规定,用立法形式对粮食加工精度也制定了等次标准。甚至依照不同土地条件和作物特点,对用种量也有明确规定。

为了防止其他活动对农事的冲击,秦律多处规定农田耕作时间必须得到保证。《田律》中有关禁伐山林、毋"雍堤水","不夏月,毋敢夜草为灰"④等规定,论者多将其与当时生态观相联系,颇有过誉之嫌。就其本意而言,实将此类活动归入妨害农事的"害时"之举。秦律对各级督农官吏也规定了相应的考课、赏罚标准,既赋予其一定权力,又要承担某些责任。《秦律杂抄·牛羊课》指出:"牛大牝十,其六毋子,赀啬夫、佐各一盾。羊牝十,其四毋子,赀啬夫、佐各一盾。"⑤也就是说,若10头成年母牛中有6头未能产羔,则对啬夫和佐罚款一盾;同样,若10头成年母羊中有4头未能产羔,也要对啬夫和佐罚款一盾。这种对牲畜繁殖率所做的规定,"无疑将迫使基层官员和畜牧饲养者加倍注意提高适时配种,保护孕畜和幼畜的繁育和饲养技术"⑥。

出于生产管理的需要,秦一直比较重视编制户籍、控制人口。新发现的秦律中虽无完整的户籍法,但也从侧面反映出秦的户籍制度是相当严密的。如,男子

---

①②　睡虎地秦墓竹简整理小组:《睡虎地秦墓竹简》,第27—28页。
③　睡虎地秦墓竹简整理小组:《睡虎地秦墓竹简》,第30页。
④　睡虎地秦墓竹简整理小组:《睡虎地秦墓竹简》,第26页。
⑤　睡虎地秦墓竹简整理小组:《睡虎地秦墓竹简》,第142—143页。
⑥　萧正洪:《秦农业经济立法探析》。

成年须向政府进行年龄登记,并分家另立户口而不准"匿户";地方官吏对所辖地区的户口数必须登记无误;人口迁居要在地方政府进行"更籍",且徙居范围一般只限秦境之内;若有脱籍逃亡,一旦捕获,将施以刑罚,加以劳役。商鞅认为"民之内事莫苦于农"①,也即对内而言,没有比务农更劳苦的事了。因此,以超经济强制措施控制、稳定农业人口,是保证秦农战战略目标实现的重要前提。

度量衡和"亩"制是赋税征收、劳绩考课的基本单位。实行一致的标准,在天下归秦这一时期尤显重要,六国各自制度不一,易使管理陷入混乱,诱发利益纷争。所以秦非常重视标准化亩制施行和度量衡器的校验工作。1979年出土的四川青川秦田律木牍,规定以240方步为亩,百亩为顷,并就阡陌、封埒、畔制设置制定了具体的技术规范。对于度量衡器的校验工作,亦予以立法,规定至少每年校验一次,若量器一斗相差半升以上赀一甲,不足半升赀一盾;衡器一石误差十六两以上赀一甲,八两至十六两则赀一盾,所有校验工作都有专门机构执行,以确保标准之一致。

国家通过法律和行政手段管理、干预农业生产,对于维护新型的封建制生产关系,促进农业生产发展都是具有积极意义的。也正是基于这一认识,我们在承认秦律严酷的同时仍给予其肯定的评价。

三、《吕氏春秋》农业管理思想发微

治吕书《上农》四篇者多视其为科技之作,而忽视其中的农业管理内涵。其实吕书之撰,在于为行将统一的封建帝国提供理论依据与治国方略,其所论农业问题同样具备这一特点,显示出很强的综合性、宏观性、指导性,从农业管理角度入手研究《上农》四篇,有利于全面认识吕书的学术、思想价值。

《上农》四篇之设置,体现了以天、地、人为基本管理要素的三才模式。《上农》篇强调重农贵志,规范人的行为,驱农力田;《审时》篇要求识时令而不违背自然规律,趋时因天;《辩土》篇是结合农业生产的具体过程而综论其耕栽方法、技术标准、管理原则等;《任地》则是农业生产所要达到的基本目标。

《上农》四篇根据当时的社会生产力水平确定了"上田夫食九人,下田夫食

---

① ［战国］商鞅著,章诗同注:《商君书》卷五《外内》,第71页。

五人，可以益，不可以损。一人治之，十人食之，六畜皆在其中矣"①的生产标准。为了增加农业产出，就必须为农作物创造良好的生长发育条件，培育、推广品质好、产量高的优良品种，这就是《任地》篇以"后稷曰"为发端而提出的有关农业生产十大技术问题的主要内容，它们至今仍是现代农业科技发展的基本追求目标。吕书强调重农，其目的不单是为了发展生产，同时也包含尚农贵志、营造质朴易用、奉公守法、安土重迁的农业文化氛围之义。这又是确保社会稳定、和谐与发展的国家宏观目标之一。

《上农》诸篇主张通过理论指导、行政制约、技术规范诸措施，以达到监督生产、管理农业之目的。"夫稼，为之者人也，生之者地也，养之者天也"②这一富含哲理的概括，既排定了天、地、人三大因素在农业生产中的地位序列，也规范了彼此间不同的职能层次。它从总体上揭示了农业生产的本质特征，要求发挥人的主观能动性，尊重自然规律。协调三才关系，是吕书农业管理思想之核心，具有普遍的指导意义。

行政制约主要是用来约束人的行为，使之致力农耕"不敢为异事"③。正当农作之时，"不兴土功，不作师徒，庶人不冠弁、娶妻、嫁女、享祀，不酒醴聚众，农不上闻，不敢私籍于庸"④。意思是说，在农忙之时，不得大兴土木，不得进行战争；庶民若不是加冠、娶妻、嫁女、祭祀，不得设酒聚会，农民若不是名字通于国君，不得私自雇人代耕。在农村，"苟非同姓，农不出御，女不外嫁……地未辟易，不操麻，不出粪；齿年未长，不敢为园囿；量力不足，不敢渠地而耕；农不敢行贾，不敢为异事"⑤。也即是说，若非同姓，农民不得从外地娶妻，女子不得外嫁……土地尚未垦辟，不得绩麻，不得出粪；年龄不到，不得从事园圃劳动；估量气力不足，不得扩大耕地；农民不得去经商，不得做与农业无关之事。然后，制四时之禁，要求伐木、爇灰、渔猎活动适时而行，不害农事。此外，农民要"敬时爱日，

---

①　[秦]吕不韦著，[东汉]高诱注，徐小蛮标点：《吕氏春秋》卷二十六《士容论·上农》，第612页。

②　[秦]吕不韦著，[东汉]高诱注，徐小蛮标点：《吕氏春秋》卷二十六《士容论·审时》，第622页。

③④⑤　[秦]吕不韦著，[东汉]高诱注，徐小蛮标点：《吕氏春秋》卷二十六《士容论·上农》，第612页。

非老不休,非疾不息,非死不舍"①。若民不力田,就要采取惩罚措施,"墨乃家畜"②。这些行政措施,旨在把农民固着在土地上,加强农业生产,稳定社会秩序。

《上农》四篇中以四分之三的篇幅专论农业科技,但基本上是提出相应的技术原则、规范与要求,"也应视为秦统治者针对生产过程的一种目标管理"③,它同上述秦律所体现的国家对农业生产的普遍干预具有完全一致的精神。

总体而论,吕书是有哲学品味的论著。《上农》诸篇也试图从农业生产的三才因素入手,提供有关农业科学的认识论、方法论和管理思想体系。它把人看作农业生产之主体,通过人完成对土地之改造和天时之利用。所以四篇所述之管理措施与手段,始终着眼于人的思想之端正、行为之规范、技能之提高、知识之积累。注重人的因素,是现代管理科学的核心内容之一,吕书在两千年前能有如此见识,实为难能可贵。有人将《上农》诸篇视为"我国古代农业管理的经典著作之一"④,诚不虚谓。

第四节 周边地区的农牧业开发

秦统一后,疆域继续向周边扩充促进了南北边地的经济开发与民族融合,这一阶段是我国农业地域拓展的又一重要时期。

秦始皇曾派尉屠睢率五十万大军向"百越"进攻。使史禄负责凿渠,以通粮道,修筑了连接湘水、漓水,沟通长江、珠江水系的灵渠工程。打破了岭南的闭塞局面,加强了岭南与内地的联系。秦始皇三十三年(前214),在岭南设南海、桂

---

① [秦]吕不韦著,[东汉]高诱注,徐小蛮标点:《吕氏春秋》卷二十六《士容论·上农》,第612页。

② [秦]吕不韦著,[东汉]高诱注,徐小蛮标点:《吕氏春秋》卷二十六《士容论·上农》,第613页。

③ 萧正洪:《秦农业经济立法探析》。

④ 颜玉怀:《〈吕氏春秋·上农〉等四篇之农业管理思想》,《西北农业大学学报》1996年第1期。

林、象郡,"以谪徙民,与越杂处"①。随着中原先进的农业生产技术的南传,岭南地区由"火耕水耨""渔猎山伐"②的粗耕农业逐渐进入以铁器、牛耕为特征的水田农作时代③。近年来在两广地区秦汉墓中出土的仓廪、牛耕、畜禽明器模型与作物种子,反映了秦统一后岭南农业生产的新水平。

公元前215年"始皇乃使将军蒙恬发兵三十万人北击胡",夺取河套以南地区。公元前214年,"西北斥逐匈奴。自榆中并河以东,属之阴山,以为四十四县,城河上为塞。又使蒙恬渡河取高阙、阳山、北假中,筑亭障以逐戎人。徙谪,实之初县"。④ 秦在河套平原筑城郭、徙民充实之,使这里很快发展成为新的农业区,号称"新秦中"⑤,言其富庶程度不亚于关中平原。据宁夏地方志记载,秦曾在银川平原上修建秦渠与北地新渠。秦渠开在青铜峡北口右岸,引河水东北行,达今灵武市北;北地新渠开在黄河左岸,是塞北灌溉农业开发最早的地区之一。河套农区自秦以来经二千余年稳定发展,至今仍是宁夏最重要的商品粮生产基地。

秦以巴蜀为根据地通西南夷,在原来僰道的基础上修筑了通往云、贵地区的"五尺道"⑥,把关中和巴蜀、云、贵连成一片。史念海先生曾将战国秦汉间的龙门一碣石农牧分界线向西南引伸,"达到陇山之下,再越过陇山,经嘉陵江上游西侧趋向西南,经今四川省平武、茂汶诸县之南,西南过岷江,再经天全县西,荥经、汉源诸县之东,又经冕宁、西昌诸县市之西,而达到今云南省剑川县及其以西的地方"⑦。秦在此"置吏",加强了西南边疆同中原地区的经济、政治、文化联系,促进了当地的农牧业开发。

"与秦朝相比,西汉的疆域有了较大的扩展。但如以比较稳定的并且设置了正式行政区域进行直接统治的范围来做比较的话,二者的差异就不是很大……如果我们再以清朝以前的各个统一的中原王朝的疆域作比较的话,结论居

①　[西汉]司马迁:《史记》卷一百一十三《南越列传》,第2967页。

②　[东汉]班固:《汉书》卷二十八《地理志下》,第1666页。

③　何清谷:《试论秦对岭南的统一与开发》。

④　[西汉]司马迁:《史记》卷六《秦始皇本纪》,第253页。

⑤　[西汉]司马迁:《史记》卷三十《平准书》,第1438页。

⑥　[西汉]司马迁:《史记》卷一百一十六《西南夷列传》,第2993页。

⑦　史念海:《论两周时期农牧业地区的分界线》。

然也是如此"①,葛剑雄先生在解释这一现象时指出,"秦汉的统一是建立在农业社会的基础上的,它们的版图同样是以适宜农业生产的区域为限的。这一规律不仅符合当时的疆域实际状况,也已为此后历代中原王朝的疆域所证明"②。这一研究结果充分肯定了秦王朝在建立中国宜农基本区域过程中的巨大历史贡献。

秦统一后,先后向各地移民在二百万左右,几乎占当时人口的十分之一。这种在国家统一计划下的大规模迁徙活动,深刻地影响了当时的农业发展。

首先,徙民活动有效地调整了战国时期的人口布局,"以前因列国分立而分布不均之全国人口,至是遂渐趋于平衡矣"③。当时秦、楚、齐、韩、魏、赵诸国的平均人口密度约为42—52人/平方公里之间,除却楚、秦、赵部分地广人稀之地,中原黄河中下游流域的人口密度高达68—83人/平方公里,这样的人口分布格局是长期以来中原农业较快发展的必然结果。它一方面推动了投入大量劳动的精耕细作技术的发展,另一方面又限制了农业人口的容纳弹性,滋生出大量的脱离土地的"游食"阶层,在某种程度上冲击、干扰了农业生产的正常发展。秦曾以"皆复不事"④(免除徭役)及"拜爵"⑤为奖励,鼓励自由民徙实新地;但是更大规模的是用强制手段"以谪徙民"⑥。"发诸尝逋亡人、赘婿、贾人""适(谪)治狱吏不直者"⑦,通过开拓新农地的办法以安置这些非农业人口。这一措施既减轻了中原地区的人口负载,又促进了新经济区的形成与开发。

秦当时移民的重点地区是南北边地与吴越、巴蜀一带。秦于"西北斥逐匈奴"⑧,在今内蒙古和宁夏平原"为四十四县","迁北河榆中三万家"⑨,有人估计迁入的移民在三十万以上⑩。秦最初令军队留戍岭南、落户定居。因征兵不易,因而用"谪戍"的办法,从内地强迫移民。秦始皇三十三至三十七年四次有组织

---

①② 葛剑雄:《论秦汉统一的地理基础》。

③ 马非百:《秦集史》,第916页。

④ [西汉]司马迁:《史记》卷六《秦始皇本纪》,第256页。

⑤ [西汉]司马迁:《史记》卷六《秦始皇本纪》,第259页。

⑥ [西汉]司马迁:《史记》卷一百一十三《南越列传》,第2967页。

⑦⑧ [西汉]司马迁:《史记》卷六《秦始皇本纪》,第253页。

⑨ [西汉]司马迁:《史记》卷六《秦始皇本纪》,第259页。

⑩ 葛剑雄:《论秦汉统一的地理基础》。

地向岭南移民,人数当不下六七十万。秦曾将浙东的于越人迁至"乌程、余杭、黝、歙、无湖、石城县以南"①,同时又将"天下有罪谪吏民"②迁至山阴(今浙江绍兴),将来自中原地区的移民安置于浙东平原,加快了这一地区的开发速度。秦灭巴蜀,蜀人主体南迁,经过百余年的不断移民,"到秦末汉初,蜀地的人口基本已由秦地和关东的移民及其后裔所构成"③。

其次,徙民活动推动了先进生产关系的地域性拓展。秦在边地徙民较多的地方设县统治,这是有别于"臣邦君长"④等部落组织形式的封建统治体系。秦在徙民中推行《为田律》,特别强调封界的建立与保护,促进了私有土地的开垦,调动了劳动者的生产积极性。这些谪徙之人,除了"令终身毋得去迁所"⑤,人身自由受到某种程度的限制外,其基本身份与中原地区的个体自由民并无两样。他们可以自由选择职业、安排生产,并且发家致富成为一方新贵。今内蒙古自治区巴彦淖尔市,秦时称之为"北假",根据《史记·匈奴列传》裴骃《集解》认为"北方田官,主以田假与贫人,故云北假"⑥。这就是说,秦代在北方民族地区已发展起封建制农业经济了⑦。

长期以来,人们习惯于纵向研究中国古代农业发展,而忽略了传统农业的地域外延与横向拓展。以中原农区为依托不断向四裔推进,通过人口迁徙而渐次形成新的农区,是中国古代农业发展的重要特征之一。秦代的徙民实边活动,是中央集权国家第一次进行的有组织的、大规模的新经济区开发活动。大量徙民实边,将中原既有的封建生产关系移植过来,是促进边远、落后地区快速发展的有效手段之一。秦以后的封建王朝相继实行"募民徙边"政策,其法盖皆本于秦也。

---

① ［东汉］袁康、吴平著,徐儒宗点校:《越绝书》卷二《外地记·吴地传》,第13页。

② ［东汉］袁康、吴平著,徐儒宗点校:《越绝书》卷八《外地记·(越)地传》,第57页。

③ 葛剑雄:《秦汉时期的人口迁移与文化传播》,《历史研究》1992年第4期。

④ 睡虎地秦墓竹简整理小组:《睡虎地秦墓竹简》,第182页。注:"臣邦君长",是战国时期秦国管理少数民族政务之官。参见张政烺:《中国古代职官大辞典》,郑州:河南人民出版社,1990年,第459页。

⑤ 睡虎地秦墓竹简整理小组:《睡虎地秦墓竹简》,第261页。

⑥ ［西汉］司马迁:《史记》卷一百一《匈奴列传》附《集解》语,第2887页。

⑦ 中国北方民族关系史编写组:《中国北方民族关系史》,第72—73页。

再次,徙民活动促进了传统农业科技的梯度传递。秦代迁民中就有掌握一定文化知识的犯罪官吏,又有善于沟通物品交换的商人,更多的是掌握了中原先进生产技能的农民和手工业者①。徙民给边地带来了先进的文化和技术,他们开凿道路,沟通水系,密切了中原与边地的交流与联系。推动了边远地区的科技进步,逐步缩短了彼此间的水平差异。

秦在统一过程中将一些世居中原的冶铁业主加以迁徙,调整生产布局,促进边地铁业资源开发,加速铁农具的普遍使用。如蜀地卓氏"铁山鼓铸,运筹策,倾滇蜀之民,富至僮千人,田池射猎之乐,拟于人君"②。意为:卓氏在铁矿山鼓风冶铸,用心筹划策算,其财富压倒滇蜀之民,富裕到有仆役千人,他在田野池沼尽享射猎之乐,可与国君相比。再如,"程郑,山东迁虏也,亦冶铸,贾椎髻之民(和少数民族百姓做生意),富埒卓氏"③。

此外,据统计,广东地区战国、秦汉铁器出土量之比为1:150,秦汉铁器数量不仅增多而且类型广泛,可以满足不同生产与生活需要。岭南一带铁器的广泛使用,当与秦汉徙民密切相关。在一座年代为赵佗称南越王时期的墓葬中,出土铜器、铁器、玉石器、纺织物等一千余件,一部分器物与黄河、长江流域同时代墓葬的出土物相同,由铭文可知是产自中原一带。史载,"秦徙中县之民南方三郡,使与百粤杂处"④,消除隔阂,增加接触,交流文化科技,"中县人以故不耗减,粤人相攻击之俗亦止"⑤,人民安居乐业,共同开发这块富饶的土地。使岭南在政治、经济、文化方面,逐渐跟上全国社会发展的步伐。

秦在西北边地"徙谪,实之初县"⑥,调整了当地的农牧业生产结构。由甘肃武威,陕西绥德、米脂,内蒙古和林格尔汉墓的木牛犁模型与牛耕图壁画看,牛耕技术已经在边地得到推广,壁画中所反映的农耕、园圃、采桑、沤麻、果林、网渔、谷仓、酿造等内容,已与中原既有的产业结构没有多大差别。生产结构的演替是

---

① 何清谷:《试论秦对岭南的统一与开发》。

② [西汉]司马迁:《史记》卷一百二十九《货殖列传》,第3277页。

③ [西汉]司马迁:《史记》卷一百二十九《货殖列传》,第3278页。注:椎髻,为古代少数民族的发式,意为如椎形之髻,有时亦代指少数民族。参见林剑鸣、吴永琪:《秦汉文化史大辞典》,第744页。

④⑤ [东汉]班固:《汉书》卷一《高帝纪下》,第73页。

⑥ [西汉]司马迁:《史记》卷六《秦始皇本纪》,第253页。

一个漫长的渐进过程,它是自秦以来长期发展的结果。在"秦汉时代还多次发生北方游牧族在塞外依长城定居的情形"①,说明在徙民农耕文化的影响下,部分游牧族逐渐接受、掌握了先进的农耕技术。

少数民族使用铁器的情况较为普遍,据《三辅黄图》记载,"(阿房宫)以木兰为梁,以磁石为门"②。《水经注》曰磁石门"悉以磁石为之……令四夷朝者有隐甲怀刃入门而胁之以示神。故亦曰却胡门"。《括地志》曰:"一名曰却胡台。"③因少数民族用铁器而专设磁石门以防之,为我们从另一角度提供了珍贵史料。《史记·大宛列传》《汉书·匈奴志》分别载秦时亡入边地人民帮助大宛、匈奴"穿井筑城,治楼以藏谷"④的史实,说明秦虽亡,秦遗民仍继续推动着边地科技的发展。

综上所述,秦统一后对周边地区农牧业的开发,促进了我国农业的地域扩展,对我国宜农区域的扩大起了促进作用。在周边地区的农牧业开发过程中,徙民活动起了突出作用。首先,它有效地调整了战国时期的人口布局,使得全国人口分布逐渐趋于平衡;其次,它推动了先进生产关系的地域性拓展,一定程度上促进了周边地区生产关系的调整与变革;最后,它还促进了传统农业科技的梯度传递,有利于周边地区农业科技水平的提高。

第五节　铁犁牛耕

劳动手段,是劳动者用来把自己的活动传导到劳动对象上去的一切物质资料或物质条件。我们用劳动手段替代常用的生产工具概念,是因为在农业生产劳动过程中必要的物质条件这一因素有时显得与机械性劳动手段(生产工具)同样重要。由于农业的生产时间基本上是由动植物自身生长和发育的自然条件决定的,在漫长的农业发展过程中逐渐改善的农业劳动条件直接加入了农业的

---

①　王子今:《秦汉长城与北边交通》。

②　何清谷:《三辅黄图校注》卷一《秦宫》,第47页。

③　[北宋]宋敏求:《长安志》卷三《宫室一·秦》,参见[北宋]宋敏求、[元]李好文著,辛德勇、郎洁点校:《长安志·长安图志》,第163—164页。

④　[东汉]班固:《汉书》卷九十四《匈奴传上》,第3782页。

自然再生产过程。我们应该在研究秦农业生产工具进步的同时充分肯定其农业劳动条件的改善,从而比较客观、准确地把握秦农业生产力发展的整体水平。而铁农具(特别是铁犁)的推广与牛耕的发展正是透视秦农业生产力发展的绝佳窗口,值得予以足够重视。

一、铁农具的推广与普及

初秦末期以后,秦农业生产力的发展是以铁农具的普遍推广、牛耕的迅速发展、农业基本生产条件的全面改善为标志的。铁制农具的使用,是农业生产上的一场革命,促进了农业劳动生产力和农业生产率的显著提高。牛耕的发展,是农耕动力的重大转折点。它标志着农业活动已突破人类体力限制转而开发利用新的动力源。

金属农具之使用,除了应注重其生产力意义之外,尤其应注重其科学内涵。木、石、骨、蚌诸器之材质皆是利用自然界现成之物,略加砸、琢、修、磨而成,不易制成标准规范的农器。它们形制粗笨,材质钝脆,很难形成较高的生产力。金属农具的使用是以冶金术的产生和发展为前提的,是科学技术发展到一定历史阶段的产物。金属替代木石,表明人类获得了更坚固更锋利的工具材料。它的延展性与可铸性特点,使其制作性能优于木、石材质。为农业工具门类之丰富完善以及规范、标准、科学化生产奠定了基础①。

秦人是我国最早用铁的部落之一,前已述及。其早期铁农具多用铸铁制成,虽然在某些方面仍保留石器的原始形状或功用,但镢、锸、铲、锄等都利用铸铁特有性能预铸銎、孔、凹形镶槽,便于安装木柄、镶板,彻底改变了木石蚌骨器以缚绑为主的习惯。镢、锛之銎可与器面形成一定夹角,便于入土。铸铁多用于镢、锸、铲、锄诸厚重之器,可以满足开石、伐木、翻土等需要。随着锻柔技术的发展,农具逐渐向轻、薄、巧方向发展。"从秦陵附近出土的铁镰刃部生锈变形后的断差(茬)处,可以明显地观察出分离层来,证明它是采用锻炼铁工艺制成的"②。铁镰根据农作需要锻成弯月形,尾部贯穿用锻铁折曲而成,可以随意调整装柄角度。

---

① 李凤岐、樊志民:《陕西古代农业科技》,第25页。
② 呼林贵:《陕西出土的秦农具》,《农业考古》1988年第1期。

各种农具本身也在长期的使用中不断改进和提高,使之不断完善和适应于农业生产的需要,铁镬变成楔形,上大下小易于入土,比宽板形青铜镬省力易用。发现于秦始皇陵东侧马厩坑内的六边形铁锄,正面上部有安柄方銎,锄宽 21 厘米,高 7.5 厘米。铁锄造成六角形,是为了适应垄作法的农艺要求,用来整治垄沟、中耕除草。特别是在"上田弃亩"①的情况下,用六角形锄在垄沟内作业之工效远高于四角形铁锄。这种农具在汉代发展成代田法的重要工具之一。铁农具制作技术的进步,为农具的标准化生产创造了条件。《吕氏春秋·任地》篇对主要农具的长短、宽狭等甚至都有严格的要求。"是以六尺之耜,所以成亩也;其博八寸,所以成畖也;耨柄尺,此其度也;其耨六寸,所以间稼也"②,以适应日益精细的耕垦、整地、锄壅技术的需要。

考古学界认为,秦孝公迁都咸阳之后到秦王朝统一六国,秦的铁制手工业得到迅速的发展,铁器数量和质量不断提高,铁器制造手工业作为一个独立的新兴产业部门与青铜产业平行发展③。尤其是随着秦势力之扩展,原属于六国的一些初具规模的冶铁业中心相继归秦,在客观上促进了铁农具的普及。

铁被广泛用于制造农具、兵械、炊器。历年来,战国时期的铁农具在凤翔、临潼、蓝田、大荔以及西安市郊等地皆有出土。许多小型秦墓以铁农具随葬,不但表明墓主人身份属于农业劳动生产者,而且说明当时铁农具的使用是相当广泛的。秦自商鞅之后,农业发展开始明显超越六国,进入高速发展阶段,铁农具的广泛使用从根本上适应了这一时代要求。秦垦草徕民之法的实施,精耕细作技术的推广,农田水利工程的兴修都是与秦铁农具的普遍推广分不开的。

秦铁制兵器见于诸遗址的有铁剑、铁削、铁钩、铁矛、铁殳、铁镞、铁戟等,以此武装军队,提高了其军事实力,加速了秦对中国核心农区的蚕食进程,有利于统一局面的形成。铁用于制作炊器,改变了民间以陶为炊的比较单调的食物加工方法,推动了烹饪方法的多样化发展,丰富了中国饮食文化的内涵。尤其是战国中期之后随着灶的出现,铁釜作为炊器逐渐取代了陶釜。考古工作者曾在陇

①② [秦]吕不韦著,[东汉]高诱注,徐小蛮标点:《吕氏春秋》卷二十六《士容论·任地》,第 615 页。

③ 王学理:《秦物质文化史》,第 36 页。

县店子村秦墓中发现几件实用的铁釜随葬品。在凤翔高庄秦墓出土铁釜六件①。由于食物加工方法发生了变化，在某种程度上会引起作物生产结构的变化。秦汉时期关中农区小麦比重的逐渐加大，或与铁釜、石磨的发明相关。

二、牛耕的发展

牛耕的发展一般是与铁犁的推广相联系的，战国时代秦牛耕之发展给同时代人留下深刻印象，赵国曾把秦国用"牛田"作为不可与秦交战的重要理由之一。近年来考古出土的铁犁铧为此提供了佐证。1970年陕西临潼毛家村村民在秦始皇陵园内城北门外二百米处平整土地时发现了"V"字形铁铧，长25厘米，翅距25厘米，两翅交叉处正面有峰脊，长5厘米，高不到1厘米。

陕西临潼毛家村出土的铁铧与河南辉县固围村出土的战国中原铁铧相比，颇多差异。辉县铁铧翼角达120°，滑切较差；铧体自尖部分两叶展开，中间包纳木质结构，易粘土；铁铧刃顶端上下两面均起脊线；铧尖宽钝，整体耕作阻力大。这种铁铧形制比较原始，还保留了从耒演变而来的痕迹，只能破土滑沟，不能翻土作垄。而临潼铁铧翼角小于60°；铧头尖锐，耕宽小；两翼间全为金属包套；两翅交叉处唯正面起脊，便于翻土；耕作阻力小，不易粘土；所需牵引力明显小于辉县铁铧，而入土深度超过辉县铁铧，整体形制比较进步②。

另在临潼郑庄秦石料加工厂遗址出土"U"形铁铧一种，则为中原农区所未见。该铧铧尖呈双面三角形，铧体呈弧形筒状，高17厘米，宽8—14.5厘米。在镵土这一翻土部件尚未出现的情况下，"U"形铁铧利用弧形铧面的部分翻土功能，克服了"V"形铧的某些弊端。秦地铁铧种类的增多和器形的进步，表明了秦在牛耕方面的领先水平。

牛能供人类役使，小小的牛鼻棬的发明当为关键技术之一。在中国农业历史进程中，有制度、思想与技术方面的重大贡献，也有某些小物件、小制作的发明，其功用亦不可小觑，牛鼻棬的发明即是一端。一般说来牛的性格较为温顺，同样牛也素以脾气倔强而著称，一旦它犟起来，却又让人无可奈何。在以牛为牺牲的时代似乎无需调教驯化，以遂其天性。随着家牛役用的发展，欲使其驯服于

---

① 吴镇烽、尚志儒：《陕西凤翔高庄秦墓地发掘简报》，《考古与文物》1981年第1期。

② 以上分析结果承西北农林科技大学机电学院吕新民教授见告。

耕驾,听任调遣,故有穿鼻术的发明。

　　史有"胲作服牛"①"河伯仆牛"②的说法,至于牛是如何被驯服的则语焉不详。不过至老子骑青牛入函谷关,牛或已为性情温驯之役畜了。道家曾以"穿牛鼻"为例阐论天人关系,"牛马四足,是谓天;落(络)马首,穿牛鼻,是谓人"③,穿牛鼻当为习见或熟知之事。《吕氏春秋·重己》篇记载这样一个故事,有大力士乌获"疾引牛尾,尾绝力勯,而牛不可行",但是"使五尺竖子引其棬,而牛恣所以之"。④ 此外,1923 年在山西浑源李峪村出土春秋晚期牛尊,牛鼻穿孔、戴环。⑤ 春秋时代牛由"宗庙之牺为畎亩之勤"⑥,牛尊正是牛由宗庙牺牲变为役使畜力的实物见证。

　　人们经过长期的观察研究,发现牛的鼻骨中部为神经非常敏感区,套上鼻环稍加牵引,牛就会乖乖地听人使唤了。穿牛鼻之环曰"棬",棬之有无,事关能否顺利役使耕牛、发展农业生产。牛鼻棬的发明,可谓是牛用于役使的重要标志之一。穿鼻带棬之后,牛可以老老实实由童稚指挥,其性情也趋于温顺,《吕氏春秋》的记载从另一侧面反映了秦牛耕的发展。值得一提的是,自从有了牛鼻棬后,老牛与牧童便有了不解之缘。牧童文化成了中国农业文化的重要组成部分,凡是农家出身者,幼年似乎都有过牧童经历。我们常以"男耕女织"概括古代小农家庭自然分工,其实不考虑"牧童"经济贡献的小农经济研究是不全面的。在父母男耕女织的同时,家中畜牧之事多由孩童完成,它们形成了结构互补、分工科学的小农经营方式,共同支撑了古代社会经济的发展与进步。

　　铁犁牛耕的使用与推广在秦乃至中国的农业历史上具有重要地位。铁犁牛耕,是中国进入传统农业时代的重要标志之一。农史学界认为,铁犁牛耕的使用与推广,使"耕作上由单纯依靠人力进步到利用畜力,是农耕动力上的革命"⑦。铁犁牛耕的推广,在客观上极大地提高了人类征服和改造自然的能力,使农业生

①　[清]茆泮林辑:《世本·作篇》,北京:中华书局,1985 年,第 111 页。
②　[东晋]郭璞注,沈海波校点:《山海经》卷十四《大荒东经》,第 337 页。
③　[战国]庄周著,方勇译注:《庄子》,第 262 页。
④　[秦]吕不韦著,[东汉]高诱注,徐小蛮标点:《吕氏春秋》卷一《重己》,第 13 页。
⑤　杨宽:《杨宽著作集·战国史》,上海:上海人民出版社,2016 年,第 85 页。
⑥　[春秋]左丘明著,[三国吴]韦昭注:《国语》卷十五《晋语九》,第 335 页。
⑦　梁家勉:《中国农业科学技术史稿》,第 104 页。

产的宏观与微观条件都得到显著改善。铁犁牛耕用诸农业,使得农业的生产过程和技术措施更为精细。尤其是铁犁牛耕将手工的间歇挖掘变为连续垦耕,用力省而效率高。铁犁牛耕推广普及以后,"深耕易(疾)耨"①(深耕细耘,及时除草)成为农事的常用话头。通过深耕以保证耕作质量,以易(疾)耨来提高劳动效率。铁器与畜力的结合,尤其是铁犁和牛耕的结合,可谓是传统农业时代出现的"高新科技",极大地提高了社会生产力。

第六节　秦急政对农业的摧残与破坏

在史学家看来,秦帝国是一个未能享有"天年"的短命王朝。秦始皇计其功德,度其后嗣当世世无穷,他曾曰:"朕为始皇帝。后世以计数,二世三世至于万世"②,孰料身死方数月,天下即四面起而攻之,宗庙毁绝,二世而亡,给后人留下了不尽的叹息与思索。

一、秦急政与秦骤亡的农史观察

公元前221年,秦始皇建立了中国历史上第一个统一的多民族的专制主义中央集权国家以后,为其统治之稳定、政权之巩固采取了一系列有效措施,分列如下:

1. 秦始皇采纳李斯主张,把郡县制推广到全国,在全国范围内建立起强有力的、细致严格的统治网络,大大地强化了地主阶级的国家机器。

2. 秦始皇把商鞅变法以来秦国的法律、法令加以补充和完善,颁行全国。它要求从中央到地方,从生产到生活,从行动到思想,"皆有法式"③,严格符合专制主义中央集权制度。

3. 秦始皇改革文字、货币、度量衡制度,以利于经济文化之发展,政策法令之推行。

---

① ［战国］孟轲著,万丽华、蓝旭译注:《孟子》卷一《梁惠王上》,第7页。
② ［西汉］司马迁:《史记》卷六《秦始皇本纪》,第236页。
③ ［西汉］司马迁:《史记》卷六《秦始皇本纪》,第243页。

4.秦始皇下令堕毁战国时代各诸侯所修筑的城郭,拆除了在险要地区所建立的堡垒,疏通了在河道上所布置的障碍。修驰道直通燕、齐、吴、楚。筑直道径抵云阳、九原。辟新道、五尺道以沟通云贵、五岭。凿灵渠以连接长江、珠江水系。所有这些措施,都在一定程度上便利了当时的交通,铲除了割据势力赖以滋生的条件。

5.为了抗击匈奴族袭扰,秦始皇发大军进攻匈奴,筑城防,西起陇西,东至辽东,号称"万里长城"。秦始皇把五十万罪徒谪戍五岭,以开发南方。

6.秦始皇下令把六国贵族、豪富十二万户迁徙到京师,直接置诸中央政府的控制之下;将流散在民间的各式兵器聚集咸阳"销以为钟镰、金人"①(销毁兵器,铸成钟镰、金人)。

7.为了防止诸生以古非今,惑乱黔首,秦始皇下令焚烧诗书,坑杀儒生,禁止私学,以垄断学术文化,限制思想自由。

8.为了示强威、服海内,秦始皇马不停蹄地"亲巡天下,周览远方"②,以防范人民反抗,加强对全国的控制。

9.为了显示帝王的威严与地位,秦始皇大兴土木,营帝王之都。"写放"③六国宫室于咸阳北阪,"营作朝宫渭南上林苑中"④,其营建的阿房宫规模之大令人惊叹。穿治骊山,"上具天文,下具地理"⑤,在总面积达 56.25 平方公里的陵区地下设置了巨型军阵车仗,建筑了各式豪华宫寝,陈列了无数奇珍异宝。不仅将皇帝的无上权威建立于人间社会,也再现于幽幽冥间。

10.秦统一后,进一步扩充武装力量,军队达 160 万之众,除此之外还有保卫宫廷的禁卫军和由材官统领的郡国兵,由谪徙之人组成的"屯戍兵",形成一支强大的武装力量⑥。

秦始皇欲借以上措施以建"子孙帝王万世之业"⑦。若就各单项措施看,其

---

① 〔西汉〕司马迁:《史记》卷六《秦始皇本纪》,第 239 页。

② 〔西汉〕司马迁:《史记》卷六《秦始皇本纪》,第 261 页。

③ 〔西汉〕司马迁:《史记》卷六《秦始皇本纪》,第 239 页。

④ 〔西汉〕司马迁:《史记》卷六《秦始皇本纪》,第 256 页。

⑤ 〔西汉〕司马迁:《史记》卷六《秦始皇本纪》,第 265 页。

⑥ 高景明:《秦兵马俑与秦的统治思想》,《文博》1990 年第 5 期。

⑦ 〔西汉〕贾谊:《贾谊集》,第 2 页。

无一不利于秦既定目标之实现。史学界长期以来也正是基于如此认识而高度评价秦始皇对中国历史的巨大贡献的。但是,历史往往喜欢捉弄人。本来要到这个房间,结果却走进另一个房间。以上措施非但没有促进帝国的巩固和发展,而是事愈烦而天下愈乱;法愈滋而奸愈炽;兵马愈设而敌人愈多,加速了秦的灭亡。秦始皇希冀于秦王朝"传之无穷",得到的却是"二世而亡"。

谚语有曰:百足之虫,死而不僵。以取譬某些家族、集团势力或末世王朝在窘困败落、"内囊"上来之时,尚能维持某些架势,苟延残喘一段时日。而秦始皇所处的时代,是封建社会刚刚确立不久,正从诸侯割据称雄的局面走向统一的时代。新兴地主阶级作为进步的、生气勃勃的新生力量登上政治舞台。正当其有为、奋发之际。这时的秦帝国如日中天,盛极一时。一般说来,非遇巨大变故,当不足以撼动其根本,更不足以致其骤亡。在古代社会,唯有当社会赖以存在的经济基础遭到摧毁时,才会导致一个帝国在顷刻之间土崩瓦解。贾谊说:"秦本末并失,故不长久。"①,这里若将"本"解作农业,贾生似乎已触摸到了秦骤亡的根本原因了。

人们在盛赞秦始皇的文治武功的时候,往往忽略了他对当时农业生产的严重破坏。秦始皇完成统一六国大业,确立专制主义中央集权制度,以及在政治、经济、军事、文化等方面的措施,放在中国历史总进程中去考察,我们都应予以高度评价。但是,要在一特定的历史范围内同时完成各种规模巨大的国家事业,毕其功于一役,其结果则是灾难性的。因为它会骤然加重社会经济负担,打断生产进程,将社会推向绝境。农业作为古代社会的决定性生产部门,"不管生产过程的社会形式怎样,它必须是连续不断的,或者说,必须周而复始地经过同样一些阶段。一个社会不能停止消费,同样它也不能停止生产"②。而秦自始皇三十二年以后,"内兴功作,外攘夷狄"③,农业的简单再生产也难以维持了,于是"天下始畔秦也"④,这正是秦骤亡的根本原因。

---

① 〔西汉〕贾谊:《贾谊集》,第 10 页。

② 〔德国〕马克思、恩格斯:《马克思恩格斯全集》(第二十三卷),北京:人民出版社,2016 年,第 621 页。

③ 〔东汉〕班固:《汉书》卷二十四《食货志上》,第 1126 页。

④ 〔西汉〕司马迁:《史记》卷一百一十二《平津侯主父列传》,第 2954 页。

二、庞大的国家机器与繁重的赋税

秦统一后,迅速膨大的封建国家机器骤然加重了人民的租赋徭役负担。虽然大臣王绾、淳于越等人提出在部分边远地区袭用殷周分封宗室子弟为诸侯的建议,但是并未被采纳,甚至被看作复辟倒退行为而受到非议。从表面看来,实行中央集权管理,可以使"其操纵由一己,其呼吸若一气,其简练教训如亲父兄之于子弟也"①。但就当时的技术条件和管理水平而言,过于庞大的集中控制系统很难达到最佳管理效果。权力完全集中于中央,造成了君主极端专制的弊政。"天下之事无小大,皆决于上,上至以衡石量书,日夜有呈,不中呈不得休息"②,"博士虽七十人,特备员弗用。丞相诸大臣皆受成事,倚辨于上"③。各级官吏畏罪持禄,莫敢尽忠,敷衍欺骗,曲从取悦。庞大的官僚机构并没有完全发挥其应有的管理职能。

而荡平六国的丰功伟绩,使秦始皇逐渐恣意妄为,独断专行。将个人意志发展到了极限。他滥用人力、物力,甚至向自然施暴。他听说海上不死之药屡屡不得是因为有大鱼挡路,便亲自弯弓持箭以期与之比试高低;湘江骤起风浪误其行程,即"使刑徒三千人皆伐湘山树,赭其山"④;"金陵之地,有王者之势",便"凿北山以绝其势",改金陵为"秣陵"⑤;传朱方有天子气,始皇派"赭衣徒三千人凿长坑,败其势"⑥,命其名为刑徒之地,即地名"丹徒"是也。

个人独裁下的中央集权制度如果成为满足皇帝私欲的有力工具,其结果必然是"力罢不能胜其役,财尽不能胜其求"⑦,"竭天下之资财以奉其政,犹未足以澹其欲也"⑧。经济地理学认为,在交通不便的古代,山川河流之阻隔作用大于

---

①　[清]顾栋高:《春秋大事表》卷五《春秋列国爵姓及存灭表叙》,北京:中华书局,1993年,第562页。

②③　[西汉]司马迁:《史记》卷六《秦始皇本纪》,第258页。

④　[西汉]司马迁:《史记》卷六《秦始皇本纪》,第248页。

⑤　[南朝梁]沈约:《宋书》卷二十七《符瑞志上》,北京:中华书局,1974年,第780页。

⑥　[北宋]乐史:《太平寰宇记》卷八十九《江南东道一·润州》引《吴录地理》语,光绪八年金陵书局刻本。

⑦　[东汉]班固:《汉书》卷五十一《贾邹枚路传·贾山》,第2332页。

⑧　[东汉]班固:《汉书》卷二十四《食货志上》,第1126页。

现代,因而形成不同规模的地域经济中心。统一的国家政权建立后,实行以中央政府为中心的等级控制系统,有利于信息传递、物资调拨、社会管理。秦对全国实行高强度的集中控制,使举国上下疲于奔命,长途转输,耗费极大。"一钱之赋,数十钱之费,不轻而致也"①;"使天下飞刍挽粟,起于黄、腄、琅邪负海之郡,转输北河,率三十锺而致一石"②。随着大量的人力、物力之强行调配、征集,由运输而产生的徭役成为中央集权国家超过任何徭役的沉重负担。严重地扰乱了正常的社会生产秩序,使"输者偾于道。秦民见行,如往弃市"③。

马克思说"国家存在的经济体现就是捐税"④,而"强有力的政府和繁重的赋税是一个概念"⑤。中央集权的实现,意味着国家需要供养着大量的专职官吏和职业兵员,这就必然加重了劳动人民的赋税、徭役和兵役负担。中国是在生产力水平比较低的情况下,形成了中央集权制,"就好像一个还没有成年而且身体羸弱的人勉强地穿上了一套不胜负担的铠甲。这样,沉重的赋税落在人民身上,同时也延缓了扩大再生产的进程"⑥。

秦朝的田租(土地税)征收粮食和刍藁,口赋纳钱。各种租税要占去农民三分之二的收成,"田租口赋,盐铁之利,二十倍于古"⑦。中国古代经济发展水平决定了剥削率以50%为临界点,超过这一限度,则人不堪负。当劳动者无法"维持它的奴隶般的生存条件"⑧时,整个社会生产体系也就崩溃了。

---

① 〔西汉〕贾谊:《贾谊集》,第 205 页。

② 〔东汉〕班固:《汉书》卷六十四《严朱吾丘主父徐严终王贾传上·主父偃》,第 2800 页。

③ 〔东汉〕班固:《汉书》卷四十九《爰盎晁错传》,第 2284 页。

④ 〔德国〕马克思、恩格斯:《马克思恩格斯全集》(第四卷),北京:人民出版社,2016 年,第 342 页。

⑤ 〔德国〕马克思、恩格斯:《马克思恩格斯全集》(第八卷),北京:人民出版社,2016 年,第 221 页。

⑥ 胡如雷:《中国封建社会形态研究》,北京:生活·读书·新知三联书店,1979 年,第 159 页。

⑦ 〔东汉〕班固:《汉书》卷二十四《食货志上》,第 1137 页。

⑧ 〔德国〕马克思、恩格斯:《共产党宣言》,北京:人民出版社,1964 年,第 35 页。

三、频繁的徭役与农业生产过程的中断

秦统一后,大规模的战争动员和劳役动员打断了正常的农业生产进程。秦始皇在消灭了六国的军事力量后仍极度强化帝国的军事力量,在内部已不存在军事征伐、兼并的对象时,他派三十万大军北逐匈奴,收河套地区建立九原郡;调动五十万人南逾五岭,建立南海、桂林、象郡。匈奴无城郭之居,委积之守,迁徙鸟居,难得而制。轻兵深入,粮食必绝;运粮以行,重不及事。秦"发天下丁男以守北河。暴兵露师十有余年,死者不可胜数"①。秦击越之役也是"越人逃入深山林丛,不可得攻。留军屯守空地,旷日持久,士卒劳倦"②。兵法曰"兴师十万,日费千金"③。秦在周边少数民族尚不足以对中原王朝构成直接威胁的情况下,主动北逐匈奴,远征岭南,人为地激化了民族矛盾,"适足以结怨深仇,不足以偿天下之费"④。

秦代规定,十六岁为开始服兵役的年龄,"六十而还"⑤。这一年龄段的劳力是农事生产的有生力量,兵役又无限加重了农民的额外负担。云梦睡虎地四号墓出土木牍记载了兵士向家中索要衣、钱之事,其中有"室弗遗(家里不捎来钱),即死矣,急急急"⑥的字眼,紧迫之意溢于言表。自公元前221年秦灭六国后至其灭亡以前,秦大型徭役数目多达二十余项,秦二世时期更是"成徭无已"⑦。这些徭役,除了少数是用于生产性的建设以外,多数属于劳民伤财、专供

① [东汉]班固:《汉书》卷六十四《严朱吾丘主父徐严终王贾传上·主父偃》,第2800页。

② [东汉]班固:《汉书》卷六十四《严朱吾丘主父徐严终王贾传上·严助传》,第2783页。

③④ [东汉]班固:《汉书》卷六十四《严朱吾丘主父徐严终王贾传上·严助传》,第2801页。

⑤ 注:秦代的止役年龄称为"免老",视有无爵位而定,有爵位的人"免老"的年龄是56岁,无爵位而为"士伍"的人免老年龄是60岁。参见刘向东:《中国古代军事典章制度》,沈阳:白山出版社,2012年,第32页。

⑥ 湖北孝感地区第二期亦工亦农文物考古训练班:《湖北云梦睡虎地十一座秦墓发掘简报》,《文物》1976年第9期。

⑦ [西汉]司马迁:《史记》卷八十七《李斯列传》,第2553页。

统治者享用的非生产性工程。①

　　早在并灭六国的过程中,秦就"写放"各国宫室,"作之咸阳北阪上,南临渭,自雍门以东至泾、渭,殿屋复道,周阁相属"②。秦始皇三十五年,决定兴建朝宫于渭南上林苑中,其前殿便是著名的阿房宫。它"东西五百步,南北五十丈,上可以坐万人,下可以建五丈旗。周驰为阁道。自殿下直抵南山,表南山之巅以为阙。为复道,自阿房渡渭,属之咸阳,以象天极"③。杜牧曾以"蜀山兀,阿房出"④形容其工程之浩大。

　　秦筑长城,西起临洮,东至辽东,延袤万余里,筑城工程仅"河上"一段就用卒三十万。司马迁在实地考察蒙恬率军卒修筑的长城后曾感叹道:"吾适北边,自直道归,行观蒙恬所为秦筑长城亭障,堑山堙谷,通直道,固轻百姓力矣。"⑤他认为在"天下之心未定,痍伤者未瘳"⑥的情况下,蒙恬"阿意兴功"⑦,后来其兄弟遇诛是罪有应得。

　　公元前212年,秦始皇令修"直道",从咸阳以北不远的云阳出发,循子午岭主脉北行,经鄂尔多斯草原,直抵包头市西南九原郡治所,全长一千八百里(约合今七百公里)。这样巨大的工程,从动工到完成,"总共只用两年半的时间"。我们固然可以把它看作"秦代劳动人民创造的又一奇迹"⑧,但同时我们也可以把它看作急征暴敛、滥用民力的典型。

　　秦修建以首都咸阳为中心的"驰道","东穷齐燕,南极吴楚,江湖之上、濒海之观毕至。道广五十步,三丈而树,厚筑其外,隐以金椎,树以青松。为驰道之丽至于此"⑨,以至于某些国外学者"难以置信"⑩。

---

①　黄今言:《秦代租赋徭役制度初探》,中国秦汉史研究会:《秦汉史论丛》(第一辑),西安:陕西人民出版社,1981年,第74—75页。

②　[西汉]司马迁:《史记》卷六《秦始皇本纪》,第239页。

③　[西汉]司马迁:《史记》卷六《秦始皇本纪》,第256页。

④　[唐]杜牧著,张厚余解评:《杜牧集》,太原:山西古籍出版社,2004年,第192页。

⑤⑥⑦　[西汉]司马迁:《史记》卷八十八《蒙恬列传》,第2570页。

⑧　林剑鸣:《秦史稿》,第381页。

⑨　[东汉]班固:《汉书》卷五十一《贾邹枚路传·贾山》,第2328页。

⑩　〔英国〕崔瑞德、鲁惟一编,杨品泉、张书生译:《剑桥中国秦汉史》,北京:中国社会科学出版社,1992年,第119页。

秦始皇陵园建筑规模宏大，修筑时间持续三十余年。据袁仲一先生研究，"仅土方工程一项就费工一亿七千零一百三十余万（应为一亿七千零十三余万）个工作日。全国二千万左右的人中有劳力也不过四百万，每个劳力平均要服役四十余天。土方工程仅是陵园建筑中的一小部分工程，另外还要从北山运石，蜀荆运木，以及烧造砖瓦，修建地上和地下建筑，制作大量的陪葬品，等等。这些工程量比土方工程恐怕要大二三倍至数倍"①。目前考古界已进行过详细勘探的部分尚不足陵园总面积的五十分之一，已有兵马俑等众多发现，被誉为"世界第八大奇迹"，其隐而未见者当还有许多。

秦始皇历次出巡，车马浩荡，仪仗威严，俨然是一座移动的宫殿。沿途通水道，堕城郭，求周鼎，赭湘山，征发动用的徭役人数也是非常巨大的。秦二世胡亥取得帝位以后，其淫靡奢侈、徭役兴作较秦始皇有过之而无不及。他认为"凡所为贵有天下者，得肆意极欲"②。于是大为宫室，"复作阿房宫"，"欲造千乘之驾，万乘之属"③以充实名号。他"复土骊山"④，直到公元前208年周章率领农民起义军抵骊山脚下才被迫停工；他"增始皇寝庙牺牲及山川百祀之礼"⑤，令四海之内都进献贡品，增加祭牲，周备礼仪，尊崇之仪无以复加；他继续"治直、驰道"⑥"外抚四夷"⑦，征发人民戍边，同时还征集各郡县"材士五万人为屯卫咸阳，令教射狗马禽兽"⑧；他肆意挥霍，下令征调各地菽粟刍藁于中央，转运人员"皆令自赍粮食，咸阳三百里内不得食其谷"⑨；他仍然巡行示强，威服海内。因此，在他统治期间"赋敛愈重、戍徭无已"⑩，对始皇暴政"因而不改"⑪。

秦代役期规定，"月为更卒，已复为正，一岁屯戍，一岁力役"⑫。也就是说，

① 袁仲一：《秦始皇陵兵马俑博物馆论文选》，第66页。
② ［西汉］司马迁：《史记》卷六《秦始皇本纪》，第271页。
③ ［西汉］司马迁：《史记》卷六《秦始皇本纪》，第269—271页。
④ ［西汉］司马迁：《史记》卷六《秦始皇本纪》，第269页。
⑤ ［西汉］司马迁：《史记》卷六《秦始皇本纪》，第266页。
⑥ ［西汉］司马迁：《史记》卷八十七《李斯列传》，第2553页。
⑦⑧⑨ ［西汉］司马迁：《史记》卷六《秦始皇本纪》，第269页。
⑩ ［西汉］司马迁：《史记》卷八十七《李斯列传》，第2553页。
⑪ ［西汉］贾谊：《贾谊集》，第10页。
⑫ ［东汉］班固：《汉书》卷二十四《食货志上》，第1137页。

秦人每个月服役一次,每月服役天数相等①,在服役名册上的成丁,须承担一年兵役,一年戍边,一年力役的徭役②。即此,力役已三十倍于古。但仍然无法满足统治者的需要,所谓的役期规定徒为具文而已。从云梦秦简的《徭律》可以看到,修筑各种工程如果"未卒岁或坏陕(决)",就要"令县复兴徒为之,而勿计为繇(徭)"③。在秦统治者的任意征发之下,过期之徭、逾时之役成了劳动人民的沉重负担。

有人估计,秦代人口二千万左右,应征服役者当不下三百余万,占总人口的百分之十五以上。负担徭役者皆为青壮年劳动力,几乎占了全国总劳力(以四百万计)的四分之三以上。商君学派在确定农者和食者之间的比例时指出:"百人农、一人居者,王;十人农、一人居者,强;半农、半居者,危"④。秦始皇对法家理论"作了猛烈的发展"⑤,但是唯独忽略了这一经验之谈。秦代徭目之多,始傅(颜师古注:"傅,著也。言著名籍,给公家徭役也。"⑥)之早,役期之长,征调之急,督责之严为世所罕见。百分之七十以上的农业劳动力被迫脱离农业生产,从事强制性的无偿劳役。

以百余万的农业劳动力提供两千万人口的基本农产品需求和统治阶级的无度挥霍,这确非当时的农业生产水平所能胜任。农业在重压之下崩溃了,人民断绝了生路,最后被迫走上了反抗的道路。李斯等人在分析关东"群盗"并起的原因时说:"盗多,皆以戍漕转作事苦,赋税大也。"⑦无偿的劳役征发是以农业破坏

---

① 注:"月为更卒"并非如学术界所普遍认为的那样,是农民每年在郡县轮流服劳役一个月。张家山汉简《二年律令》说明"月为更卒"的正确理解应是每个月服役一次,每月服役天数相等。因而"更"又是劳役的计量单位,一月一更,一年要服十二次更役。农民可以钱代役,官府也把更役折合成货币征收,最终演变为更赋。参见臧知非:《从张家山汉简看"月为更卒"的理解问题》,《苏州大学学报》2004 年第 6 期。

② 高敏:《〈汉书·食货志〉载董仲舒语"已复为正一岁"句试解》,《社会科学战线》1986 年第 1 期,第 72 页。

③ 睡虎地秦墓竹简整理小组:《睡虎地秦墓竹简》,第 77 页。

④ [战国]商鞅著,章诗同注:《商君书》卷一《农战》,第 13 页。

⑤ 杨宽:《战国史》,上海:上海人民出版社,1980 年,第 186 页。

⑥ [东汉]班固:《汉书》卷一《高帝纪上》颜师古注,第 73 页。

⑦ [西汉]司马迁:《史记》卷六《秦始皇本纪》,第 271 页。

为代价的。"天下苦其役而反之"①,正是陈涉等"甿隶"之徒首举灭秦义旗的根本原因。

四、严刑峻法对社会生产力的摧残

秦代的严刑峻法,对当时的基本生产力造成巨大摧残。《盐铁论》中谓,"秦法繁于秋荼,而网密于凝脂"②。在严密的法网下人民动辄触法,以至于"赭衣塞路,囹圄成市"③,把全国都变成了大监狱。秦始皇"以暴虐为天下始"④,二世"而重以无道"⑤,使秦之"法令诛罚,日益深刻"⑥,残酷的刑法或夺去人民生命,或残伤人民肢体;或强制人民赘成;或迫使人民"亡逃山林,转为盗贼"⑦,进一步加速了不堪重负的秦农业的崩溃。湖北云梦秦简的十种文字中,"除《编年纪》及《日书》外,均是法律文书"⑧,它为我们提供了有关这一方面的丰富资料。

秦简中出现的死刑有戮、弃世、磔、定杀等,见于史籍的还有"族""夷三族""枭首""车裂""腰斩""体解""囊扑""剖腹""蒺藜""凿颠""抽胁""镬烹"等。⑨死刑剥夺了罪犯的生命,是对生产力的直接摧残。秦实行重刑主义,即使犯有轻罪也要给以极重的处罚。秦始皇"怀贪鄙之心,行自奋之智,不信功臣,不亲士民,废王道,立私权,禁文书而酷刑法,先诈力而后仁义,以暴虐为天下始"⑩。

公元前 216 年,秦始皇"夜出逢盗兰池,见窘",他下令"关中大索二十日"⑪,对人民实行报复性镇压。公元前 211 年,陨石坠落在东郡,有人在石上刻"始皇

---

①　[东汉]班固:《汉书》卷三十六《楚元王传》附《刘向传》,第 1954 页。

②　[西汉]桓宽:《盐铁论》卷十《刑德》,参见王利器:《盐铁论校注》,第 577 页。

③　[东汉]班固:《汉书》卷二十三《刑法志》,第 1096 页。

④　[西汉]贾谊:《贾谊集》,第 5 页。

⑤　[西汉]贾谊:《贾谊集》,第 6 页。

⑥　[西汉]司马迁:《史记》卷八十七《李斯列传》,第 2553 页。

⑦　[东汉]班固:《汉书》卷二十四《食货志上》,第 1137 页。

⑧　林剑鸣:《法与中国社会》,长春:吉林文史出版社,1988 年,第 120 页。

⑨　张晋藩:《中国法制史研究综述 1949—1989》,北京:中国人民公安大学出版社,1990年,第 120 页。

⑩　[西汉]司马迁:《史记》卷六《秦始皇本纪》,第 283 页。

⑪　[西汉]司马迁:《史记》卷六《秦始皇本纪》,第 251 页。

帝死而地分"①七字。"始皇闻之,遣御史逐问,莫服,尽取石旁居人诛之,因燔销其石"②。二世时"繁刑严诛,吏治刻深","蒙罪者众,刑戮相望于道,而天下苦之"③。埋葬秦始皇时,二世下令:凡后宫无子者,均须为始皇殉葬,"死者甚众"④;"葬既已下,或言工匠为机,藏皆知之"⑤,竟将所有在墓内工作的工匠统统埋于墓内,制造了中国历史上罕见的惨剧。秦朝的各级官吏中更有一批穷凶极恶的刽子手,如范阳县令"杀人之父,孤人之子,断人之足,黥人之首,不可胜数"⑥。

肉刑是"斩人肢体,凿其肌肤"⑦,人为地造成受刑人生理残疾的刑罚。生理残疾严重影响了刑徒的生产能力。秦代史籍或简册中黥刑记载繁出,它既是对受刑人的一种肉体折磨,又是一种精神侮辱。刻面黥墨,便于统治阶级对这些罪犯识别和防范。随着阶级矛盾的激化,秦时"劓鼻盈蔂,断足盈车"⑧,使更多的人失去生产能力。而宫刑使受刑者"绝生理……如木之朽腐无发生也"⑨,从根本上消灭了人的再生产功能。《史记·秦始皇本纪》有"隐宫刑徒七十余万人,乃分作阿房宫,或作丽(骊)山"⑩的记载,说明处宫刑之人当不在少数。

秦律规定,"城旦舂毁折瓦器、铁器、木器,为大车折辕,辄治(笞)之。直(值)一钱,治(笞)十;直(值)廿钱以上,孰(熟)治(笞)之……城旦为工殿者,治(笞)人百。大车殿……徒治(笞)五十。"⑪意为:服城旦舂(刑罚名)的人损坏了瓦器、铁器、木器,制造大车时折断了轮圈,立即笞打。所损器物价值一钱,笞打十下;所损器物价值在二十钱以上,重加笞打……服城旦(刑罚名)做工,被评为下等的人,每人笞打一百下;所造大车者,被评为下等……对造者笞打五十下。可见,秦律中关于笞刑的规定较多,它既可作为对犯罪人的刑罚手段,也可以作

---

①② [西汉]司马迁:《史记》卷六《秦始皇本纪》,第259页。

③ [西汉]贾谊:《贾谊集》,第6页。

④⑤ [西汉]司马迁:《史记》卷六《秦始皇本纪》,第265页。

⑥ [西汉]司马迁:《史记》卷八十九《张耳陈馀列传》,第2574页。

⑦ [战国]慎到著,钱熙祚校:《慎子》,北京:中华书局,1985年,第10页。

⑧ [西汉]桓宽:《盐铁论》卷十《诏圣》,参见王利器:《盐铁论校注》,第610页。

⑨ 《礼记》卷四《文王世子》,参见[元]陈澔:《礼记集说》,第118页。

⑩ [西汉]司马迁:《史记》卷六《秦始皇本纪》,第256页。

⑪ 睡虎地秦墓竹简整理小组:《睡虎地秦墓竹简》,第90、137页。

为办案过程中的拷讯措施。有人将笞刑与肉刑相区别,其实,"加笞与重罪无异,幸而不死,不可为人……或至死而笞未毕"①。汉朝曾以笞刑代肉刑,但由于笞挞者往往致死,"民皆思复肉刑"②,把笞刑的残酷性表现得淋漓尽致。秦笞刑动辄即"笞百""熟笞之"③,由此毙命之人当不在少数。

肉刑中还有髡钳、鋈足诸刑,是以铁木束其颈,镣其足。此等刑具见诸秦简者有"枸椟樧杕"④等,实物在秦始皇陵西北角郑庄村南的秦打石场遗址曾有出土,其中铁钳九件,铁钛一件,说明打石工是戴着刑具从事生产的。⑤ 肉刑大部分是与徒刑结合使用的。"⑥也就是说,在摧残其形体以后仍逼迫他们从事繁重的体力劳动。由于当时刑徒的生活极其艰苦,劳役十分繁重,鞭挞、重罚、疾病和饥馑,往往使许多人刑期未尽而身先亡。

秦律规定"有罪以赀赎"⑦,罪犯可以钱财或劳役形式抵偿其刑。罪金、赀甲、赀盾,是对"罪犯"进行财产剥夺,"从考古发掘的实物看,秦时的铠甲和盾牌,或是用铜,或是用皮革,制作非常精致,非专门手工工匠和工人是很难制作的"⑧,其价格必定非常昂贵。计《云梦秦简》中言"赀一甲"者三十九见;"赀二甲"者四十九见;"赀一盾"者四十四见;"赀二盾"者一见;仅言赀而不言甲或盾者一见,言赀以上者一见。⑨

秦统治者通过罗织罪名强行掠夺劳动人民的必要劳动产品,进一步加深了人民的苦难。对于无力缴纳钱财者,则强令以劳役相抵。考古工作者在秦始皇陵西侧赵背户村、姚池头村一带发现一个大规模的刑徒墓区,在覆盖尸骨的瓦片

---

① ［东汉］班固:《汉书》卷二十三《刑法志》,第 1100 页。

② ［南朝宋］范晔:《后汉书》卷五十二《崔骃列传》,第 1729 页。

③ 睡虎地秦墓竹简整理小组:《睡虎地秦墓竹简》,第 90、137 页。

④ 注:枸椟樧杕,均为刑具。枸椟应为木械,如枷或桎梏之类。樧,系在囚徒颈上的黑索,杕,套在囚徒足胫的铁钳。参见:睡虎地秦墓竹简整理小组:《睡虎地秦墓竹简》,第 84—86 页。

⑤ 始皇陵秦俑坑考古发掘队:《临潼郑庄秦石料加工场遗址调查报告》,《考古与文物》1981 年第 1 期。

⑥ 中华书局编辑部:《云梦秦简研究》,北京:中华书局,1981 年,第 176 页。

⑦ 睡虎地秦墓竹简整理小组:《睡虎地秦墓竹简》,第 84 页。

⑧ 中华书局编辑部:《云梦秦简研究》,第 195 页。

⑨ 马非百:《秦集史》,第 849 页。

上发现墓志瓦文十八件（其中一件上刻有两个人的墓志文），凡注明刑名者十人，均为居赀[①]。赀徭戍是秦大规模法定徭役之外的额外强制劳役，它逐渐演变为统治者任意征发人民的重要借口和基本形式。

秦简《法律答问》中盗桑叶赃不盈一钱即"赀繇（徭）三旬"[②]，役期已与"更卒"等；而"赀戍一岁""赀戍二岁"则意味着又复为正卒、屯戍一岁；至于赎死、赎迁、赎宫、赎耐诸重刑的赀戍时间更长。秦律规定，赀戍者一日抵偿八钱，由官府供予饭食的，每天六钱。"以每日劳役抵六钱计算，每年三百六十五天（实际上不可能劳动这么多天数），需要连续服二十七年以上的劳役，才能达到汉代减死的最低标准六万钱"[③]。一般认为秦刑重于汉，故赎刑者欲得"减死"，实际上要终身服劳役。赀刑迫使更多的劳动人民脱离了农业生产，尤其是重刑犯人很少有机会再得生还。

上述赵背户村的居赀刑徒正是为修筑秦始皇陵而死的。他们除了承担繁重的烧制砖瓦、打制石材、搬运土方任务外，还受到种种摧残。"M41 出土的一仰身直肢葬者，头骨上有刀伤痕迹，腰部残断。M33 出土的八具骨架中有一具有刀伤痕迹，俯身作挣扎状。M34 第二组的三具骨架身首异处，四肢骨与躯干骨也分离，堆置叠压显系肢解"[④]。赀罚赎刑的残酷性在于它是以法律手段对广大的劳动人民实行必要劳动产品与体能的再盘剥，因而它的强制性、残酷性大大超过了正常的田租、赋税、徭役的剥削。赵背户村刑徒墓地的累累白骨与宏伟高大的秦陵形成强烈对照，秦代许多的浩大工程就是以终结他们的生命为代价而建立起来的。

秦代赋税、徭役除了繁重之外，另以征调急促为突出特征。凡转输之物、服役之人，必须先期抵达。否则便视为犯法，要根据不同情节，受到相应惩处。秦简《徭律》规定："御中发征，乏弗行，赀二甲。失期三日到五日，谇；六日到旬，赀

---

① 袁仲一：《从秦始皇陵的考古资料看秦王朝的徭役》，中国农民战争史研究会：《中国农民战争史研究集刊》（第 3 辑），上海：上海人民出版社，1983 年，第 51—52 页。

② 睡虎地秦墓竹简整理小组：《睡虎地秦墓竹简》，第 154 页。

③ 中华书局编辑部：《云梦秦简研究》，第 199 页。

④ 始皇陵秦俑坑考古发掘队：《秦始皇陵西侧赵背户村秦刑徒墓》，《文物》1982 年第 3 期。

一盾;过旬,赀一甲"①。也就是说,朝廷征发农民服役,必须立即应征,不应征者罚二副军甲的钱财;超期三到五日要受到训斥;超期六到十日,罚处一副军盾的钱财;超期十日以上的,罚处一副军甲的钱财。②

至于兵役,其督责程度更为严格,"失期,法皆斩"③。在大规模、远距离情况下限期征调粟刍、兵员,其路途之苦楚往往超过了输、役本身。结果是,"秦民见行,如往弃世"④,人民苦不聊生,"自经于道树,死者相望"⑤。陈胜一行就是在"谪戍渔阳"的过程中遇雨失期后被迫起义的。陈胜说,"失期当斩,藉弟令毋斩,而戍死者固十六七"⑥。度其"经营图国,假使不成而败,犹愈(逾)为戍卒而死也"⑦。因而"斩木皆兵,揭竿为旗"⑧,走上了反抗的道路。秦超常峻急地滥用民力,也是造成秦末社会生产力受到巨大摧残的重要原因之一。

五、阶级矛盾的激化与秦二世而亡

贾谊在《过秦论》中极论秦"常为诸侯雄"⑨的辉煌历史,"并海内,兼诸侯"⑩的不朽伟业,以及"良将劲弩"之强,"金城千里"之固。⑪贾谊以此为铺垫来反衬"一夫作难而七庙堕(隳),身死人手,为天下笑"⑫的悲惨结局。他说,秦朝天下并没有削弱缩小,富庶的雍州,坚固的崤函依然如故。陈涉的地位不比山东诸国国君尊贵;钼耰棘矜不比钩戟长矛锋利;谪戍之众不比六国军队强大;深谋远虑、行军用兵之策不比六国谋士高明。如果让山东诸国与陈胜比试长短、衡量实力,实不可相提并论。但是,秦何以对六国则战无不胜,遇义军而土崩瓦解?贾谊认

---

①　睡虎地秦墓竹简整理小组:《睡虎地秦墓竹简》,第 76 页。

②　参见高敏:《云梦秦简初探》,郑州:河南人民出版社,1979 年,第 87 页。

③　[西汉]司马迁:《史记》卷四十八《陈涉世家》,第 1950 页。

④　[东汉]班固:《汉书》卷四十九《爱盎晁错传》,第 2284 页。

⑤　[东汉]班固:《汉书》卷六十四《严朱吾丘主父徐严终王贾传下·严安》,第 2812 页。

⑥　[西汉]司马迁:《史记》卷四十八《陈涉世家》,第 1952 页。

⑦　[西汉]司马迁:《史记》卷四十八《陈涉世家》附《索隐》语,第 1951 页。

⑧　[西汉]贾谊:《贾谊集》,第 3 页。

⑨　[西汉]贾谊:《贾谊集》,第 9 页。

⑩　[西汉]贾谊:《贾谊集》,第 5 页。

⑪　[西汉]贾谊:《贾谊集》,第 2 页。

⑫　[西汉]贾谊:《贾谊集》,第 3 页。

为,天下形势发生了根本变化,然"三主(始皇、二世、子婴)惑而终身不悟"①,最后导致灭亡。《过秦论》精到的历史见识与其优美的散文语言相得益彰,堪称绝唱。

秦灭六国是扫除诸侯割据势力,完成国家统一事业的过程。这一时期的主要矛盾表现为诸侯集团之间的对峙与斗争,而农民与新兴地主阶级之间的基本矛盾则被暂时"所缓和和转化了"②。由于"各诸侯国之间的长期分治和战乱相寻,使统治者容易煽动各国人民之间的仇恨和不理性来转移本国人民对战争及徭役负担的不满,而人民因战争承受的物质损失,又可从掠夺别国及战后的赏功而局部地得到弥补"③。而人民苦于"诸侯力政,强凌弱,众暴寡,兵革不休,士民罢敝"④的战乱局面,希望结束长期的割据纷争局面,以实现其安居乐业的美好愿望。正是在这种特定的历史条件下,人民能够忍受非常时期的残暴统治和繁徭苛赋。

但是,农民阶级和地主阶级的矛盾毕竟是封建社会的主要矛盾。随着秦统一进程的完成,这一矛盾逐渐上升、并占据主导地位。而秦统治者并没有意识到这一根本性变化,仍把六国旧贵族作为主要危险加以防范。《史记·秦楚之际月表》曰,"秦既称帝,患兵革不休,以有诸侯也"⑤,因而秦巩固统治的一系列政策、制度、措施都是缘此而发。他们在六国政权已被打倒和戎狄尚不足以构成直接威胁的情况下,变本加厉地继续推行着统一六国时的征服和扩张政策。这正如贾谊所谓的,"秦离战国而王天下,其道不易,其政不改,是其所以取之守之者无异也"⑥。而这些在某种程度上并非当时急务,迫切需要处理的是迅速恢复战争的创伤,建立一个比较安定的生产环境,减轻租税徭役负担,让社会生产力得到充分发展,以巩固刚刚建立的统一封建政权。

秦统治者无视于此,反而集中全国的人力、物力、财力,致力于废分封、堕关隘、销锋镝、迁豪杰、筑长城、击匈奴、戍五岭、修驰道、巡全国、穿骊山、营宫阙等规模更大的战争和劳役动员,希望以此达到长治久安。但是正是这些措施在客

---

① ［西汉］司马迁:《史记》卷六《秦始皇纪》,第278页。

②③　赵靖、石世奇:《中国经济思想通史》(第一卷),第450页。

④ ［西汉］贾谊:《贾谊集》,第5页。

⑤ ［西汉］司马迁:《史记》卷十六《秦楚之际月表》,第760页。

⑥ ［西汉］司马迁:《史记》卷六《秦始皇本纪》,第283页。

观上加速了秦经济的衰退,激化了阶级矛盾,造成了"力役三十倍于古,租税二十倍于古"①的沉重负担,把人民逼入绝境,导致了农民起义的爆发。"王迹之兴,起于闾巷"②,这是出乎秦统治者预料的事。陈涉、刘邦由一介贫民奋发而起,做了雄略之主。而秦不封诸侯、销毁兵器、毁坏名城等制度、措施,恰恰为他们灭秦扫清了障碍。

"陈涉不用汤武之贤,不藉公侯之尊,奋臂于大泽而天下响应者,其民危也"③,说明秦与六国和义军之间是性质不同的两类矛盾。秦灭六国是统治阶级内部消灭割据势力,所以秦始皇能"续六世之余烈,振长策而御宇内……履至尊而制六合"④,威震四海,取得辉煌胜利。秦与农民起义军之间的斗争,是阶级矛盾不可调和的产物,由于它是动员了被压迫阶级的整体力量,所以就造成了陷秦于灭顶之灾的汪洋大海。这就是秦何以能灭六国而无法抵御陈涉、刘邦的基本原因。

世人皆谓秦二世而亡,其实"秦始皇迟死几年,他(也)将会亲眼看到农民起义的烽火的"⑤。因为在他统治的末期,已将社会经济拖到了崩溃的边缘。以至于人们在叹服秦兵马俑坑之壮美的同时发出了"始皇不灭,天理难容"的感慨。在贾谊看来,秦二世似乎还有一次"补救的机会"。因为,"寒者利裋褐,而饥者甘糟糠……此言劳民之易为仁也"⑥。意思是说,受冻之人会觉得粗布短衣很暖和,挨饿之人会觉得糟糠很甘甜……这说的是,劳苦大众的人心很易收服。但是二世不行此术,反而重之以无道。毁坏宗庙,摧残百姓,刑法严苛、杀戮众多,责罚不当,社会秩序大乱,人民穷困潦倒,工程徭役繁兴,刑戮相望于道,以重天下之苦。最后"身不免于戮杀"⑦,彻底葬送了秦王朝。

---

① 〔东汉〕班固:《汉书》卷二十四《食货志上》,第 1137 页。

② 〔西汉〕司马迁:《史记》卷十六《秦楚之际月表》,第 760 页。

③ 〔西汉〕司马迁:《史记》卷六《秦始皇本纪》,第 284 页。

④ 〔西汉〕司马迁:《史记》卷六《秦始皇本纪》,第 280 页。

⑤ 任继愈:《中国哲学发展史·秦汉》,北京:人民出版社,1985 年,第 87 页。

⑥ 〔西汉〕司马迁:《史记》卷六《秦始皇本纪》,第 283 页。

⑦ 〔西汉〕司马迁:《史记》卷六《秦始皇本纪》,第 284 页。

第七节　秦农业的历史地位与影响

自伯益赐姓至子婴出降,秦人、秦族、秦国、秦王朝在中国历史上活动了两千多年。秦亡以后,"余威振于殊俗"①,仍继续对域外及少数民族地区产生影响。全面评述这一漫长时期秦农业的历史地位与贡献,恐非本书篇幅所能容纳。我们认为,秦对中国历史产生整体影响的是进入盛秦时期以后的秦王朝。这一时期秦灭六国,建立了统一的多民族的中央集权的国家政权。秦文化迅速由地域文化发展为全国性文化,并且与六国文化融汇,形成灿烂辉煌的"大一统"文明,深刻地影响了此后几千年的中国历史。而秦农业正是支撑着"大一统"文明的经济基础,我们只有从这一角度入手,方能对秦农业历史地位作出比较客观的评价。

一、秦农业的政治影响

专制主义中央集权制度的建立,是秦王朝的显著特征之一,它确立了以后历代封建统治机构的基本形式。秦利用中央集权力量干预社会经济,统一了度量衡、货币、车轨制度,把秦国文字整理、规范后推行全国,结束了长期以来的制度差异混乱现象;决通各国所筑障塞、修驰道、通航运、兴修水利、灌溉农田,发展生产,通盘规划经济建设;抵御匈奴,徙民实边,创造安定的社会环境。秦专制主义中央集权制度,为秦统一初期社会、经济的发展和兴盛发挥了重大的作用。

专制主义中央集权制度被历代封建王朝所继承、发展和完善,对中国古代政治、经济、思想、文化都产生过深远影响。史称"百代皆行秦政事"②。秦专制主义中央集权制度之形成,是封建地主土地所有制经济和自耕农经济发展的必然结果。秦自商鞅变法起,始终致力于农业发展。实行奖励耕战的政策,废井田,开阡陌,承认土地私有权,为新兴地主阶级的崛起和自耕农阶层的广泛形成创造

---

① ［西汉］贾谊:《贾谊集》,第 2 页。

② 语出毛泽东:《七律·读〈封建论〉呈郭老》,徐四海编著《毛泽东诗词全集》,北京:东方出版社,2016 年,第 349 页。原诗为"百代都行秦政法"。

了良好的条件。适应封建地主制经济特点，相关政治体制也发生了根本性变化：由封国建藩发展到中央集权；由世卿世禄发展到官僚体制；由领地封邑发展到郡县机构。

而且也正是封建土地私有制及其小农经济生产方式构成了秦专制主义中央集权制度的经济基础。它提供了远远超过三代诸侯贡赋的赋税、徭役。为封建国家机器的高速、有效运转注入了充足的能源和动力。我们在赞叹秦中央集权国家于盛秦时期表现出来的恢宏的气魄、有为的态势与巨大的历史贡献时，不应忘记支撑这一切的是其坚实的农业基础。

公元前 209 年，陈胜、吴广在大泽乡点燃了反秦斗争的烈火，这是我国历史上的第一次农民起义。以此为开端，中国封建社会的农民起义和农民战争，以其次数之多、规模之大而为世界所罕见。这又构成了中国古代社会的另一重要特点，成为历史研究中最为瞩目的课题之一。秦末农民起义是农民和地主阶级之间的矛盾上升为社会基本矛盾的重要标志。它是封建土地私有制确立以后社会、经济矛盾的重要标志。秦"从商鞅变法直到秦王朝建立，封建土地所有制尚处于逐步建立和发展的过渡时期"①，统一的秦王朝推动了封建土地所有制在全国的最后确立。"使黔首自实田"②，意味着土地私有得到法权保护。

秦土地所有制的变革，从根本上调整了封建生产关系，充分调动了农民的生产积极性，是秦农业迅速发展的终极原因之一。但是同三代分封制相比，这时的土地所有权已经进入活跃运动状态。封建小农经济地位的低下和小农经济的脆弱性，无法抵御自然灾害的袭击，无力应付人间祸殃的侵扰，所以秦统一后不久，就已出现"分并田来（莱）"的土地买卖、兼并现象。而个体农户"分散的经济为集中的政治提供了自然基础"③，这就是前述秦专制主义中央集权制度形成的时代背景。

在这种情况下"强有力的政府和繁重的赋税是同一个概念"④，秦王朝沉重的赋税、频繁的徭役、严酷的刑罚，激化了封建国家政权和其赖以存在的经济基

①　林剑鸣：《论秦汉时期在中国历史上的地位》，《人文杂志》1982 年第 5 期。
②　［西汉］司马迁：《史记》卷六《秦始皇本纪》附《集解》引徐广语，第 251 页。
③　周明生：《中国古代宏观经济管理研究》，第 54 页。
④　〔德国〕马克思、恩格斯：《马克思恩格斯全集》（第八卷），第 221 页。

础之间的矛盾。农民阶级开始把他们原先认为是"保护他们不受其他阶级侵犯,并从上面赐给他们雨水和阳光"①的上层建筑看作导致他们破产、穷困的根本原因。最终将斗争矛头直指封建王朝,首倡义举,竟灭秦矣。

秦末农民起义是秦封建土地所有制发展到一定历史阶段的产物。它有我国历史上的第一次农民起义之誉,在此之前,尚不具备大规模的农民阶级斗争的社会、经济条件。三代时期国家通过分封制把一定范围的土地、人民赐授诸侯,诸侯再以同样的方式分封卿大夫,卿大夫再分封给士。这些受封赐者分级占有土地、人民,淡化了劳动者与国家政权间的直接冲突;分解了大规模的阶级斗争;甚至连劳动者强烈的人身依附关系也具有某种社会保障功能,所有这一切给三代社会披上了一层温情的面纱。但是,最关键因素的是当时劳动者的奴隶或隶农身份使他们无任何生产积极性可言,他们尚未成为当时自觉、自立的社会力量。

而秦末农民起义是在他们的生计被剥夺殆尽,再生产无法维系,甚至有重新沦为奴隶之可能的情况下的主动斗争,这是三代所无法比拟的。秦末农民起义是一场激烈的阶级斗争,他们在反抗秦统治者的经济剥削和政治压迫的同时他们也怀有强烈的求富愿望。陈胜"苟富贵,毋相忘"②之怅叹,反映了大家的共同心态。他们一方面力图解生民于倒悬,另一方面也不排除追求地位改革、财富增加的可能性,这也是三代农业劳动者不敢奢望的。究其根源,乃在于秦土地所有制形式已与三代时期发生了根本性的变化,因而农民的阶级斗争形式与规模也就不同于三代。自秦以后两千年中国封建土地私有制的主体形态和特点没有发生根本性的变化,所以历次农民起义也就反映出较为相似的模式与规律。

二、秦农业的经济、科技影响

如前所述,秦封建土地私有制的确立,深刻影响了秦及其以后中国封建社会的政治体制与阶级斗争形式。同样,秦封建土地私有的确立,也深刻影响了秦及其以后中国封建社会的经济发展。商鞅变法以后,人民"归心于农"③,其根本原因在于封建土地私有制之出现,调动了广大群众的生产积极性。《吕氏春秋·

---

① 〔德国〕马克思、恩格斯:《马克思恩格斯全集》(第八卷),第217页。
② 〔西汉〕司马迁:《史记》卷四十八《陈涉世家》,第1949页。
③ 〔战国〕商鞅著,章诗同注:《商君书》卷一《农战》,第14页。

审分览》指出"公作则迟,有所匿其力也;分地则速,无所匿迟也"①。这种"公作"与"分地"间的劳动效率比较,为新兴封建生产关系的优越性做了精彩注解。

封建土地所有制条件下形成的租佃关系也不同于此前的隶属、附庸关系。这种关系的建立已经不是依靠政治上的强制,而是演变为一种经济关系。《韩非子·外储说左上》曰:"夫卖庸而播耕者,主人费家而美食、调布而求易钱者,非爱庸客也,曰:如是,耕者且深、耨者熟耘也。庸客致力而疾耘耕者,尽巧而正畦陌畦畤者,非爱主人也,曰:如是,羹且美、钱布且易云也。"②意思是说,出钱雇用雇工来播种耕耘,主人花费了家产而给他们吃丰盛的饭菜,拿了布币去求取成色足的钱币作为他们的工资,这并不是因为爱雇工,而是认为:像这样,耕地的人才会耕得深,锄草的人才会精细地耘田啊。雇工使尽力气而快速地耘田耕地,使尽技巧来端正畦亩田埂,也并不是爱主人啊,而是认为:像这样,吃的饭菜才会丰盛,得到的钱币才会成色足啊。③

据有人统计,商鞅变法后秦一夫耕田面积约为西周的三倍。假定其他情况不变,则秦时农业劳动生产率比西周高出二倍④。吕书《上农》篇曰:"一人治之,十人食之,六畜皆在其中矣。"⑤秦汉时期一般丁男每月的口粮在三石左右⑥,十人一年食米共三百六十石。以一夫百亩计田,亩产三石六斗。若将六畜饲料加入,亩产或近四石。在某些水肥充足之地,甚至可以达到亩产一锺(相当于现在二百多斤),明显高出李悝时代所言亩产量。这其中除却生产力进步因素以外,主要得力于农业生产关系的变革。秦及其以后中国封建社会经济不断发展,创造出举世瞩目的古代社会文明。究其根源,封建土地私有制形成、确立之功不可没。

---

① [秦]吕不韦著,[东汉]高诱注,徐小蛮标点:《吕氏春秋》卷十七《审分览·审分》,第13页。

② [战国]韩非:《韩非子》卷十一《外储说左上》,第103页。

③ 参见张觉等译注:《韩非子译注》,上海:上海古籍出版社,2016年,第478页。

④ 郑绍昌:《秦以前中国农业劳动生产率的初步估计》,《中国社会经济史研究》1985年第1期。

⑤ [秦]吕不韦著,[东汉]高诱注,徐小蛮标点:《吕氏春秋》卷二十六《士容论·上农》,第612页。

⑥ 林剑鸣:《秦史稿》,第214页。

　　秦统一,标志着中国农业由区域发展阶段进入整体发展时期。历史上形成的泾渭、汾涑、济泗、黄淮、江汉诸农区第一次统一起来,显示出巨大的整体效应,从而使农业为基础的国民经济体系完全确立①。秦对中国历史上的基本经济区的建设与发展起了重要作用。都江堰、郑国渠、灵渠等大型水利工程促进了当地农业的发展,直到今天仍在发挥效应。由秦明确提出并大力推行的重农抑商禁末政策,被以后历代封建王朝所继承,深刻影响了中国古代经济之发展。其功其过,成为久盛不衰的研究话题。

　　秦人是较早致力于中原农业开发的华夏族部落之一,历史之悠久,可与夏商周三代始祖相侔。秦立国于宗周故地,具有良好的生产条件,继承和发展了周人农业传统。商鞅变法,促进了秦农业经济的快速、强化发展,使秦农业超越六国而处于领先水平。战国末期,《吕氏春秋》所代表的文化整合趋势,完成了秦农业科技的著作化、哲理化过程。秦帝国建立,中国农业科技开始突破地域范围,开始了新的交流、融合过程。

　　学术界认为,春秋战国时代是我国传统农业科技的奠基时期。值得注意的是,有关中国传统农业科技奠基的若干确定性标志,皆与秦农业密切相关,甚至有些内容就直接是以秦农业科技成就为代表的。秦注重农业基本生产条件改善、推行精耕细作技术,成为我国传统农业的优良传统。秦人对农业生产中天、地、人关系的科学概括,至今仍是我国农业生产的重要指导原则。

三、秦农业文明之远播

　　早在初秦时期,秦即借地利之便向西发展,输出丝绢,引入岁星纪年法,使秦之音译"China"成为域外民族对中国之代称,为沟通早期中西科技文化交流做出重要贡献。

　　秦统一后,王朝疆域"东至海暨朝鲜,西至临洮、羌中,南至北向户,北据河为塞,并阴山至辽东"②。秦分全国为四十六郡,其中不少郡县设置于少数民族或今日域外之地。如辽东郡东南逾今鸭绿江,有朝鲜半岛东北隅之地,南抵大同

---

　　①　林剑鸣等:《秦汉社会文明》,西安:西北大学出版社,1985 年,第 25 页。

　　②　[西汉]司马迁:《史记》卷六《秦始皇本纪》,第 239 页。

江①；象郡置于越南会安附近②。而所谓的"陆梁地"③，则是指今广东、广西以南的范围土地；"北向户"，或谓在今越南中部地区，"言其在日之南，所谓开北户以向日者"④。

秦以"拜爵""谪戍"之法征发数十万中原人至南、北新设立郡县，以充实户籍，开垦土地。这些居民带动先进的生产工具和生产技术，促进了当地经济、文化的发展，加速了民族融合过程。秦兴苦役、筑长城，人民苦不堪言。许多"徒役之士，亡出塞外"⑤。据蒙古考古资料显示，在公元前2—1世纪的许多蒙古墓葬中出土有谷物、农具以及与农业有关的大型陶器，说明农业在当地也占有重要的地位⑥。据推测，当为秦时亡出之人带动并发展了当地的农业。而移居朝鲜半岛的"秦之亡人"⑦，则在东汉时期建立"辰韩"⑧，形成颇大势力。他们中的一些人又由朝鲜半岛渡海到了日本，为日本农业发展做出了贡献。

中日之间的经济文化交流，也可上溯至秦。史称，秦始皇欲求长生不老之药，齐人徐福言东海中有蓬莱、方丈、瀛洲仙山，始皇派徐福率数千童男、童女入海求仙。据说他们在日本的佐贺、广岛等地登陆，在这片异国土地上开荒种地，从事农业生产，把中国的农业生产技术带到了当时尚处于渔猎阶段的日本⑨。

大约与徐福东渡同时，金属工具和水稻耕作技术也相继由大陆经朝鲜半岛传入日本的北九州和近畿地区。"在日本不少弥生时期遗址中，都出土过大量的中国铜镜、铜剑及铜、铁制的斧、镰、刀、锹、锄等"⑩。据日本古籍《秦氏本系账》记载，日本在奈良平安时期，秦造曾率其部修筑葛野川堤，名曰葛野堰，"其制拟秦之郑国渠云"⑪。葛野堰模仿郑国渠，又由秦移民后代主持修筑，反映出对秦农田水利科技之依赖。日本《古事记》还载有"秦人"作茨田堤，凡迤池、依

① 谭其骧：《长水集（上）》，北京：人民出版社，2009年，第1—12页。
② 林剑鸣：《秦史稿》，第365页。
③ ［西汉］司马迁：《史记》卷六《秦始皇本纪》，第253页。
④ ［东汉］班固：《汉书》卷二十八《地理志下》颜师古注，第1630页。
⑤ ［西汉］司马迁：《史记》卷一百十《匈奴列传》附《索隐》引应奉语，第2883页。
⑥ 高路加：《中国北方民族史》，海拉尔：内蒙古文化出版社，1994年，第180页。
⑦⑧ ［南朝宋］范晔：《后汉书》卷八十五《东夷列传·三韩》，第2819页。
⑨ 李威周、刘志义：《中日文化交流史话》，济南：山东教育出版社，1988年，第12页。
⑩⑪ 戴禾、张英莉：《中国古代生产技术在日本的传播和影响》。

网池,并掘难波(今大阪)之堀江而通海之事,日本早期水利事业受秦之影响可见一斑。

秦人后裔还以从事蚕桑业而见长。据《新撰姓氏录》记载,秦时迁至朝鲜半岛的自称始皇子孙的弓月君率127县(木宫砂彦《日中文化交流史》认为是27县)百姓由朝鲜到达日本。仁德天皇因其所献丝、绢、绵等"肌肤温柔"而赐弓月君波多公之姓。1953年,日本在位于久米郡内的月之轮古坟中出土绢帛达80余种,据推测可能是中国移民秦氏一族织的①。

有些学者曾以"大中华文化圈"概括东亚、东南亚文化特征,充分肯定了中华文化在这一地区的广泛影响。推寻该文化圈之初始,当与秦王朝之建立密切相关,它为秦(或曰中国)文化之传播创造了良好的条件。中国传统农业科技、文化赖秦帝国之力推向域外,融入世界文化之中,为人类的共同进步做出了它的贡献。

---

① 戴禾、张英莉:《中国古代生产技术在日本的传播和影响》。

附　录

　　编者按：历史时期除却中原与江南地区，中国的北方与西南地区构成两大少数民族聚居区。大体而言，历史时期中原王朝与北方民族政权的关系，表现为比较激烈的矛盾与冲突，而与西南民族政权的关系，却显得相对融洽与平和。这或缘于南北少数民族相异的产业构成——北方民族游牧为主，西南民族农耕为主。对南北少数民族产业类型与其历史文化关系的分析，有助于我们深化对民族融合问题的认识。同样，这对我们深入认识秦戎斗争、融合与初秦经济、社会、文化发展的关系，及"秦霸西戎"的历史意义，皆有裨益。故作《中国南北少数民族历史文化异同的农史观察》一文，附录于下，以就教于方家。

中国南北少数民族历史文化异同的农史观察

一

　　民族是指在人种、生产生活方式、文化、语言、历史或宗教与其他人群在客观上有所区分的一群人。不同的自然环境、生产方式和生活方式，各异的语言、宗教、文化形态，以及不同历史时期的社会经济文化发展等，都可能对某些民族群体的形成与发展产生重要的影响。在中国历史上不同的民族更多地反映的是产业与文化区分，而不具备太严格的种族与基因区分。

　　中国由北向南依次形成北方草原、中原旱作与江南稻作三大农业类型，农牧业的地域性特点，决定了北方少数民族具有比较浓郁的游牧民族的经济特征，而西南少数民族则更为接近农耕民族的经济特征。就与中原农耕文化的关系而言，前者表现出更多的异质性，而后者则具备更多的同质性。所以历史上中原王朝与北方少数民族政权之间的民族关系，由农与牧的异质性而表现为比较激烈的矛盾与冲突。

　　历史时期中原王朝的更迭或多政权的分立,除了比较复杂的阶级矛盾以外,大多与北方民族入主中原或建立与中原王朝相抗衡的民族政权有关。历史时期的每个王朝,几乎都把主要的精力放在了处理与北方少数民族的关系上。从秦汉时期的匈奴,到隋唐的突厥,再到宋明时期的契丹、女真、党项、蒙古、满族等。即使是入主中原或逐渐完成农业化进程的民族政权,也与地处更北方的民族之间存在类似的矛盾与冲突,如历史时期的南匈奴与北匈奴、熟女真与生女真以及清代满蒙姻亲情形下与葛尔丹、大小和卓之间的征伐与冲突,等等。

　　而历史时期中原王朝与西南各少数民族之间,因为有着相同或相似的农业生产结构与生活方式,所以彼此之间的关系显得平和、融洽一些。西南某些少数民族虽然有时也会形成割据政权或与中原王朝也会产生某些矛盾与冲突,但基本上没有构成对中原王朝的颠覆性威胁。

二

　　不同的自然地理环境与条件,也对南北少数民族的形成与发展起着至关重要的作用与影响。当人类从采集和渔猎(攫取经济)走向生产经济的时候,不同的自然条件使人类在动植物栽培与驯育上发生了分化,有些部族选择了农业,有些部族选择了牧业。游牧民族由于没有太强的"地著"[1]观念,广袤的草原是他们轮牧、倒场的必要条件。有北朝民歌《敕勒歌》曰:"敕勒川,阴山下。天似穹庐,笼盖四野。天苍苍,野茫茫,风吹草低见牛羊。"[2]一望无际的草原,既是他们赖以生存的客观环境,也是英雄豪杰的历史舞台与演习场所。北方少数民族带有野性的强弓劲弩,在冷兵器时代具有不可抵挡的冲击力。

　　不同历史时期,诸多少数民族"你方唱罢我登场"[3],上演着征服与被同化的活剧。中国北方古代一些著名的少数民族,如匈奴、鲜卑、柔然、回纥、突厥、沙陀、契丹、女真、羌、党项等,他们虽然各曾盛极一时,但大多是在兴衰轮替中逐渐消泯了差别、实现了同化与融合。如匈奴融于鲜卑,匈奴、鲜卑融入柔然,柔然又

---

①　[东汉]班固:《汉书》卷二十四《食货志》,第1131页。

②　[清]沈德潜:《古诗源》,长春:吉林出版社,2017年,第297页。

③　[清]曹雪芹著,裴效维校注:《红楼梦》,北京:作家出版社,2006年,第10页。

融入突厥,突厥又融入回纥,契丹则融入蒙古,女真融入蒙古,羌人则融入吐蕃;回纥演变成今日维吾尔族,女真演变成今日的满族。古代北方少数民族之间惨烈的矛盾与冲突,在另一方可视为彼此间互相融合与互相吸纳的过程。你中有我、我中有你,或是北方民族形成与发展历史中一种常见的现象,没有一个民族是纯而又纯的,尤其是汉族几乎是民族融合的大熔炉。

　　而在云贵高原,每每在群山丛中总会有一些绿色的坝子,坝子之多难以历数。坝子虽然所占云贵土地的面积有限,但却是西南最为美丽富饶的地方。除某些高山坝子因气候原因而成为牧场外,大多数河川坝子土地肥美、气候宜人,很早就成为云贵高原的主要农业区。晋人陶渊明在《桃花源记》有了另外一段记载,晋太元中,武陵人误入桃花源中。其间"土地平旷,屋舍俨然,有良田美池桑竹之属;阡陌交通,鸡犬相闻。其中往来种作,男女衣着,悉如外人;黄发垂髫,并怡然自乐"。村民"自云先世避秦时乱,率妻子邑人来此绝境,不复出焉;遂与外人间隔。问今是何世,乃不知有汉,无论魏晋"。[①] 这段描述虽然是出自文学家的笔下,阐述对美好隐逸生活的向往,却也是在封闭式的自然地理条件下,其中居民生活的真实写照。

　　由于崇山峻岭之阻隔,他们之间"鸡犬之声相闻,民至老死不相往来"。在这种"桃花源"式的自然地理条件下,某种独特的生产生活方式与思想文化观念一旦固定下来,往往具有很强的独立性和稳定性,久而久之便形成彼此相区别的部落与族群。除了因为特殊的自然与人文环境而形成的原住少数民族外,我们也不排除在历史时期内地汉族通过屯垦、征战、经商、宦游、逃难、谪戍诸途径而进入云贵地区。他们或融合到土著民族中去,或因固化某一历史时期先祖们既有的思想文化观念与生产生活方式而与后来的汉族相区别,以至于兄弟相见不相识,在后来的民族甄别过程中被认定为少数民族,这或许正是我国西南地区少数民族形成和民族数量众多的主要原因。

三

　　就民族间相互作用与影响而言,一般说来具有同质性文化的民族之间的同化与融合进程会相对顺畅一些;而具有异质性文化的民族之间的同化与融合可

---

① 　[东晋]陶渊明著,王瑶编注:《陶渊明集》,北京:作家出版社,1956 年,第 92—93 页。

能会相对艰难一些。但是中国民族史所提供的范例恰恰与之相反,北方游牧型少数民族的民族同化与融合进程反倒要快一些;而西南农耕型少数民族的同化与融合进程却要相对缓慢一些。

中原地区历史上曾先后多次遭受北方少数民族的进犯,甚至部分少数民族在此建立了政权。第一是西周末年到春秋战国时期的戎狄;第二是秦汉时期的匈奴;第三是魏晋时期的五胡入主中原,时间长达数百年;第四是隋唐时期突厥和吐蕃的进犯;第五是五代、南北宋时期契丹、女真及西夏的进犯及北方民族政权的建立;第六是元、明、清时期蒙古、满族的进犯甚至建立中央政权。

在传统农业社会,北方民族的南向迁徙,甚至对世界历史进程产生过重大影响。当时的农耕世界虽然创造了比较先进的物质与精神文明,但由于存在着比较尖锐的社会、阶级矛盾,因而社会动荡,国力虚弱,无力抵御外来入侵。而活动于农耕区周围的少数民族或因生态环境变迁,或因企羡农耕文明,或为掠夺财富而纷纷向农耕区挺进。北方少数民族野蛮与落后的军事统治方式、胡汉分治政策与经济掠夺行为,曾经造成了中原地区社会经济的破坏与倒退,甚至对中国历史发展带来了消极的作用与影响。

但是不可否认,他们在实现征服之同时亦接受被征服者的较高文明,从原来比较落后的社会发展阶段迅速跨入文明社会,接受中原农耕民族先进的生产方式和科学技术。许多曾盛极一时的古代北方少数民族,经由"矛盾—冲突—融合"的路径,完成了农业化与民族融合的历史进程,逐渐消泯在了历史的长河之中。这种综合了农牧异质要素的民族共同体,必然是生机勃勃的,必然会在方方面面释放出新的能量。著名学者肖云儒先生把北方少数民族不断融入中华文化的历史,比喻为"输(补)钙"的过程[①],它或是中华文明始终充满生机与活力的动因之一。

历史时期西南地区少数民族与中原王朝的关系,或可以"不离不即"予以表达。"离"谓分别,"即"谓融合。西南少数民族与中原农耕民族相似或相近的生产生活方式,使得西南的地方民族文化与中原华夏(汉)文化有了某种同质性。

---

① 肖云儒:《动感西部》,载于桂平、王桂山:《世纪大讲堂》(第7辑),沈阳:辽宁人民出版社,2004年,第163—164页。

据历史文献记载,南诏时之西南已"人知礼乐,本唐风化"①,元代郭松年考察云贵民情后,也认为"其俗本于汉"②。所以虽然有崇山峻岭之阻隔,中原与西南少数民族地区始终保持着绵延不绝的政治、经济、文化的交流与联系。

　　在西南地区除了个别民族政权形成短期割据以外,一般都会处于中原王朝的有效控制之下。尤其是在发生不同民族之矛盾与纷争的时候,许多方面有都赖于中央政权的调控与裁处。但是由于存在着社会发展阶段的水平差异性、农业类型的地域差别性、地理环境的封闭性、沟通交通的阻隔性,使得不同民族间的社会组织结构、生产生活方式往往具有很强的独立性和稳定性。只要某种原生态的社会环境与生态条件不发生变化,不同民族的传统与特色就会得以继续保留与固化,所以在历史上,西南地区少数民族与中原农耕民族之间绝少发生类似于北方游牧民族间的大规模、全方位同化与融合现象。

四

　　对于边疆少数民族地区的统治与管理,历史时期形成了许多行之有效的制度与办法。先秦时期曾有"疆以戎索"③的办法,杜预注曰"大原近戎而寒,不与中国同,故自以戎法"④。秦汉时期,有其地而设置屯垦、郡县,在某种程度上有激化民族矛盾之嫌。一般认为隋唐王朝的最高统治者都与少数民族具有某种血缘关系,隋唐时期实行的民族怀柔政策缓解了民族矛盾与冲突,促进了民族文化的交流与融合。

　　唐始建立羁縻州府,虽有州县之名而官长都以部落酋长、首领充任,对其内部之行政,中央王朝少加过问,贡赋版籍不上户部,不过"羁縻"而已。对吐蕃、党项、回纥、突厥等势力较强的民族政权则通过互市、和亲、封赐而与中央政府保持藩属关系。羁縻政策的基本出发点是"因俗而治"⑤,在中央王朝的统治下允

---

　　① [北宋]欧阳修、宋祁:《新唐书》卷二百二十二《南诏传上》,北京:中华书局,第6273页。

　　② [明]李元明:《嘉靖大理府志》,大理白族自治州文化局翻印,1983年,第82页。

　　③ [春秋]左丘明著,蒋冀骋标点:《左传》卷十一《定公四年》,第370页。

　　④ [春秋]左丘明著,[西晋]杜预集解:《左传》卷十一《定公四年》,上海:上海古籍出版社,2015年,第936页。

　　⑤ [元]脱脱:《辽史》卷四十五《百官志一》,北京:中华书局,1974年,第685页。

许保持不同民族原有的社会经济制度、宗教信仰及风俗习惯、文化传统等,实行有限度的民族自治。羁縻政策在皇权一统理念下,对不同民族之间的社会经济科技与文化非均衡性和异质性进行了比较妥善的柔性处置,曾经是历史时期最有成效的民族政策之一。

自元代始"官有流、土之分"①,对西南少数民族地区实行了一种特殊的民族政策,即由中央政府任命少数民族贵族为世袭地方官,并通过这些官吏加强对各族人民的管理。土司制度不再限于羁縻,而是逐步适时地对其重大事务进行干预。对土司地区官员之任命实行土流兼用的政策,并通过流官以有效监督管理土司区事务。元明以后土司应纳赋税之额,在某些地方已"比于内地"②,对土兵的征调也成为中央在土司地区直接行使权力的一个明显标志。土司制度的建立和发展,反映了中央王朝对少数民族地区统治与管理的强化。但是由于任命少数民族贵族为世袭地方官,在某种程度上具有尊重民族习俗与传统、缓解或弱化民族矛盾与冲突的客观效果。

随着历史与社会的发展与进步,强化民族的国家认同乃成必然趋势,羁縻州府与土司制度也逐渐被新的民族制度与政策所替代。不过我们在研究民族史时,除了对羁縻州府与土司制度的历史作用给以客观准确的评价以外,这些政策与制度中所蕴含的某些合理的要素与成功的经验亦不妨予以总结与借鉴。

---

① 龚荫编:《中国土司制度简史》,成都:四川人民出版社,2014年,第1页。
② [明]宋濂:《元史》卷五十八《地理志一》,北京:中华书局,1976年,第1346页。